U0059411

奈米科技導論

羅吉宗、戴明鳳、林鴻明、鄭振宗、蘇程裕、吳育民　編著

全華圖書股份有限公司

奈米科技導論

蘇品書、娛開鷹、林鑫明、黃冠宗、賴君宇、吳貫民　編著

全華圖書股份有限公司

序

奈米科技相信將是 21 世紀科技與產業發展的最大驅動力，未來奈米科技所產生的新材料及其衍生的新裝置、新應用之影響，將遍及光電與資訊產品、醫療保健、基因工程、化學工業、能源儲存與環境保護、奈米檢測與加工技術等，因此加速擴散奈米技術的應用能力至相關產業，並引發奈米技術帶動傳統產業升級，已成為今日先進國家最重要的研究課題。

培養人才是發展科技的重要工程，我們承全華科技圖書公司陳董事長與黃顧問之邀請，寫這本「奈米科技導論」，以基礎觀念闡述奈米科技特性，並力求深入淺出，詳細介紹各種奈米技術與應用。盼以此書引發讀者興趣，廣植新興奈米產業之生力軍。

本書內容分為六章，第一章 "總論" 由人同大學光電工程研究所羅吉宗教授將奈米科技作揭綱性簡介。第二章 "奈米世界中意想不到的特性" 由中正大學物理研究所戴明鳳教授闡述奈米材料的各種新奇特性。第三章 "奈米材料合成技術" 由大同大學材料工程研究所林鴻明教授詳細介紹各種合成技術，並比較其優缺點。第四章 "奈米加工技術" 由台北科技大學機械系機電所蘇程裕博士和鄭振宗博士共同完成。第五章 "奈米材料分析與檢測" 由羅吉宗教授執筆。第六章 "奈米科技之應用" 由工業技術研究院生物醫學工程中心吳育民博士與羅吉宗教授合力完成。

本書可供普通大學、科技大學、技術學院或專科學校當教科書，提供物理、化學、生物、電機、電子、材料、機械、化工等各科系之大三以上同學或研究生使用，也可供產業界工程師參考。

作者們才疏學淺，雖已竭盡全力，然而匆忙中難免有錯或交代不夠清楚處，尚請各位前輩先進，同學不吝賜教，您們的批評是使這本書止於至善的原動力。奈米科技的發展一日千里，我們將長期服務讀者，不定期更新資料，並加強所應用原理之說明。

主編　羅吉宗
大同大學光電工程研究所

編輯部序

　　「系統編輯」是我們的編輯方針，我們所提供給您的，絕不只是一本書，而是關於這門學問的所有知識，它們由淺入深，循序漸進。

　　本書廣泛探討奈米科技，從奈米的尺度世界到前瞻技術作開場介紹，進而介紹奈米材料的特性、物理性質及檢測技術等，將奈米科技作廣度及深度的討論，是一本最佳教科書及參考書。

　　若您在這方面有任何問題，歡迎來函連繫，我們將竭誠為您服務。

目 錄

第 3 章　奈米材料合成技術　　　　　　　　　　3-1

第 4 章   奈米加工技術   4-1

第 5 章   奈米材料分析與檢測   5-1

Chapter 1

總論

1-1 奈米尺度的世界

1-1-1 奈米的定義

奈米(nanometer)是長度的單位,我們日常生活長度通常以公尺或米(m)為單位。將一米分割成千分之一的毫米(mm)還可用肉眼分辨其大小,再將一毫米分割成千分之一叫微米(μm),如細菌、紅血球等是微米級大小,需以光學顯微鏡觀察其影像形貌。微米的千分之一就是奈米(nm),奈米級尺寸需藉高倍率電子顯微鏡才可顯現出此世界。

1 nm = $10^{-3}\mu m$ = 10^{-6}mm = 10^{-9}m。人類的頭髮直徑約 100 微米,100μm = 10^{-4}m,因此一奈米僅是頭髮直徑的十萬分之一大小。一般的分子、生物的 DNA 及各種病毒的大小都是奈米級。病毒比細菌小,體積小但表面積大,吸附力強,擴散活力相當驚人。因此在 2003 年中國廣東、香港出現的非典型急性肺炎(SARS)病毒感染病例,和 2019 年底中國武漢爆發的新冠狀病毒 COVID-19,都是奈米級的 RNA 病毒,COVID-19 病毒的傳染力超強,不到三個月武漢肺炎病毒已蔓延全球五大洲,有一百多國家,數百萬人確診,逾十萬人死亡。其實奈米級物質需建構在微米甚至是巨觀結構上使用,奈米級的病毒本身非生物,需

藉家禽、牲畜或人體為存活的溫床。因此不管它是藉空氣、口沫或接觸傳播，隔離傳媒、控制病毒存活空間，才可阻止可怕的病毒蔓延。

1-1-2 奈米尺度的物性與巨觀世界截然不同

奈米科技所探討的世界比牛頓力學藉人類的感官直接觀察的巨觀(macroscope)物理小很多，但比量子力學所研究的原子、電子、質子等粒子運動的微觀(microscope)物理還大。當分子結構的尺寸介於 1～100 nm 之間時，物質的很多性能發生質變，將呈現出既不同於巨觀物體，也不同於各獨立原子的奇異現象。

研究發現奈米尺度的材料，有四種特殊效應：

1. 大部分原子都成為表面原子，易與其他原子結合，其 Van der Waal 力很大，有表面界面效應。
2. 當奈米粒大小與光波長或電子物質波(de Broglie)波長相當或更小時，晶體週期性邊界條件被破壞，而呈現小尺寸效應。
3. 奈米粒尺寸小到某臨界值時原子數目有限，費米能階(Fermi level)附近的電子能階變為不連續，電子會呈現顯著的量子效應。
4. 絕緣層薄到奈米級其絕緣性會因電子穿隧而導通，Fowder-Nordheim 電子穿隧效應請參考 6-2-2 節說明磁性奈米粒量子干涉元件中的磁通量也有穿隧效應，這統稱為巨觀量子穿隧效應。

這些效應造成奈米材料與傳統材料產生以下不同的物理特性：

1. 機械性質：由於表面界面效應，使得奈米複合材料、奈米陶瓷的強度、耐磨性、韌性、延展性、耐老化性、緻密性和防水性等都顯著改善。
2. 聲學性質：由於小尺寸效應，粒徑小則孔隙度減少，表面原子傳遞聲波敏感度較高，使得訊號傳遞較不受干擾，訊號雜訊比(SNR)提高，聲譜因而改善。
3. 熱學性質：表面界面效應使得奈米材料的熔點比塊材低很多。這將使粉末冶金的技術更上層樓。奈米微粒在低溫時熱阻很低可作為低溫導熱材料。
4. 電學性質：表面界面效應使得奈米微粒的表面原子易引起表面電子自旋和電子能階改變。量子尺寸效應使奈米金屬之電阻率隨粒徑減小而增大。奈米絕緣體的低頻介電常數隨粒度減小而增大。巨觀量子穿隧效應使奈米氧化物的絕緣性隨尺寸下降而減小，如絕緣的 SiO_2 在 20 nm 尺度時會導電。
5. 磁學性質：小尺寸效應使奈米磁性顆粒的磁矩增強，有很高的磁矯頑場 H_c(coercive field)。而奈米粒尺寸小於 10 nm 則 H_c 降為零，磁域(domain)由多域變成單域，乃量子尺寸效應使小於 10 nm 的奈米磁粒由硬磁變成超順磁，其 μ 值很大容易磁化。在高頻交流下，集膚效應使導體有效截面積減小、電阻增大，而奈米薄膜的電阻隨磁場變化很顯著，這現象叫巨磁電阻(giant magnetic reluctance，GMR)。

6. 光學性質：小尺寸效應使奈米金屬的光反射能力顯著下降到低於 1%，即它有很強的光吸收能力。奈米氧化物對紅外線和微波有良好的吸收能力，奈米粒徑小於雷達波的波長則波的穿透和吸收率很高。而量子尺寸效應使奈米粒對某種波長的光吸收帶有藍移現象，且對各波長光的吸收帶有寬化現象，奈米氧化物對紫外線的吸收效果很好即利用這兩種特性製成。奈米矽和某些奈米氧化物在室溫下具有較強的光致發光(PL)效應。二氧化鈦奈米塗料若充分照射可見光，則對碳氫化合物會有很強的光催化作用，具有自清、殺菌、去污的環境保護功能。

當奈米尺度的材料或元件無法以傳統的理論說明各種新奇的奈米現象時，物理領域正在發展介觀(mesoscope)物理、化學領域有「超分子」化學、生物學中有「奈米生物學」、機械領域有「奈米機電」、「奈米加工」等同時在進行研究，看似各領域獨立發展，其實這些不同領域的技術中有一共通點，即奈米。奈米這個關鍵字賦予開發團隊共同目標，正在突破阻隔而橫跨領域，逐漸出現整合的機會，這是奈米科技衍生的新觀點。今後所有的組織都必須有共識，而相互尋求合作，提升技術交流注入組織活力，將會演變出一種讓組織改變的風潮。

1-1-3　奈米科技觀在 20 世紀 60 年代才萌芽

諾貝爾物理學獎得主，理查費曼(Richard Feynman)被認為是奈米觀念的始祖。他在 1959 年的演說題目「窺探究竟仍有很多空間(There is plenty of room at the bottom)」中提到「……我想說操縱與控制微小物體是可能的，因為當物體被縮小後，在微小世界仍有許多的空間……我認為物理原理不違反操縱原子的可能性。在原子世界將有新的力量、新的可能性、新的影響，但問題是如何製造原子尺度的材料與重複生產，因為原子世界的所有事物將與普通世界不同。……若能夠在原子或分子的尺度下製造材料與元件，將會有許多引人入勝的新發現。……欲實現此一理想，有賴新的微型化儀器設備的產生，以達到操控及量測這些微小的奈米結構……。」

1963 年日本物理學家久保亮武(R.Kubo)提出超微粒量子限制理論。當金屬超微粒的原子數目減少，將使金屬原子間距離加大，金屬的電子能量間隙增大，使能量由連續變成不連續能階。由於這個能量不連續，使超微粒的物理特性不同於金屬塊。現在半導體元件的應用就是利用這個理論而製作，將來的奈米元件也用到此物理效應。

　　直到 1980 年代，費曼先生所想像的儀器終於被開發出來了，掃描式穿隧電流顯微鏡 (scanning tunneling microscopes，STM)，原子力顯微鏡(atomic force microscopes，AFM)，和近場光學顯微鏡(near-field optical microscopes，NFOM)相繼問世，為奈米結構提供了如雙手與雙眼般的量測與原子操控工具。

　　1985 年英國化學家科魯特(Kroto)等人，以雷射激光於石墨上使其蒸發成碳灰，將收集的碳灰去雜質純化後得到的碳簇，置於質譜儀上分析，結果發現兩種不明物質，其重量分別是碳重量的 60 倍與 70 倍，故稱這兩種碳簇為 C_{60} 與 C_{70}。科魯特到加拿大旅遊時見到巨蛋體育場的屋頂造型為五角形與六角形結構的球體，得到靈感解出碳 60 像一顆足球形狀，有 20 個六邊形和 12 個五邊形的面，共 32 面所構成的封閉中空球形分子，直徑小於 1 nm。他為了紀念這巨蛋建築師的名字 Buckminster Fuller，將碳六十命名為 Buckminsterfullerene，但此名字太長後來又被簡稱為巴克球(Buckyball)或富勒(Fullerene)分子結構，如圖 1-1。

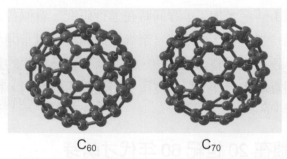

C_{60}　　　　　C_{70}

圖 1-1　碳簇結構(奈米期刊網站：http://pubs.acs.org/journal/journals/nalefd/index.html)

　　金是良導體，電阻很小不受磁場影響。但 1986 年發現奈米金粒有磁阻現象，1988 年法國科學家巴比克(M.Baibich)等人做出 Fe/Cr 奈米多層膜於低溫下電阻會隨著磁場的改變而有急劇的變化，這現象叫巨磁阻效應。我們可利用具有巨磁阻效應的材料製成磁性開關的電子元件，在不加磁場時，巨磁阻電子元件的電阻很大，形同斷路，加一磁場後巨磁阻電子元件的電阻可降為零，形同通路。

　　1991 年 NEC 公司的飯島澄男(Sumio Iijima)用碳電弧放電法合成 C_{60} 時發現一些針狀物，利用高解析穿透式電子顯微鏡(HR-TEM)觀察這些針狀物時，發現針狀物是奈米級的多層中空同軸碳管，稱它為多壁碳奈米管(multi wall carbon nanotube，MWCNT)，後來經純化後又發現單層壁碳奈米管(SWCNT)。這些發現馬上引起奈米科技研究高潮，從了解奈米碳管的結構與其特殊物性的探討，到多方面的應用技術已快速進展，潛在的經濟效應與前景有相當大的想像空間，世人已意識到奈米科技對 21 世紀的人類社會不僅具有產業上的意義，對於整體人類生活將具有革命性的影響。

1-1-4　認識碳奈米管

　　碳奈米管又叫巴基管(Bucky tubes)，是屬於富勒(Fullerene)碳系，圖 1-2 是鑽石、石墨、C_{60} 和碳奈米管等碳系材料的結構圖。碳奈米管的側面是由六邊型碳原子環構成的石墨片捲曲而成的無縫中空之奈米尺度管體，但在管身彎曲處和管端口封頂的半球帽型，則有含一些五邊形和七邊形的碳環結構。捲成碳奈米管的石墨片若僅是一層則叫單壁碳奈米管(SWCNT)，若是由多層石墨片捲成的則叫多壁碳奈米管(MWCNT)。一般單壁碳奈米管的直徑約 1～6 nm，單壁碳奈米管的長度要比多壁碳奈米管短很多。碳奈米管的形成取決於六邊形碳環構成的石墨片是如何捲起來成圓筒形的，不同的捲起方向和角度將會得到不同類型的碳奈米管。依碳奈米管的截面邊緣形狀，單壁碳奈米管又分為扶椅形(armchair)奈米管、拉鍊形(zigzag)奈米管和對掌形(chiral)奈米管，如圖 1-3 所示。

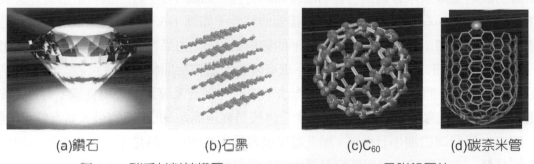

(a)鑽石　　　　　(b)石墨　　　　　(c)C_{60}　　　　(d)碳奈米管

圖 1-2　碳系材料結構圖(http://www.sinica.edu.tw) (見附錄圖片)

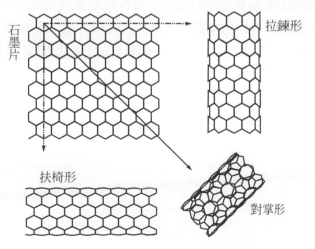

圖 1-3　碳奈米管結構(http://www.sinica.edu.tw)

理論計算和實驗顯示,單壁碳奈米管的楊氏係數和剪切係數都與鑽石相當,其強度是鋼的 100 倍,而密度只是鋼的 1/6,是一種超級纖維材料,碳奈米管的力學性能不僅強度高,同時具有很大的超塑性和韌性,將有很多應用潛力,例如可當複合材料的增強劑、做 STM、AFM 的探針等。

電子在碳奈米管中通常只能在同一石墨片中沿著碳奈米管的軸向運動,沿徑向的運動受到量子限制。實驗顯示不同類型的碳奈米管,其導電性能不同,例如,扶椅形單壁碳奈米管是金屬性,而拉鏈形與對掌形碳奈米管則部分為半導體性,部分為金屬性。隨著碳奈米管直徑的增大,半導體能帶間隙(E_g)變窄,因此當管徑很大時能障為接近零而呈現金屬性。

在很多特定的結構中,奈米碳管會形成具有整流特性的接面(junction)結構。例如,當兩種不同類型或不同管徑的碳奈米管相連時,它們之間的過渡結構會具有接面的特性,圖 1-4(a)(b)都是金屬性與半導體性奈米碳管相連而成的接面。即使是同種類型的奈米碳管,若結構的缺陷使碳奈米管彎曲也會形成接面的特性,如圖 1-5。若一根碳奈米管分支成 Y 或 T 型碳奈米管,在它們的分支處也有接面的特性,如圖 1-6。以上這些奈米碳管的過渡結構通常是由一個或數個五邊形和七邊形的碳環對組成,如果在連結部位或奈米管中出現 5/7 碳環對時都會形成接面的整流特性。碳奈米管的這種接面整流特性可設計出很多奈米電子元件。目前人們在製備奈米碳管時無法準確地控制奈米碳管的金屬性或半導性,若透過化學摻雜的方式製備 n 型或 p 型碳奈米管將較易實現高速、低耗能的奈米高容量記憶體。

碳奈米管的端口細小且穩定,加上電場很容易尖端放電,將是下一代平面顯示器極佳的陰極材料。奈米碳管也是貯氫容量最大的吸附材料,不需高壓就可貯存高密度氫氣,可望解決氫燃料汽車能夠在室溫下工作的低氣壓高容量貯氫技術的需求,可貯存高能量的小型電池問世後則電動環保汽車即可上路了。在生物醫學方面,奈米碳管被用於製作微陣列生物晶片和微型實驗室晶片(lab-on-a-chip),不僅大幅提高基因定序效率,在細胞基因傳遞、體內藥物傳遞、分子生物偵測的進展都令人興奮。

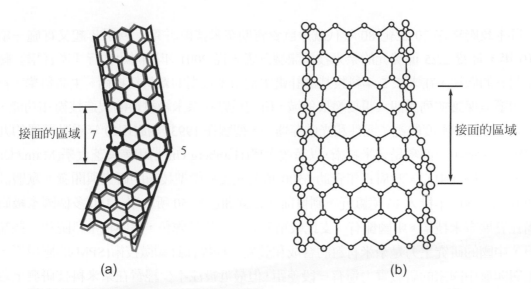

圖 1-4　碳奈米管過渡接面(IBM 奈米電子期刊網站：http://www.research.ibm.com/journal/rdimg.html)

圖 1-5　碳奈米管彎曲的接面　　　　圖 1-6　碳奈米管分支處的接面
(IBM 奈米電子期刊網站：http://www.research.ibm.com/journal/rdimg.html)

1-1-5　國家型奈米科技發展計畫

　　鑑於奈米技術產業潛力無限，全球目前已超過 30 個國家將奈米科技列入國家型重點發展計畫。美國在 1991 年正式把奈米級技術列入「國家關鍵技術」和「2005 年的戰略技術」，並指出奈米技術的發展可能使許多領域產生突破性進展。美國前總統柯林頓於 2000 年提出「國家奈米技術先導計畫」(national nanotechnology initiative，NNI)，在 2001 年奈米研發經費為 4.97 億美元。2002 年小布希總統又提高為 6.4 億美元，除了建立美國政府在尖端技術上的領先地位，更帶動了全球奈米技術投資與應用發展的風潮。

　　日本政府早在 20 世紀 80 年代就斥巨資資助奈米技術研究，1991 年起又實施一項為期 10 年，耗資 2.25 億美元的奈米技術開發計畫，從 2001 年起開始實行「產官學」聯合加速開發的做法，在未來 5 年科技基礎計畫中把奈米技術的新材料技術、生命科學、資訊通訊和環境保護並列為四大重要發展領域，研究重點在奈米級材料的製造技術和功能，通訊用高速度、高密度的電子元件和光儲存器等。德國在 1993 年提出 10 年重點發展的九個關鍵技術領域中有四項是奈米技術，以漢堡大學(Hamberg Univ.)和美茵芝大學(Mainz Univ.)為奈米技術研究中心，政府每年資助 6500 萬美元支持微型技術的研究與開發。歐盟計畫在 2002 至 2006 年投入 13 億歐元，到目前為止歐洲已有 50 所大學，100 多個國家級研究機構在發展奈米技術。中國擁有一支比較精幹的奈米科技隊伍，集中在中科院和一些知名大學，中國的研究主力是奈米材料的合成和製備、掃描探針顯微技術(SPM)的應用等，整體上與開發中國家的研發實力還有一段差距，但最近投注不少經費在奈米科技研發上急起直追。我國在 2003 年初推出「挑戰 2008 國家發展重點計畫」中自 2003 年起政府在未來 6 年內將投入新台幣 231 億元，推動奈米科技產業化。

　　目前全世界對於奈米的研究都還在起步階段，奈米技術的領域又很廣泛，我國有半導體產業的深厚基礎，因此在奈米科技產品的發展上不必從頭開始，且我們有應用既有知識，快速轉變為新產品的能力，把握這個優勢，結合政府、學術界與產業界的力量，共同努力開創未來的奈米技術產業製造王國不是夢。

1-2　什麼是奈米科技

1-2-1　奈米科技的內涵

　　奈米科技是一種處理極小物質的加工技術，其處理技術有兩種方式，傳統的加工方式，由大而小是精雕細琢的工藝。例如在故宮博物院展覽的「在橄欖核上刻山水人物」和「在米粒上刻字」等，經放大鏡顯示其大小都是微米級的。半導體工業的微影與蝕刻技術目前也是微米級，而半導體元件和光電元件精細加工技術正邁向奈米製程中。

　　顛覆傳統由小而大的奈米加工方式，是在分子的層級下藉由操控逐一原子，創造出具有新的分子結構之科學與技術。這是夢想效法上帝創造生物的 DNA，以調整原子或分子的排列方式，而製造出有價值的東西。例如，鑽石與石墨同樣是碳原子組成，但原子的排列方式不同，其物理特性就差異很大，石墨是 SP^2 的片狀結構，其導電性很好，鑽石是 SP^3 的四角錐結構，其鍵能很強硬度很高，亦可將碳原子排列成巴克球的 C_{60} 或排成碳纖維或奈米碳管等，不同結構其應用價值就有不同的活用空間。因此，理解與操作如 DNA 般的基本物質的資訊，正是奈米科技的重點。

　　面對這兩種不同的加工方式，將發展出什麼樣的產業時，不是要捨去那一種方法，而是要把這兩種方法統合，且提高其相互整合的能力，才是發展奈米科技的重要工作。例如，適當的調配由上而下的微影與蝕刻製程與由下而上的薄膜製程是創造不同奈米產品的方法之一。

1-2-2　大自然蘊藏很多奈米科技概念

　　奈米科技雖然是一項高科技，但奈米現象早就存在我們身邊。例如，上帝創造萬物時，就將其生命訊息儲存在奈米尺度的「去氧核醣核酸」(deoxyribonucleic acid，DNA)上，它隱藏了遺傳基因的訊息。DNA 由四種不同的核苷酸分子(nucleotide)組成，其代號分別為 A、T、C、G。在細胞中 DNA 是由兩條單股的 DNA 以一定的配對型式所組成之雙螺旋的三度空間結構，如圖 1-7 所示。由於各個核苷酸有不同的化學官能基，故在雙螺旋的 DNA 中，A 一定與 T，C 則與 G 互補配對。生物就是靠 DNA 中不同核苷酸分子的序列，將遺傳訊息一代一代地傳遞下去，不同的排序列造成不同的生物，也造成不同長相特徵的差異。所謂基因(gene)其實是指一段帶有特定遺傳訊息的 DNA 片

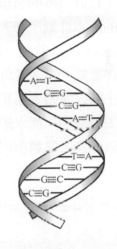

圖 1-7　DNA 的雙螺旋結構及其
A：T 和 C：G 鹼基配對特性

段，此片段可經由細胞中聚合酶的作用產生蛋白質與各種酵素，來調控生物體中某個特定的生命功能。自然界生物的演化等於是 DNA 之 A、T、C、G 核苷酸自然排序的過程，自然的奈米技術早在盤古開天時就應用在生物物種的繁衍上，人類努力要揭露此神秘面紗，到最近才有點進展。

　　奈米結構必須與微米甚至是巨觀結構結合，方能展現其卓越的特性。因此探討如何有效率地製造奈米材料與元件及如何使用這些奈米元件在微觀或巨觀的層級間維持穩定的介面，乃是奈米科技要實用化的研發重點。奈米科技已發展出非常重要的「顯微觀察技術」、「微細加工技術」、「由下累積結構的技術」，現在正是踏入奈米領域的時機。現階段奈米技術尚未成熟，還沒有能力輕易操控這種超微小的奈米結構，對奈米材料的運用原理更未充分了解，這正是現今奈米科技研究之主要課題，加強這方面的研發工作與人才培

訓，對產業升級與國家經濟發展是刻不容緩的事。

DNA 是雙股螺旋分子，藉由 A、T、C、G 核甘酸鹼基間的獨特關係匹配在一起，自我複製時，若鹼基位置出現錯誤，一般 DNA 聚合酶能認出錯誤，退回前一組配對，修正錯誤結合，因此多數 DNA 病毒的突變率相當低。而 RNA 病毒是以一條單鏈分子編碼形成，沒有搭檔鹼基系統，沒有負責校讀的聚合酶，因此 RNA 病毒的突變頻率漫無節制。武漢肺炎是屬 RNA 冠狀病毒，難怪各國的抗疫醫師再三示警，COVID-19 是很難纏的病毒，會有不少後遺症。個人防疫工作需養成勤洗手，勿摸臉部、眼、鼻、口的好習慣。要控制此病毒，有賴生物醫技各團隊快速開發出新藥劑與新疫苗。

蓮是生長於沼澤的宿根草本植物，它在夏季開花，花葉俱清香，色澤鮮豔。蓮葉只是經由天然的雨水沖刷不必人工清洗就可以保持表面潔淨，這種具有自潔功能的表面被稱為「蓮花效應」。何以蓮花、蓮葉具有出污泥而不染的能力？科學家作接觸角的實驗結果發現，水滴在蓮葉上的接觸角高達 160°，如圖 1-8。接觸角的大小代表什麼意義？液體滴在固體表面上時，固體表面和液滴切線的夾角叫接觸角。水滴在固體表面的接觸角 θ 很小，它易濕潤固體表面，而水銀掉在固體表面的接觸角 θ 很大，它不易濕潤固體表面。當液體濕潤固體表面時，氣體與固體的界面被液體與固體的界面所取代，在圖 1-9 中表面張力平衡式為：

$$\sigma_{固-氣} - \sigma_{固-液} = \sigma_{液-氣} \cos\theta \quad\text{...(1.1)}$$

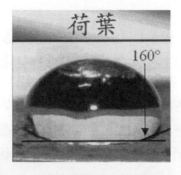

圖 1-8　荷葉接觸角(見附錄圖片)

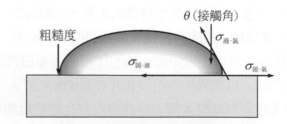

圖 1-9　表面張力平衡圖

(ITRS 網站：http://public.itrs.net/Files/2001ITRS/Home.htm)

而固-氣表面能與固-液表面能之差異叫它為濕潤張力。接觸角為銳角時，$\cos\theta$ 為正值，固體被濕潤，$\sigma_{固-液}$ 表面能較低，液體會在固體表面擴張。若接觸角為鈍角則 $\cos\theta$ 為負值，$\sigma_{固-液}$ 表面能較大，液體不易濕潤固體。水滴在蓮葉表面的接觸角很大，表示蓮葉的表面能較低，水滴在蓮葉上易成水珠，水珠不易濕潤蓮葉表面。蓮葉表面的化學組成為石臘，臘是飽和的碳氫化合物，其電偶矩極性較低，有較低的表面能，故水在一般石臘上的接觸角約 110°，有疏水性。然而蓮葉除了臘的化學組成外，還有什麼原因使水在蓮葉上的接觸角高達 160°呢？在掃描式電子顯微鏡的觀察發現蓮葉表面有很多粗糙的小突出物且有疏水性纖毛結構，這些纖毛結構的尺寸約一百多奈米，請參考文獻[9]。液體與微觀粗糙的表面接觸，只有部份接觸到葉面，另一部份為氣體，因此液滴與粗糙孔隙間的空氣無粘著濕潤的現象，致接觸角變大使水在蓮葉上的接觸角高達 160°。當污泥附著在蓮葉表面上，污泥比蓮葉表面的纖毛結構大很多，奈米纖毛減小了污泥與蓮葉的接觸面積和兩者間的吸附力(濕潤張力)，當水滴由葉面上滾過時，由於污泥與水滴間的接觸面積大，污泥與水滴有較強的吸附力就很容易被水沖走。因此蓮葉表面同時擁有奈米尺度的物理結構和有疏水性的化學組成，才具有出污泥而會自潔的功能。

我們小時候常聽到收購破銅爛鐵的環保尖兵叫嚷要買鴨毛與鵝毛，奇怪，為何他們只要活用鴨毛與鵝毛而不要雞毛呢？我們常看到鴨、鵝在水中戲水覓食，卻未曾見過雞做水上活動。原來鴨毛、鵝毛有防水保暖功能也是奈米現象，鴨與鵝有層層的鬆軟奈米小絨毛，水與這些小絨毛的接觸角很大，有疏水防水透氣保暖的功能。鯨魚和海豚的皮膚擁有奈米尺寸的孔洞，不但有自潔功能、防止有害微生物附著，還可減小游行時所產生的摩擦力。蛾的眼睛有奈米尺度的纖毛，可減少光的反射，飛行時不易被敵人發現等。自然界蘊藏有奈米科技概念的實例還很多，當然還有不少未被生命科學家揭露的。

1-2-3　顯微技術與電腦促進奈米時代來臨

奈米科技的科學與技術已經融合在一起發展，我們開發新製造技術以尋找新材料，並藉尖端的顯微與量測技術，探討新材料之結構與特性，想出其建構原理與可能之運用方法等。這些經驗不僅在探索理論基礎，還會直接幫助奈米元件生產技術的開發。

1980 年代是奈米科技發展的重要分水嶺，1982 年 IBM 在瑞士實驗室發明了可觀測原子尺度的掃描式電子穿隧顯微鏡(scanning tunneling microscope，STM)，探針在被觀察樣品表面上來回偵測和蒐集穿隧電子流，探針的掃描是藉由壓電材料提高靈敏度，而被觀察的樣品通常是金屬或半導體。當探針掃描被觀察的樣品時，由於樣品表面起伏高度的不同而造成穿隧電子流量的不同，高的地方探針與試片較近其穿隧電子流較大，低的地方其穿隧電子流較小，藉由穿隧電子流大小的控制可得到樣品表面起伏的形貌。奈米探針使 STM 可看到樣品表面形貌高度差只一、兩個原子的原子排列。

STM 是利用穿隧電子流作為量測的訊號，因此探針與樣品必須能導電。1985 年美國史丹福大學的奎特(C.Quate)等人發明原子力顯微鏡(atomic force microscope，AFM)則不導電的樣品也可量測。當探針很靠近被觀察的樣品表面時，探針與樣品間的凡得瓦力(Van der Waals force)呈現吸力與斥力兩種原子力。在樣品表面較高的地方探針與樣品間會產生較大

的排斥力,在較低的地方則產生吸引力。若探針與樣品間的力設爲定值,則控制探針隨樣品表面起伏可顯示樣品表面的形狀。AFM 的優點是樣品無須特殊處理,對生物樣本在水中或緩衝液中量測並不會改變量測功能。生物醫學領域中,在 AFM 探針上做修飾,加上所要偵測的分子(例如抗體),便可偵測另一分子(例如抗原),則分子與分子間的作用力較原子力大,這種量法又叫做化學力顯微鏡(CFM)。1987 年在 AFM 的碳針上蒸鍍一層鐵或鎳的磁性薄膜,則探針上帶有磁性,磁性方向垂直於樣品表面,我們可藉此來觀測磁性樣品的表面變化,這種改良又叫做磁力顯微鏡(MFM)。

1986 年美國康乃爾大學的貝基(E.Betzig)等人發展出掃描近場光學顯微鏡(scanning near-field optical microscope,SNOM)或簡稱爲近場顯微鏡(NFM)。掃描近場光學顯微鏡是將探針改爲光纖製成的探針,在將雷射光導入光纖中然後以極靠近的距離來回掃描觀察樣品,極靠近的距離被稱爲近場。由於 NFM 是使用雷射光故可利用光的反射、折射和穿透來觀察樣品表面,使用近場光學顯微鏡觀察極小的生物樣品比用 AFM 或 STM 更爲適合。

穿透式電子顯微鏡(transmission electron microscope,TEM)發明於 1932 年,發展至 1940 年代 TEM 已經可以觀察奈米尺度的物質。穿透式電子顯微鏡是利用約 30 萬至 40 萬伏電壓加速的電子束穿透極薄的試片,電子束經過樣品時受到樣品的原子影響而顯示出原子排列的影像。TEM 可觀察樣品表面下深層的原子排列及很小的獨立樣品,如奈米碳管等。TEM 功能很多但試片準備很費時。

掃描式電子顯微鏡(scanning electron microscope,SEM)肇始於 1938 年,於 1942 年可觀察到奈米世界。SEM 是利用電子束掃描樣品表面,藉電子束在樣品表面上的反射來形成樣品表面的影像。電子在空間的運動如同波動行爲,而電子波動的波長比可見光小,故 SEM 的放大倍率比傳統光學顯微鏡高上萬倍。目前,SEM 是各學門觀察奈米級物質的重要利器之一。

當材料或元件的大小接近或小於 100 nm 時,傳統電子物質波理論已無法解釋各種新奇的奈米現象,顯微技術提供了奈米科技的雙眼和雙手。而計算機功能的提升是各種奈米科技領域的複雜模擬工作的好幫手。因此奈米物理學或稱介觀物理、奈米化學、奈米生物學、奈米材料學、奈米電子學、奈米力學、奈米加工學等基礎研究,將爲科技紮根促進奈米產業蓬勃發展。

1-3 奈米科技的前瞻

1-3-1 改變世界的工業革命

　　1840 年代起英國紡織業使用瓦特製成的改良蒸汽機，大幅增加棉紡產量並在很短時間內應用到採煤、冶金、交通運輸等各行各業。這是世界上第一次以機器替代人力的生產技術大革命。第一次工業革命不但大大降低生產成本提高生產力，對整個歐洲的政治、經濟、文化、社會、科學(尤其是物理、數學、化學)等活動充滿進步動力，更直接貢獻於工業革命的持續發展，而使輕、重工業的製造都有巨大變革。

　　第二次工業革命是電力成為現代文明的主要能源和石化工業提供人類新的使用材料。電力的供用和訊息的傳輸提供人類文明空前進步，電力的供用有發電機、電動機和電燈等帶來的方便。訊息的傳遞有電話、電報、收音機、電視等傳播工具。石化材料除替代傳統的衣服用料、容器、工具外，尚與高附加價值的機器緊密結合，如汽車、飛機等交通工具和各式家電產品等具有重量輕且堅固的功能。第二次工業革命造成工業區工廠的集中與現代商業都市的形成，使人類脫離鄉村的自然環境生活。

　　第三次工業革命是半導體的發明，創造了固態電子計算機，改變了資訊傳遞技術，使文明的演變過程更加突飛猛進。電子計算機即俗稱的電腦，是一種電子元件與機械組合的人機溝通裝置，它可做數學運算、數據處理及記憶，其運算速率快、誤差小，數據處理量大、記憶時間長，大大取代由人腦服務的工作。20 世紀末期，資訊傳遞技術的不斷進展，可將文字、圖畫、語音快速傳遞至遠方，以電腦為媒介的虛擬網路產業，成為此時期的新興產業，以電話為工具的電信產業也積極地加入網路產業裡。掌握新資訊就是掌握發展先機，公司的 e 化程度或資訊網路化能力已成為公司甚至是國家綜合競爭力之指標。第三次工業革命造成輕、薄、短小和多功能的電腦、家電產品成為大家的最愛，高速網路通道的需求日益迫切。然而高度開發造成地球環境日益惡化、生態資源日益減少，致全球經濟活力目前已漸露疲態。

1-3-2 目前全球正陷入能源危機、經濟衰退困頓期

　　自從第一次工業革命以來，人類開始製造污染，污染的程度隨著科技的進步不斷的增加。發電廠或汽、機車等藉燃燒石油與煤而獲得電力或動力所造成的大氣污染，工廠排出的碳氫廢氣也污染大氣層，製造酸雨。排放出的廢水則會污染河川、魚蝦暴斃、鳥類相繼死亡或遠離。掩埋生產衍生的廢棄毒物也會污染土壤和地下水。這些被污染的空氣、水和

土地將污染動植物之生長，經過食物鏈之生態循環，最終被污染的動植物再毒害人類致癌。還有冰箱或冷氣機的氟氯化碳冷媒是破壞大氣層中臭氧層的元兇之一。臭氧層可保護地球上所有的生物免受紫外線和宇宙射線的傷害，臭氧層的破洞將造成生物或人類因照射過多的紫外線而突變致皮膚癌。因此追求經濟成長同時做好保護地球的意識已漸被重視。

能源是經濟發展的基本要件，工業革命將能源轉成電力或動力，帶來產業進步經濟成長，然而依目前的能源消耗速度，可能在未來的數十年內全球的石油將被用罄，到時人類若未能找到替代能源，不僅造成經濟衰退、人類文明倒退，恐有威脅人類生存的危機。

在 20 世紀末期由於半導體科技帶來了電腦、資訊、通信產品不斷推陳出新，帶動了全球經濟活力，出現空前經濟榮景。但現在大約地球上只有 20%的人能夠享受高科技成果所帶來的高生活水準，而他們卻用掉絕大部分的自然資源，這種程度的貧富不均也將是世界局勢動盪不安的肇因。在 21 世紀的 2001 年，資訊、電子等高科技產品消費漸趨飽和，榮景不再、景氣不振，世界各國經歷了 2001 年的經濟硬著陸，911 紐約世貿中心雙子星大樓客機撞樓的恐怖事件，全球經濟已陷谷底，2003 年的美伊戰爭和 SARS 病毒蔓延等更嚴重威脅經濟的發展。如今人類面對能源危機、環境污染、自然資源將耗竭、自然生態丕變等不易解決的問題，都冀望奈米科技以不同於以往的產業發展方式，以知識經濟為主軸，建構自然資源的利用、能源使用的效率、環境保護的使命，與產業的永續發展並行不悖地，推動一場新的綠色工業革命。

1-3-3　奈米科技可能帶來第四波工業革命

奈米科技橫跨物理、化學、生物等多個科學領域，將創造出許多新興產業，也對傳統產業帶來無限生機。因此，除了資訊與電子等高科技產業外，目前所有的傳統經濟產業，都必須把握機會趕上這一波奈米科技的潮流，盡全力去思考那些奈米特性可加到現有產品上創造價值。專家預測奈米科技對人類的健康、財富及生活的影響絕不亞於 20 世紀的微電子、電腦輔助工程、醫療影像和人造高分子材料等貢獻的總和。

奈米科技的發展可以滿足我們希望元件更微小化的需求，奈米科學加速了生命科學的研究腳步，使我們得以踏上解開大自然奧秘的第一步，奈米科技的發展可以帶來新的能源開發與應用概念，達到有效運用地球有限資源的願景。可以說奈米科技是新世紀的明日之星，將帶動材料、資訊、光電、生醫、機械、化工等產業邁入新的發展方向，大幅提升產業的附加價值和競爭力。未來世界高科技競爭的版圖勢必重新劃分，也帶給人類生活不可避免的衝擊，史上的第四波工業革命即將上演了。

習 題

1. 舉例說明什麼是 Van der Waals 力。何以奈米粒有良好的觸媒催化作用？何以奈米粒的熔點較塊材低？

2. 舉例說明物質波的意義。奈米微粒的小尺寸效應與量子尺寸效應差異在哪？舉例說明。

3. 舉例說明量子觀念。舉例說明什麼是光致發光？什麼是光催化作用？

4. 什麼是磁滯現象？說明殘磁 Br、磁矯頑 Hc、硬磁和軟磁的意義。

5. 何謂集膚效應(skin effcct)、巨磁電阻(GMR)效應、Fowler-Nordheim 電子穿隧效應。

6. 說明碳奈米管的結構、特性和可能應用空間。

7. 奈米尺度的 DNA 如何扮演遺傳基因的訊息？

8. (1) 液體如何產生表面張力？

   (2) 舉例說明吸附力的意義。

   (3) 何以真空系統的 O-ring 塗真空油膏(grease)時愈薄愈好？

9. 詳細說明蓮花出污泥而不染的道理。

10. (1) 臭氧不是安定的氣體，何以地表大氣層上方一直有臭氧層存在？

    (2) 地球表面的臭氧層何以有遮蔽紫外線和宇宙射線的功能？

    (3) CFC 冷媒如何破壞地球表面的臭氧層呢？

參考文獻

1. R. Kubo, J. phys. Soc. 21. (1996) 1765.

2. D.Koruga, S. Hameroff, J. Withers, R. Loutfy and M. Sundareshan, ®Fullerene C_{60}, History, Physics, Nanobiology, Nanotechnology©, North-Holland, Amsterdam, 1993.

3. M. N. Baibich, J. M. Broto, A. Fert, Nguyen Van Dau, F. Petroff, P. Etienne, G. Creuzet, A. Friederich and J. Chazelas, Phys. Rev. Lett. 61 (1987) 2472.

4. Iijima, Nature (London) 354 (1991) 56.

5. NNI Report-The Initiative and Its Implementation Plan, July 2000.

6. NNI Report-The Initiative and Its Implementation Plan, June 2002.

7. J. C. Venter, M. D. Adams, and E. W. Myers, et, al. Science, 291, 1304(2001).

8. 競逐原子世界、奈米技術與產業發展系列第一輯 STIC-RPR-091-09, p3.

9. Barthlott W. and C. Neinhuis (1997). Purity of the sacred lotus, or escape from contamination in biological surfaces, Planta, 202, 1～8.

10. M. C. Roco, "International Strategy for Nanotechnology Research and Development," J. of Nanoparticle Research, Kluwer Academic Publ. 3, 5-6, 353～360, 2001.

11. ITRS 網站：http://public.itrs.net/Files/2001ITRS/Home.htm

12. IBM 奈米電子期刊網站：http://www.research.ibm.com/journal/rdimg.html

13. 奈米期刊網站：http://pubs.acs.org/journal/journals/nalefd/index.html

14. 台大奈米電子學課程網站：http://giee2.ee.ntu.edu.tw/~nanotec

15. Intel 網站：http://www.intel.com/idf/us

16. http://www.ssttpro.com.tw

17. http://www.mse.nthu.edu.tw

18. http://www.sinica.edu.tw

19. http://www.pku.edu.cn

20. http://www.tainano.com/chin

Chapter 2

奈米世界中意想不到的特性

2-1　介觀空間中的奈米世界

　　過去數十年中由於各種新高科技材料的快速開發和微機電製程技術的快速進步,使得材料結構的尺度和元件製程的精確度已經邁入了奈米尺度的操控世界。在空間度的壓縮技術方面,不僅已能製造出高品質的量子點(quantum dots),也已經能夠充分掌控量子井(quantum well)、量子線(quantum wire)、奈米棒(nanorod)、奈米管(nanotubes)等各種不同維度及不同形狀的奈米結構製程。此外,也已經能夠利用奈米建構單元進行高度規則排列的週期結構,發展出各種超晶格結構(superlattices)和因應不同需求的週期陣列結構等。

　　一般粒子系統內主要包含了兩個組成部分:

(1)　粒子內部部分:直徑為數奈米或幾十個奈米的粒子內部部分。

(2)　界面部分:粒子與粒子間的界面(或稱介面)部分。

　　在常規粒子體系內,粒子的粒徑(> 0.1 μm)較大,因此相對於粒徑而言屬於表面界面層的厚度比較薄(< 10 nm),所以界面部分的原子和體積在微粒中所佔的原子數比和體積比例也相對地非常小,所以通常界面原子對整體性質的影響相當有限。

但在次微米級的粒子體系內，此兩部分的「體積分數(volume fraction)」分別為"界面原子的總體積/粒子的總體積"與"粒子內部原子的總體積/粒子的總體積"，此兩分數相當接近，所以此兩部分對於微粒的特性均具有決定性的影響。例如，以晶形微粒而言，粒子內部原子具有長程有序的週期性結晶結構(long-range order crystalline structure)，但界面的原子層則是以既不具長程有序也不具短程有序的界面晶格結構存在，所以，有序的內部結晶結構和幾乎呈無序的界面結構同時以複雜的變化關係牽制著粒子的物理和化學各種性質。

對於奈米材料體系則是泛指顆粒尺寸在 1～100 nm (1 nm=10^{-9} m)之間的奈米級(nano-scale)超細顆粒所組成的材料。此尺寸範圍的粒子大於原子簇，但遠小於一般傳統的常規微粒(在本章中所有提及的「傳統」或「常規」微粒是泛指粒徑在次微米級以上的粒子)，所以從材料結構單元的層次來說，奈米材料介於宏觀物質和微觀原子、分子的中間領域。奈米級材料中，內部原子的數量和體積比例大為減少，所以不再具有長程有序的週期晶格結構。此外，因界面原子所占的原子數比例和體積分數均增大許多，加以界面原子的表面結構排列不僅與粒子內部的晶格結構不相同且常以不只一種的表面結構存在，這些表面結構間甚至沒有一定的關連性。此種結果均導致奈米粒子呈現相當複雜的結構變化，而形成與傳統晶態、非晶態材料不相同的另類新結構體系，也因而衍生出許多意想不到的新特性和特殊的應用。

有限大小的奈米晶粒中，既然不能將粒子內部的原子排列視為無限長程有序的週期結構來處理，所以，一般用以處理大晶體物理性質的固態理論和連續能帶結構(continuous energy band structures)理論都將不再適用。常規固態物理體系中的連續能帶隨著粒徑縮小至奈米尺度時，將分裂成接近分子軌道(molecular orbits)的不連續分離能級(discrete energy levels)。在奈米尺度的材料中，小尺寸的晶粒和因小尺寸而產生的高密度晶界，以及高密度晶界與晶界原子的無序結構等因素都將導致材料的各種性質發生改變，如力學性能、磁性、介電性、超導性、光學乃至熱力學性能等。

而在此奈米範圍內的結構材料和元件相對於巨觀(或稱宏觀 macroscopics)材料和元件而言實在很小。但和具量子效應之原子級(atomic scale)微觀(microscopic)尺度的簡單分子或原子團相比較，則顯得大許多。因此，在這尺度範圍內之物質系統若直接使用微觀尺度的量子力學進行基本性質的計算，將因下列因素，如原子的數量多、粒子內有序週期結構的部分有限、大面積的界面無序結構又不具規律性、排列太複雜等，導致對物理化學性質的理論相當不容易進行有系統的分析研究。然而，這些系統的原子數量又不像巨觀系統大到能夠忽略量子效應，而遵循巨觀世界的古典物理原理，或以統計力學中的統計平均概念探討其物理現象和特性。因而，科學家特別為此介於宏觀和微觀範圍的中尺度材料世界給了一個新的尺度名詞，稱之爲『介觀世界(mesocopics)』或有人名之爲『中介世界』。

　　這些材料或結構至少在某一個空間的尺度上是介於原子分子尺度與巨觀尺度之間，所以稱爲介尺度(mesoscale)。新材料的發展往往同時伴隨著新物理現象或奇特性質的發現，同樣地新奈米材料的開發，在介尺度下的電子能態、光學、磁性、傳輸、光電、機械性質、導電高分子材料的電子傳輸性質、分子導線的能帶結構和化學等各種性質，與宏觀世界以及微觀世界下的情形常有截然不同的表現，因此呈現了許多新的特性和行爲。

　　近年來科學家在開發研製量產型的奈米結構材料和元件已有相當不錯的進展，奈米技術已經可以做到比人類毛髮小、甚至比蛋白質分子還要小尺寸的元件，譬如以碳奈米管製作場發射器、單電子電晶體、巨磁電阻層等材料元件均已有雛形產品出現，如圖 2-1 所示。近年來的研究發展成果使得微小化的奈米產品將不再是人類遙不可及的夢想，有關奈米科技的諸多應用在第 6 章中會有更爲詳盡的討論。

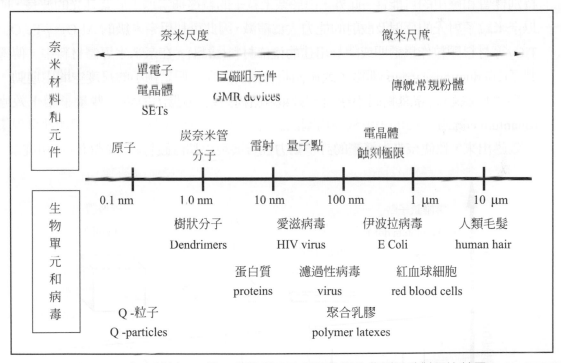

圖 2-1　奈米材料、元件、生物單元及各類病毒的典型尺寸對照比較圖

　　當材料的組成單元縮小到奈米尺寸時，則奈米材料不管是物理、化學或是機械等性質都與相同材質之塊體(bulk materials)的性質有相當大的不同，特別是下面所列的幾項性質，而這幾項特殊性質爲奈米材料開發了許多以往常規材料所無法提供的新應用領域。

1. 特殊的光學性質：當材料尺寸小至某一程度，譬如粒子的粒徑小於常規塊體材料中的激子半徑(radius of exciton)，此時奈米材料會呈現明顯的量子侷限之量子化效應(quantum confinement effect)，使得奈米粒子的電子能譜像在單一原子與分子的分立能譜一樣，具有不連續的能階，能階之間具有能隙(energy gap)，且隨著粒徑變小能階間的能隙會隨之變寬。當奈米粒子呈現能級分立時，許多量子性質因運而生，並在巨觀的環境中即可觀測得到，所以科學家稱這些具有宏觀量子現象的粒子為「量子點(quantum dots)」，並視之為零維尺度(zero dimensional, 0 D)的奈米物質。根據理論計算的結果，發現相同材料的零維量子點(0 D quantum dots)、一維量子線(1 D quantum wires)、二維量子井(2 D quantum well)和塊體材料的能階狀態密度(density of state)，隨能量的變化呈現差異相當大的不同，如圖 2-2 所示。如此的結果使得不同奈米維度的奈米結構材料在光學性質上也產生了相當不尋常的差異性，當然也因此提供了許多具特別性質和應用的可能性。此外，由於奈米粒子的粒徑通常遠小於紫外光的波長，所以奈米粒子對光的反射及散射的能力大為縮減，因此可利用奈米級的 Al_2O_3、$\gamma\text{-}Fe_2O_3$、TiO_2 等材料顆粒作為透明或隱身用途的塗佈材料(塗料)。在奈米半導體材料中，傳導載子(conduction carriers)即電子或電洞將會被侷限在一個足夠小的尺度空間中運動，使得這些載子與摻雜物間的碰撞和散射機率會變得很低，所以一些量子相干效應(quantum coherence effect)不致被周圍巨觀的環境因素所遮蔽，因而可以明顯地呈現量子效應出來，致使奈米半導體的許多動力性質展現出和巨觀材料不同的行為和現象。

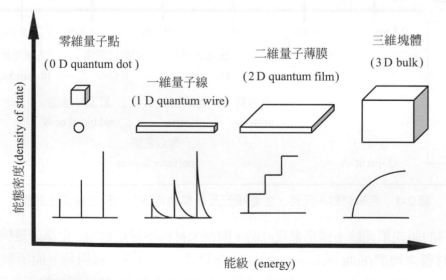

圖 2-2　不同維度之奈米尺寸結構材料的能階狀態密度與能量變化關係的示意圖

2. 量子化的電子傳輸性質：小尺寸效應造成電子的量子侷限效應，可以更進一步地衍生出各種量子物理性質，例如具奈米級寬度的半導體和導體量子線會呈現電導量子化的現象，使得傳統導線的歐姆電阻定律(Ohmic law of resistor)不再適用於奈米級寬度的導線中。奈米級厚度的絕緣層性質也會因電子的強穿隧現象(tunneling effect)，而失去電性絕緣的功用，以致超微小型奈米結構所製之電容器的電容量將非常小，且當一個電子進到絕緣層就會改變電容器兩電極間的電位。此外，奈米結構材料的其他物理化學性質，如電、磁、機械性、和熔點等也與塊材有截然不同的性質呈現。如奈米級的量子點會透過分子導線聯結而形成超晶格結構，此結構中的電子物理行為亦將展現全新的性質。

3. 高磁化強度的磁性性質：具有磁性性質的材料，在介尺度空間的行為表現也和巨觀的磁性塊體材料有所不同。此時個別奈米磁粒可形成單一磁區(single domain)，而展現強的量子穿隧效應和超順磁現象。如奈米鐵、鈷、鎳等磁性合金材料和磁性氧化物材料在大粒徑時具有強的鐵磁性，但當粒徑小於某一臨界尺寸，可使整顆磁粒子形成單磁區(single domain)的磁性微結構，故而磁粒子單位體積的磁記錄密度可高達 4×10^6 至 40×10^6 Oe/mm^3，並可以提供極高的訊雜比(signal-to-noise ratio, S/N ratio)。此外，可控制奈米磁粒子間彼此的磁性交互干擾，使干擾作用降到極微弱的量。並經由選用適當的表面活性劑，將磁性奈米粒子均勻地分散於液體中，形成具有強磁性的磁流體，以應用於鐵性雜質的連續分離。此外，最近許多臨床醫學研究已充分證實磁性流體在生命醫學和藥物的傳輸治療方面提供了相當廣泛且有用的應用，特別是在殺死癌症細胞和愛滋病毒的醫療應用。筆者最近的研究結果亦已經在動物實驗中，證實磁性奈米粒子在基因轉移和基因治療的工程上，具有導引基因至特定治療區的標的效應(specified-site targeting effect)、提高轉移效率(transduction efficiency)、和增強生物活性等諸多功能。

4. 高效率的催化性質：奈米級粒子因體積非常小，所以表面原子的數量佔材料中所有原子總數的比例變得非常高，以致不再能忽略表面原子的效應。然而，通常固體表面原子的熱穩定性(thermal stability)與化學穩定性(chemical stability)都要比位於材料內部的原子差許多，所以在觸媒的領域中具有很大的應用潛力，特別是最近流行的光觸媒應用。表面原子數量的多寡常用來作為催化物質之催化活性好壞的指標之一。一般來說大表面積是一個好觸媒材料的基本要素之一，如 Fe/ZrO$_2$ 奈米複合觸媒材料應用在氫燃料電池的化學反應中，可加速催化 CO 和 H$_2$ 氣體間的化學反應，即可加速形成烴類的能力，進而提高氫燃料電池的效率。

5. 多功能奈米複合材料：許多原來不能互溶的兩種金屬材料，當金屬粒子達奈米級後，可大大增加兩者間的互溶比例，而形成具新功能的合金固溶體(alloy solid solution)。此外，混合兩種不同功能的奈米材料，可以得到同時兼具兩材質原有的個別優點以及彌補兩材料原有缺點的複合材料，進而提昇材料的剛性、抗拉、抗折、耐熱、自身防燃性等性質。例如在尼龍與聚亞醯胺中加入少許黏土，因天然黏土本身便是由奈米級的粒子所組成的，所以奈米級黏土的添加可以大幅改善尼龍與聚亞醯胺材質的吸濕性，並可降低一半水氣的穿透性。若介觀尺度材料的形成是經特殊設計的週期性排列，則可使其產生有如半導體光學材料的光學性質，而作為發光材料或光晶體材料(photonic materials)。此外，對非線性光學性質的深入瞭解，並進一步地應用特殊的非線性光學性質，更可大幅提高光區域化(localized)的可能性，此結果也提供了另一新的應用前景。奈米光學領域的開發研究正方興未艾，已為新光學材料和元件的未來展開了一片極廣大且具高度潛力的應用空間。

6. 高敏銳度的感測性質：奈米粒子所製成的感測器，由於表面感測面積大及表面活性增加，使得感測材料對所偵測之訊號的敏感度變強。另一方面，由於小的粒徑使得感測表面的孔隙度得以縮小，致使所偵測到的感測訊號可以迅速傳遞，且不受外界雜訊的干擾，所以大大提高感測器的訊雜比。

目前學術界對於上述這些新特性的機制還不是十分清楚，所以亟待進一步深入地研究。雖然近年來許多研究人員利用這些新的物理和化學現象，已經開發出許多相當新的產品。這些介尺度空間的物理，已成為近 20 年來凝態物理(condensed physics)研究的主要目標和重點。此研究趨勢對高精密度的蝕刻技術和未來光電材料及元件的製程技術有深遠的影響，因而成為 21 世紀重要的核心技術之一。然而，在介尺度的領域中，不只是製程技術的問題有待解決，更有許多重要的物理問題亟待克服，如介尺度空間中量子輸送和量子糾結(quantum entanglement)等問題的基礎研究。

由於奈米材料許多性質異於常規的塊材，所以在奈米材料和技術的開發研究上，往往會有許多令人驚奇的發現，如碳奈米管具有優越的場發射(field emission)性質，可用以作為場發射顯示器(field emission display，FED)的電子供應源；奈米複合材料可以補強高分子的功能，使材料達到更佳的狀態；奈米半導體材料隨粒徑變化的特殊光學性質，使得僅採用一種材料半導體便可以產生從紅光至紫光的所有可見光源，如僅利用硒化鎘半導體粒子，便可以經由改變粒徑大小和形狀，而產生各種不同頻率的可見光。

綜觀上述幾項優點的簡略說明，可知奈米材料因擁有許多與眾不同的物理化學性質，使其在眾多的領域中展現無可限量的應用潛力，然而在未來的發展上不僅必須找出更好更適宜的應用材料外，更要發展出高效率、低成本、且簡便的奈米材料量產製程。但從另一角度思考，研究人員更必需先充分地了解奈米材料不利於應用的新性質和缺點，因為，當材料進到奈米級尺寸時，原本可運用在元件上的一些物理性質可能不再適用，甚至消失，如原在半導體中作為絕緣層的材料，會因其中的電子具有強的穿隧效應，而破壞場效電晶體(field-effect transistors，FETs)中閘極(gate)的高絕緣功用；奈米材料會因表面原子數量的比例大增，使得奈米材料的活性隨之大增，進而導致材料的熱性質和化學性質的穩定性變得相當差。這些缺點都是未來奈米材料和技術的應用發展中，所必須克服的問題。此外，研究人員同時必須以更刻不容緩的積極態度，進一步深入地探討奈米材料對人類健康、環境污染、自然生態等所帶來的副作用，以免引爆人類自我毀滅的危機。

　　以下幾節即就奈米材料的特性做進一步較詳細的說明，並簡介一些可能的展望和應用方向。

2-1-1　小尺寸效應(small size effect)

　　因物質粒子的尺寸縮小，而使物質的各種性質產生變化和差異的效應，即稱為「小尺寸效應」。早期科學家在進行物質性質的研究時，就發現物質的粒徑若接近所探討之物理性質的特徵長度(characteristic lengths)或某些相關長度(correlation lengths)時，會導致物理性質發生明顯的變化、甚至突然的改變，因而推斷物理性質和物質的尺寸大小之間有極密切的關係。而探討不同的物理性質，所需考慮的相關長度也可能不同，例如：

1. 當探討物質的光學性質、或物質與電磁波交互作用時，則所需考量的物質特徵長度和相關長度至少有下列幾項：

    (1) 實驗中若使用到電磁波時，必須比較粒子粒徑和這些電磁波波長間的關係，常用的電磁波有可見光、紫外光、甚至 X 射線等。

    (2) 若為半導體材料，則需考量激子的半徑。

    (3) 若為導體材料，則需考量傳導載子的平均自由路徑(mean free path)。

    (4) 電磁波對粒子的穿透深度(penetration depth)。

    (5) 物質波的波長：德布羅意波長(de Broglie wavelength)。

    當物質的粒徑接近甚至小於上述所列的長度量，則物質將呈現特殊的光學現象。常規粒子的粒徑通常遠大於一般實驗中使用之電磁波的波長，如可見光、紫外光、甚至 X 射線等，電磁波的波長都比常規粒子的粒徑小許多。奈米顆粒對可見光和電磁波的吸收頻帶具有明顯的寬化效應及使吸收率大幅增加的趨勢，此外，因等離子共振(或稱電漿子共振，(plasmon resonance))吸收所產生的共振吸收峰有頻移(frequency shift)的現象。

2. 若待測的物理量是電阻傳輸性質，則電荷載子(電子或電洞)在物質中的載子平均自由路徑是系統的特徵長度。

3. 當研究超導物質(superconductors)時，則需考慮的物理特徵尺寸至少有兩項：

    (1) 物質在超導態時超導古柏電子對(cooper pairs)的相干長度(coherence length)。

    (2) 磁場在物質中的穿透深度(penetration depth)。

    由常規顆粒組成的超導材料，具有特定的超導臨界溫度(superconducting critical temperature)，在此臨界溫度以下材料呈現具超導特性的超導態(superconducting state)，此溫度以上則呈現一般的金屬態(normal metallic state)。但當組成粒子的粒徑縮小到奈米級大小時，粒度逐漸接近超導體中古柏電子對的相干長度，所以即使超導材料仍是由相同的原子組成，也具有相同的晶格結構，但其超導溫度會隨著粒徑縮小而降低，而超導態朝向正常態轉變。

4. 在許多性質研究中，經常必須考量的特徵長度之一是物質波的波長－德布羅意波長(de Broglie wavelength)。

    這些常常遭遇到的物理特徵長度或相關物理長度的尺寸涵蓋的範圍很廣，且其數量級隨粒子的組成、晶格結構、顯微結構以及欲探討的物理性質不同而有所不同，可從次微米級變化到奈米級、甚或原子大小的尺寸範圍內。

    在奈米科技興起之前，常規固態微粒的粒徑通常在次微米級以上，一般會比上述所列的物理特徵長度大好幾個數量級，所以固態粒子在此巨觀的條件下，很難觀察到物質內的量子現象。量子理論告訴我們，只有當待測樣本的粒徑尺度接近或小於物理特徵長度時，粒子波動雙重性(particle-wave duality)和量子現象才會明顯地呈現出來。

    此外，若固體顆粒的尺寸與德布羅意波長、或是電磁波波長、其在物質中的穿透深度、或物質電子組態的相干長度等物理特徵尺寸相當時，甚至比之更小時，則傳統固態理論中經常採用的晶體週期性邊界條件將消失，不再符合系統的實際情況。因此，週期邊界條件假設下所得的近似理論都將不再能夠用以解釋小尺寸物系中所觀測到的實驗結果。另外，無論是晶態(crystalline state)或非晶態(amorphous state)奈米微粒，在顆粒表層的原子密度會隨著粒子粒徑的變小而增大，進而導致許多物理、化學、機械等各種性質，呈現與常規粒子的物質性質非常不一樣的結果。

    以小尺寸效應對熱性質的影響為例，一般常規材料的各種特徵溫度(characteristic temperatures)、臨界溫度(critical temperature) 或各種相變遷溫度(transition temperature)通常並不會隨顆粒的粒徑大小而改變。但當粒子的尺寸小到奈米級時，則會產生極大幅度的縮減變化。這種尺寸效應已經被發現於下列多種與溫度相關的物理量中，如金屬奈米粒子的熔點、奈米氧化物的起始燒結溫度和軟化溫度、磁性奈米材料中磁性相變化的溫度，如鐵磁/順磁相變遷的居里溫度(Curie temperature)和反鐵磁/順磁相變遷的尼爾溫度(Néel temperature)、以及奈米超導粒子的超導臨界溫度等等，許多與溫度有關的物理量，均已被實驗證實具有小尺寸效應。溫度量的小尺寸效應中，最直接的表現便是物質熔點的大幅降低，例如：

1.　金粒子的熔點：圖 2-3 中，當粒徑大於 10 nm 以上，則金粒的熔點溫度(melting point)保持在 1337°K (1064°C)，不會隨著粒子粒徑改變而有所變化。但當金粒子的粒徑小於 10 nm，金粒的熔點隨金粒縮小而快速降低；當粒徑小至 5 nm 時，熔點僅為 1000°K，粒徑小到 2 nm 時，則降到 600°K (327°C) 以下。

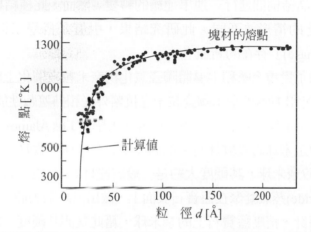

圖 2-3　奈米金粒的熔點隨粒子粒徑變化的關係，黑點為實驗結果，實線為理論計算的結果

2.　奈米銀粒的熔點降至 373°K (100°C)。

3.　對於粒徑低於 200 nm 以下的硫化鎘(CdS)半導體奈米粒，尺寸縮減對於降低其熔點的效應更為顯著，當粒徑高於 200 nm 以上時，CdS 的熔點仍高達 1300°K 左右，但當粒徑減小到 100 nm 左右，熔點即降至約 1100°K；當粒徑為 20 nm 時，則更降低至 800°K。這些溫度隨粒徑變化的性質，與下一節中將討論的表面效應有極密切的關聯性。

　　小尺寸效應除了對上述所提的幾項性質有影響外，也會導致對其他如電學、磁學、熱力學、力學、和機械力學等各種特性產生異於常規材料的行為。下面列舉幾項已經被證實的小尺寸效應對物理性質的影響：

1. 在大尺寸的磁性顆粒中原為多磁區結構(multi-domain structure)的長程磁有序態 (long-range magnetic order state)會隨著粒徑逐漸變小，使分佈在磁區界面上的原子和 分子比例逐漸增加，因而在界面間之磁區產生運動，並進一步引發磁區結構發生轉 變，則磁性態會先形成單磁區(single domain)結構的長程磁有序態，此時可獲得較大 的自發和飽和磁化強度。接著若繼續縮小磁粒粒度，磁有序轉而趨向短程磁有序態， 最後甚至變成以磁無序態(magnetic disorder state)的相存在，也就是磁粒子的單位磁化 強度隨粒徑減小的變化先增後減。磁性奈米粒的矯頑力也有類似的變化趨勢。

2. 材料的聲子譜(phonon spectrum)發生改變，曾有科學家使用高解析度穿透式電子顯微 鏡(high resolution transmission electron microscope，HRTEM)觀察粒徑為 2 nm 之奈米 金粒結構在非穩定性狀態下變化的情形。實驗結果發現奈米金粒的結構型態可以在單 晶、雙晶、和多晶結構間進行一連串連續的轉變，然而，此種結構的相轉變和一般常 規的熔化相變化的情形並不同。此研究結果，引發了科學家提出了對「準熔化相 (quasi-melting phase)」存在的新概念。

3. 小尺寸效應增強了貴重金屬和半導體陶瓷氧化物奈米粒在催化上的效能，特別是光觸 媒作用。使得 SiO_x 和 TiO_2 等奈米陶瓷粒子在抗紫外光和熱遮蔽性能上有了很大的突破。

4. 越小越堅硬的矽奈米球：2003 年美國明尼蘇達大學與 Los Alamos 國家實驗室的科學家 合作首度量測矽奈米球的機械性質。他們發現矽奈米球其實是非常堅硬的材料；直徑 40 奈米的完美矽奈米球，其硬度大約是一般矽塊材的 4 倍。研究人員先將四氯化矽 (silicon tetrachloride)蒸氣凝聚在藍寶石表面上，做出無缺陷的矽奈米球，再利用尖端鑲 著鑽石的特殊探針，擠壓藍寶石上的奈米球，藉此量測其硬度。結果發現奈米球的直 徑越小，硬度越強：例如直徑為 100 nm 時，硬度約 20 GPa，而直徑降至 40 nm 時，硬 度則提高為 50 GPa。相較之下，矽塊材的平均硬度約只有 12 GPa，藍寶石約有 40 GPa， 鑽石有 90 GPa，而氮化物或碳化物的奈米球則約在 30～40 GPa 之間。該研究小組同時 以超級電腦模擬奈米球的行為，希望能藉此發現設計出硬度超高的材料或奈米化合 物。這個實驗從機械性質的觀點出發，也為奈米材料設計提供了一個新方法。該小組 接下來計畫量測碳化矽(silicon carbide)奈米球的硬度。他們將利用兩個鑽石表面來做這 個實驗，因為對於碳化矽而言，藍寶石可能不再是個堅硬的表面。詳細的實驗結果可 參閱發表於 2003 年 Journal of the Mechanics and Physics of Solids 上的論文。

由奈米粒子的小尺寸效應所衍生而得的許多特異性質，對未來實用的技術和產業而 言，不僅可以大大提升既有產品的性能，並可為未來新的產品開拓了一片嶄新的應用領域。

2-1-2　體積效應和量子尺寸效應(quantum size effect)

　　常規的物質顆粒因粒徑多半大於次微米級，所以每顆粒子內所含的原子數量高達 10^9 以上，在統計上可視粒子為無限多個原子的集合體。這無數多個原子間通常具有長程交互作用，因而形成具長程有序的週期性晶格(crystal lattice)或準晶格(quasi-crystal lattice)排列。此高度有序的原子排列常伴隨著週期性的邊界條件(periodic boundary conditions)，使得組成原子的電子能階形成複雜的連續能帶結構(energy-band structure)，有關固態物質的能帶結構和相關理論的詳細介紹，可參閱各類固態物理書籍。但奈米級微粒因體積極小，粒子內所含的原子數有限，對應的質量也極小，導致粒子內不再具有長程有序的週期結構，故而產生許多異於常規固體材料的性質，這些性質不能再用傳統含有無限多個原子的固態理論解釋之。這種因體積縮小而衍生的特殊現象，即稱之為體積效應(volume effect)。其中，最早探討奈米金屬粒子內能帶變化的久保理論就是依據尺寸效應和體積效應所推導而得的典型理論。

　　日本的理論物理大師久保(R. Kubo)教授等人早在西元 1962 年即首度提出微小金屬粒子的電子性質會隨著粒子的粒徑變化而發生改變，並對此一現象提出一個簡單的理論模型，描述此粒徑相依的能級變化情形，此即著名的「久保理論」。此後，有關粒徑的變化對物理性質之影響的研究雖曾停頓了一段時間，但到了 1986 年 Halperin 即對此一課題進行了比較有系統且深入的理論研究，並將所得的理論分析應用到奈米金屬粒子的物理性質上，同時對奈米金屬微粒的量子尺寸效應進行了深入的探討。以下僅就此理論和實驗結果作進一步較詳細的說明。

　　粒徑若小到奈米級之金屬粒子的電子能譜在費米面(Fermi surface)附近的狀態密度(density of states)會逐漸呈現新的分布變化，與常規金屬塊材在費米面附近的電子狀態能級分布情形不同。久保認為這是因為奈米級微粒因為小尺寸效應，使原本常規塊狀金屬中的準連續能級產生了不連續能級分佈的「離散現象」。研究之初，研究人員最先是假設奈米微粒在費米面附近的電子能級為具有等間隔分離的能級，此即「等能級近似模型」，然後根據此假設計算單一一個超微粒子的比熱隨溫度的函數關係，所得結果如下所示：

$$C(T) = k_B \exp(-\delta/k_B T) \dotfill (2.1)$$

　　(2.1)式中，δ 為能級間的等間隔能量，簡稱等能隙；k_B 則是波茲曼常數(Boltzmann constant)，T 為凱氏絕對溫度(Kelivn absolute temperature) 。在高溫下，因 $k_B T \gg \delta$，即電子的熱動能遠大於間隔能量，所以比熱與溫度略呈線性變化，此結果與常規金屬材料的比熱關係基本上是相同。但在極低溫的環境下，因 $k_B T \ll \delta$，則金屬的低溫比熱與溫度參數呈現指數的函數關係，此變化行為和常規金屬的情形截然不同。

　　雖然等能級近似模型提供了我們一個好的定性概念，但推導所得的低溫比熱結果和實驗測量結果有很大的出入。主要原因除了是因該理論模型是對單一微粒進行理論計算而得的結果，而實際的實驗測量結果是得自對許多超微粒子集合體進行測量所得的數據；另一主要原因應是導因於不連續能級間的能隙其實並不是等間隔分離的。如何從單一個超微粒子的簡單理論出發，進一步提出更適當的理論模型，以闡釋實驗結果，在這一方面久保的研究小組提出了相當多傑出的貢獻。

　　對由小顆粒組合而成之集合體內的電子能態，久保提出了兩個相當重要的假設，即簡併費米液體和超微粒子電中性。以下簡單說明此兩假設所扮演的角色和重要性。

1.　簡併費米液體的假設：將奈米微粒子中靠近費米面附近的電子狀態視爲是受尺寸限制的簡併電子氣體(degenerate electron gas)，並假設它們的能級爲準粒子狀態的不連續能級，可忽略準粒子之間的交互作用。當熱動能遠小於相鄰兩能級間的平均能級間隔時，即 $k_BT << \delta$，則此體系靠近費米面附近的電子能級分布遵守如下的泊松分布函數(Poisson's distribution function)

$$P_n(\Delta) = \frac{1}{n!\delta}(\frac{\Delta}{\delta})^n \exp(-\frac{\Delta}{\delta})$$ ....(2.2)

其中，δ 是兩能級間的平均能級間隔，Δ 爲兩能態之間的實際能隙，$P_n(\Delta)$ 爲能態的能隙爲 Δ 時的機率密度(probability density)，n 爲這兩能態間的能級數，如果 Δ 爲相鄰能級，則 $n = 0$。久保等人指出，能隙爲 Δ 之兩能態的概率 $P_n(\Delta)$ 與電子哈密頓量(Hamiltonian)的變換(transformation)性質有關，例如，在自旋與軌道交互作用(spin-orbital interaction)較弱和外加磁場小的情況下，電子哈密頓量具有時空反演的不變性(time-space reversal invariant)。並且在 Δ 比較小的情況下，隨 Δ 減小使得 $P_n(\Delta)$ 跟著減小。因久保所提的模型優於最原始的等能隙模型，所以在解釋低溫下超微粒子的物理行爲比較成功。

2.　超微粒子電中性假設：久保認爲原具電中性之超微粒子中的電子若想脫離微粒而使微粒帶正電荷；或是微粒外的電子想進入微粒中，成爲微粒的一部份，以使微粒帶負電荷，則兩種情形都必須克服該電子與微粒子體系內原有之所有電荷間的靜電庫倫力，克服該庫倫力所必需做的功 W 估計約爲：

$$W \propto e^2/d$$...(2.3)

此處 d 爲超微粒的直徑，e 是電子的電荷量。此式顯示，d 若減小則所需做的功 W 增加。若在低溫時，因熱能 k_BT 所產生的熱漲落(thermal fluctuation)遠小於 W，所以若電子想藉自身的熱動能從一個超微粒子中脫離或進入到超微粒子內，都是十分困難的事。在此即簡單扼要地說明了超微粒子的電中性狀態很難被破壞或改變。若微粒子的直徑爲 1 nm，理論估計所得的 W 值通常約比能隙 δ 值小兩個數量級，所以在足夠低的溫度下，也就是 $k_BT \ll \delta$ 的狀況下，可在 1 nm 的奈米級微粒內觀察到能階具有明顯的量子化尺寸效應。

材料體系的許多性質係決定於費米面附近之電子能級的分佈情形，常規材料的能級多是連續分佈，所以各種性質所表現的物理量也多半是具連續性變化的函數。然而，根據久保等人的研究，發現奈米粒子在足夠低溫時，電子的能級呈現離散分佈的特性，因而導致奈米粒子的各種物理性質也產生了不連續變化的量子行爲，因而使得奈米微粒的導電性質、比熱、磁化率等物理量與常規塊材的性質有極爲明顯的差異。

久保理論即根據上面所提的兩個假設，探討奈米金屬粒子系統中近費米面之電子能級狀態密度的小尺寸效應和小體積效應，並進一步推導出一系列的能級理論。久保認爲近費米面附近，金屬奈米粒子的電子狀態會因小尺寸的限制而產生「簡併電子態(degenerate states of electron)」，所以久保與其研究群不僅推論電子的能級形成有如準粒子態的不連續能級，並且推導出相鄰電子能級間的能隙(energy gap) δ 和奈米粒徑 d 之間的關係，成三次方反比的變化

$$\delta = \frac{4E_F}{3N} \infty V^{-1} \infty \frac{1}{d^3} \quad\text{.................................(2.4)}$$

(2.4)式中的 N 爲金屬奈米粒子中的傳導電子總數，V 爲奈米粒子的總體積；而 E_F 爲費米能量(Fermi energy)，根據固態理論遵守下列表示：

$$E_F = \frac{\hbar^2}{2m}(3\pi^2 n_1)^{2/3} \quad\text{.................................(2.5)}$$

(2.5)式中的 n_1 爲電子密度，m 爲電子質量，$\hbar = h/2\pi$ 爲普朗克常數(Planck's constant)。若奈米粒子爲球形體，則 $\delta \propto d^{-3}$，即隨球體粒徑減小能級間隔增大，其變化情形如圖 2-4 所示。

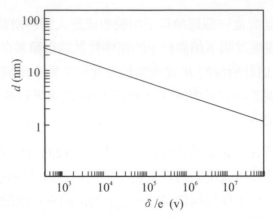

圖 2-4　球形奈米微粒之直徑 d 與能級間隔 δ 以單位電荷的能量為座標之間的變化關係

　　根據上式可知，隨著奈米粒子的直徑減小，能級間的能隙增大，以致電子在能級間的躍遷和移動變得較為困難，因而導致奈米金屬材料的電阻率增大，導電性質變差。甚至因粒子粒徑的縮小，使得在大顆金屬粒中，原具有重疊性的能帶結構逐漸分離，而形成不再重疊的不連續能階結構，因此最後導致金屬粒子由原為可導電的性質轉變成不再能夠導電的絕緣性。此在相同材質的物體中，物質的導電性質不僅依粒徑變化發生改變，而且會產生不連續性的台階變化，此結果是奈米材料的一個重大發現和相當重要的特性。奈米材料中諸多特別的性質和行為可以說幾乎都是源自於小尺寸效應所衍生的「不連續性電子能級分佈」的結果。

　　利用久保理論中的能級間距公式和費米能階公式，可估計 Ag 微粒在特定溫度下可以觀察到量子尺寸效應，並導致 Ag 粒子由導體轉變為絕緣體的最大臨界粒徑 d_c 值。假設在 Ag 粒中的電子數密度為 $n_1 = 6 \times 10^{22}$ cm^{-3}，並設定產生明顯量子尺寸效應的條件為 $\delta/k_B T = 1$，則根據上面兩個公式可得到：

$$\frac{\delta}{k_B} = \frac{(8.7 \times 10^{-18})}{d^3 (\text{cm}^3)} \, (^\circ\text{K}) \dotfill (2.6)$$

所以，當 $T = 1\,^\circ$K 時，由上式可估算得 $d_c \sim 20$ nm，也就是說奈米金屬的粒徑必須小於 20 nm，才能明顯獲得量子尺寸效應的結果。

根據久保理論，只有當 $\delta > k_B T$ 時才會產生能級分裂，從而出現量子尺寸效應，意即：

$$\frac{\delta}{k_B} = (8.7 \times 10^{-18})/d^3 > 1$$

由此得知，在 $T = 1\,^\circ$K 時，粒徑只要 $d < 20$ nm，奈米銀粒就會變成不能導電的非金屬絕緣體。但若溫度高於 $1\,^\circ$K，則銀粒子的粒徑必須 $d_0 \ll 20$ nm 才有可能變為絕緣體。這裡應

當指出，實際情況下金屬變為絕緣體除了必須滿足 $\delta > k_B T$ 外，還必需滿足電子擁有足夠長的生命週期(life time)條件，也就是 $\tau > \hbar/\delta$。實驗結果已經證實，足夠細小的奈米金屬確實滿足上述兩個條件，且在低溫下的奈米級 Ag 粒子的確具有很高的電阻且類似絕緣體。

由於早期的材料製程技術尚無法製備足夠小的奈米粒子，以致實驗測量所得的數據和理論分析的結果一直有很大的出入，所以久保理論提出後，在此項研究引起了許多不同論點的爭議，長達 20 年之久。例如，1984 年 Cavicchi 等人的實驗測量發現，從一個微小金屬粒子中取走或放入一個電子時，用以克服靜電庫倫力所必需做的功 W，並不是久保理論所假設的是一個 e^2/d 的常數，而是一個可從 0 變化到 e^2/d 之間的連續變化函數。1986 年，Halperin 經過深入的研究指出，W 的連續變化是由於在實驗過程中電子由金屬粒子中被釋放出來後，部分電子可能會射向系統中的氧化物或其他支撐樣本的基座上，以致造成電性傳輸測量的大量誤差存在所引起的，因此，他認為實驗結果與久保理論的不一致性不能歸結為久保理論的不正確性，而在於實驗測量中的誤差所造成的。

近二十年來超微粒製程技術的高度發展與實驗測量設備和技術的不斷提升，使得科學家在奈米微粒的製作和物性精確測量的研究上獲得了很多突破性的進展。因此，使得電子自旋共振、磁化率、磁共振、磁域及比熱等許多測量結果，都已充分證實了在超微粒子中存在量子尺寸效應，此結果進一步驗證並支持了久保理論的一些成果。當然，久保理論本身仍存在許多未解的問題，因此，自久保理論提出之後，有一些科學工作者對其理論進行了修正研究。其中以 Halperin 和 Denton 等人對久保理論的修正有較完整的研究。

綜合上述說明，可知粒子的小尺寸效應，導致電子能級從連續的能帶結構轉變成不連續的離散能級，而因能級的結構和分佈是主導材料各種性質表現的主要因素，所以從大粒子到小粒徑的改變、連續能級到離散能級的變遷中，當然也就引發了許多物理性質展現異於傳統常規性質的特性。而離散能階的顯現，使許多物理性質的量子行為得以更為突顯，進而可巨觀地呈現出來，此即所謂的「量子尺寸效應」的簡單闡述。

奈米半導體微粒中存在「不連續」的最高被佔據分子軌道和最低未被佔據的分子軌道能級，以及導帶和價帶間能隙變寬等現象，也都是奈米微粒量子尺寸效應的結果。其實一般傳統的能帶理論早就已經說明，常規金屬費米能級附近的電子能級是連續性分佈的說法，其實只有當金屬處於高溫或宏觀尺寸的情況下才成立。因為宏觀物體中包含了無限多個原子，也就說物體中導電電子數 $N \to \infty$，所以根據上式估算所得的能級間距 $\delta \to 0$，意即大粒子或宏觀物體的能級間距幾乎為零，所以能級為連續分佈。

對於只含有限個導電電子的超微粒子來說，低溫下的電子能級則會呈現明顯離散的現象。因奈米微粒內所包含的原子數有限，N 值很小，這就導致 δ 為有限值，意即能級間有一定的間距，當能級間距大於熱能、磁能、靜磁能、靜電能、光子能量等外界系統所能提

供的外加能量時，就必須要考慮量子尺寸效應，所以會導致奈米微粒的磁、光、聲、熱、電以及超導電性與常規的宏觀性質有著顯著的不同。奈米微粒的下列現象，如不連續性比熱、磁化率與所含電子的奇偶數有關、吸收光譜線具有頻移作用、導體變絕緣體、化學反應中的催化性質與粒子所含電子數的奇偶有關等，都是量子尺寸效應的結果。

2-1-3　表面效應(surface effect)和表面能(surface energy)

除了前面幾節所提的因素之外，奈米微粒的許多性質異於常規塊材的另一個主要理由，是導因於奈米微粒表面原子數的佔有比例相當高。簡單的計算和實驗均證明奈米粒子表面原子數與粒子內總原子數間的比值會隨著粒子粒徑變小，而急劇增大，使得表面原子的性質對粒子所呈現的各種巨觀行為具有決定性的作用和影響，因此導致粒子的許多性質隨粒徑變化而發生改變，此因表面原子的作用所衍生的效應即稱為「表面效應」。奈米材料因具有下列幾項重要特點：

(1) 擁有大的表面積。
(2) 擁有大量的表面原子數。
(3) 表面原子具有高的活性。
(4) 具有高的表面能。

使得奈米材料具有很強的表面效應，並因此衍生出許多相當特別的性質和應用。

現階段基礎科學和材料科學中所發展的固態物理的基礎和理論大多係探討擁有無限多個原子數量($\sim 10^{23}/cm^3$)的巨觀團聚系統，所以系統是建立在「表面積與體積比趨近無限小」的前提下，意即材料和元件的物理特性主要是由建構之材料或元件的體積所控制的。而由一個或僅數個聚集的微觀原子系統的性質則和由龐大原子數量經交互作用力群集在一起時的性質有相當大的不同。譬如，粒徑大於次微米以上的常規金粒子呈現閃亮的金黃色色澤，並且其導電性為目前所有已知材料之冠，僅次於超導材料的超導電性。這兩項特性均是源自於金粒子內層原子數量遠超過粒子表面金原子數量的體效應(bulk effect)之結果。所以，雖然粒子的粒徑在微米級，但因性質主要由內部原子所決定，和塊狀材料的性質大致相同，所以仍被統稱為塊材，或稱常規材料。

當金粒子的粒徑縮小至奈米級時，除了前述提及，熔點會降低和導電性會變差之外，還有一項異於常規金質材料的特殊光學特性，即可隨粒徑不同，而發出不同顏色的色光。奈米級金粒若經波長夠短、能量夠高的電磁波照射，如紫外光照射，則會使得金粒子中的外層電子被激發到激態能級，之後被激發的電子會回到較低能階，而產生能級躍遷，並釋放出特定的能量差，而放射出可見光。不同粒徑的金粒子，會因如前節所述的量子尺寸效應不同，而不同的電子能譜具有不同的能階差，因而釋放出不同能量和波段的光子，所以會發射出不同顏色的光。相同材質的奈米材料，不僅可以僅因粒徑不同，而發出不同顏色的可見光，此外更因高比表面積，可以獲得高的發光密度，這是傳統發光材料中所沒有的特性。這些特殊的物理現象，都可歸因於奈米粒材料所擁有高表面積效應。

一般物質的性質係由粒子中所有原子貢獻的，粒子內部原子周圍被其他的原子團團包圍著，而表面原子卻只有單側和內部原子有交互作用。由於表面原子所處的環境異於內部原子，使得表面原子團所呈現的性質異於內部原子集團所貢獻的平均性質。因此，科學家統稱由內部原子所貢獻的效應為「體效應(bulk effect)」，而由表面原子所產生的貢獻則稱為「表面效應(surface effect)」。對粒徑在 0.1～1.0 μm 範圍的微粒子和次微米粒子內所含的原子總數高達 10^9~10^{10} 之多，但位於粒子表面層的原子數所佔之比例卻非常小，因此，由粒徑大於 0.1 μm 以上的粒子所組成的固態物質，通常可視為含有無限個原子數的塊狀集合體。所以，除了光的反射和化學反應之類以表面原子為主角的特性之外，通常粒子材料的物理、化學和機械等性質主要是由粒子內部的體效應所主導，且其性質通常符合常規固態理論所推導的結果，表面原子所貢獻的表面效應可以完全忽略。

但對於粒徑較小的粒子，位於內部的原子數佔有比例逐漸減少，反之位於粒子表層的原子數比例快速增加，使得表面效應越來越顯著，終至不再可以忽視，而逐漸佔據主導地位。甚至當粒徑小到某一臨界值時，表面原子比例高過 50%，粒子的性質不再僅由內部原子所決定，反之取決於表面原子和外界作用的情形。

在討論微粒的表面效應時，有兩個很重要的物理量常用來做為判斷表面效應是否重要的指標：

(1)　比表面積＝ σ ＝總表面積/總體積。
(2)　比表面原子數＝ σ_N ＝表面原子總數/所有原子的總數。

對於半徑為 r (以 cm 為單位)的完美球體狀粒子，則粒子的表面積(surface area) S、體積(volume) V、和比表面積 σ 和粒徑 r 之間可簡略地表示如下的關係：

$$S = 4\pi r^2$$
$$V = \frac{4}{3}\pi r^3$$
$$\sigma = \frac{S}{V} = \frac{3}{r} \propto \frac{1}{r} \quad\text{..(2.7)}$$

比表面積＝σ＝總表面積/總體積，其度量為長度的倒數，所以 CGS 制 σ 的單位為 cm^{-1}。對平均粒徑相當，但粒子不是完美的球狀體，或是其他對稱性較低較不規則的形狀，則上

式的比表面積值將會更大。下列幾個例子供參考：

1. 對於粒徑 $R = 1$ μm $= 10^{-4}$ cm 的完美球狀粒子，則粒子的比表面積 σ 約為 3×10^4 cm^{-1}。

2. 考慮總體積為 1 cc (1 ml)的粒子集合體，若此粒子集合體是由直徑為 6 μm 的球體微粒所組合成的，經估算這些微粒的總表面積約為 1 m^2。

3. 若粒子集合體的總體積仍是 1 cc，但組成粒子集合體之粒子單元改為直徑 10 nm 的球狀奈米粒，則所有原子集合體的總表面積至少高達 10^2 m^2 以上。

在討論表面效應時，表面原子的數量也是另外一個很重要的物理參數，通常以比表面原子數 σ_N＝表面原子總數/所有原子的總數表示之。為方便估算，在此將原子假設成邊長為 D (=粒子直徑 R)的立方體，則在總體積為 V 的微粒子中可堆積 V/D^3 個原子。其中位於微粒表面的原子數量則為 S/D^2 個，則此微粒的比表面原子數 σ_N 應如下所示：

$$\sigma_N = \frac{S/D^2}{V/D^3} = \sigma \cdot D \quad\text{..(2.8)}$$

比表面原子數 σ_N ＝ 表面原子總數/所有原子的總數=比表面積×原子粒徑。
此物理量無單位，所以通常以百分比(%)表示。

以上是單一微粒子時的理想情形，但若討論由半徑為 R 的球形粒子所組成的實際微粒集合體時，則必須考慮在集合體內兩球形粒子間的間距 d，則此時系統的總比表面積數為：

$$\Sigma_b = \sigma_d = \frac{d}{R} = \frac{1}{(R/d)} \quad\text{..(2.9)}$$

此比數反比於 R/d。舉例說明如下：

1. 由半徑為 1 nm (10Å)的球形粒子為組成單元，且考慮兩球形粒子間的距離 d 為 0.2 nm (2Å)所組成的原子團系統，則所得的比表面積數 Σ_b 約為 $0.2/1 \fallingdotseq 0.2$，亦即約有 20% 的原子數量位於團聚系統的表面層而成為表面原子。

2. 若是以半徑為 1 μm 的同質材料之球形粒子為單元，並以和例子 1.相同的原子間距堆疊所得的粒子集合體，計算得 $\Sigma_b = 2 \times 10^{-4}$，亦即表面原子的佔有率僅有 0.01 %；組成單元粒子的粒徑若增大至 10 μm 以上，則 Σ_b 值必然更小。

此外，如上式所示 Σ_b 值不僅受限於組成粒子的粒徑大小，並取決於粒子間的間隔，所以綜合此兩因素而得，應是取決於粒子間的間隔 d 與粒子之粒徑大小 R 間的比值(d/R)，並以略成正比的趨勢變化。根據上式，粒徑小、粒子間間距大，表示 d/R 比值大，意即沿著集合體徑向(radial direction)排列的原子數較少，因此與集合體外界有接觸的原子將不限於最外層的表面原子，集合體內會與外界有接觸的原子層可達內部數層，所以球形集合體的Σ_b值會較大。因此對於粒子間間隔較寬、單元粒子粒徑較小的粒子集合體，表面效應不再僅侷限在最外層的原子，而必須包含內部數層的貢獻。

以上的討論是考慮微粒子的形狀為最具對稱性且寬高比(aspect ratio)為 1 的球體，且集合體也是球形體的假設下所得的比表面積結果，但實際上粒子的形貌可以是各種不同形狀與規則的多面體、甚至以表面凹凸不平的多面體形狀展現。所以，不論是降低粒子的形狀對稱性、或是加大寬高比等情形都會增加比表面積Σ_b的數值。譬如，由鐵原子所組成的原子團若不是聚集成球體狀粒子，而是凝聚成邊長為 20 Å 的立方體，則位於此立方體表面的原子數量和立方體內的原子數比值將高達 80%，較團聚成球體粒子時的比表面原子數量比高出許多。

表 2-1 即列出不同粒徑大小的粒子中所含原子的總數、表面原子數的佔有率和在不同粒徑下決定粒子特性的主要效應。表 2-2 列出不同粒徑之銅粒子的質量、粒子內所含的原子總數、以該微粒子為單元組成 1 克銅所需的總粒子數、在此單位質量的銅材中所有粒子的表面積總合以及總表面積能量等物理量的理論估算值。表 2-3 則是假設以微小的立方體存在的錫氧酸化物微方塊，當微粒的邊長為 2 nm 到 1 μm 時，錫氧酸化物的莫耳表面能量、比表面積和表面能量在總能量中所佔的比例等物理量的估計值。兩表顯示當粒徑從 1 μm 縮小至 10 nm，粒子的表面能量增大 100 倍，比表面積也跟著增大 100 倍。

表 2-1　不同粒徑的微粒中所含的原子總數、表面原子數所佔的比例、和呈現粒子特性的主要效應

粒子的粒徑 D	粒子中包含的總原子數	表面原子的佔有率(%)	呈現粒子特性的主要效應
>1μm	>10^{11}	<0.01%	塊體自身的體積效應
1μm–100nm	10^{11}–10^7	0.01% – 0.1%	體積效應逐漸減小、表面效應逐漸明顯呈現
100nm–10nm	10^7–10^4	0.1% – 20%	表面效應逐漸超越體積效應
10nm	3×10^4	20%	表面效應成為主導效應、體積效應式微、且量子效應逐漸呈現
4nm	4×10^3	40%	
2nm	3×10^2	80%	體積效應不再作用、表面效應也逐漸轉為量子化效應
1nm	30	99%	
<1nm	<30	>99%	最後呈現原子群聚、甚或僅由數個分子體作用的量子現象

表 2-2　不同粒徑之銅粒子的物理量理論估算值

粒子粒徑	一顆粒子的重量(g)	一顆粒子內的原子數	1 克銅量中的粒子數	1 克銅的總表面積(cm²/g)	1 克銅的總表面能量(erg)	表面能量與體積總能量之比(%)
100μm	8.93×10^{-6}	8.46×10^{16}	7.12×10^{6}	4.27×10^{3}	9.40×10^{6}	0.000275
10μm	8.93×10^{-9}	8.46×10^{13}	7.12×10^{9}	4.27×10^{4}	9.40×10^{7}	0.00275
1μm	8.93×10^{-12}	8.46×10^{10}	7.12×10^{12}	4.27×10^{5}	9.40×10^{8}	0.0275
100nm	8.93×10^{-15}	8.46×10^{7}	7.12×10^{15}	4.27×10^{6}	9.40×10^{9}	0.275
10nm	8.93×10^{-18}	8.46×10^{4}	7.12×10^{18}	4.27×10^{7}	9.40×10^{10}	2.75
5nm	1.12×10^{-19}	1.06×10^{4}	5.69×10^{19}	8.54×10^{7}	1.88×10^{11}	5.51

表 2-3　不同粒徑的錫氧酸化物微粒所組成之集合體系每莫耳的表面能量、比表面積和在總能量中表面能量所佔的比例等物理量的估計值

粒徑(nm)	比表面積(cm²/g)	莫耳表面能量 E_s (erg/mol)	表面能量/總能量 R (%)
2	4.52×10^{6}	2.04×10^{12}	35.3
5	1.81×10^{6}	8.16×10^{11}	14.1
10	9.03×10^{5}	4.08×10^{11}	7.6
100	9.03×10^{4}	4.08×10^{10}	0.8
1000	9.03×10^{3}	4.08×10^{9}	0.1

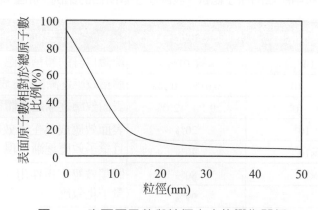

圖 2-5　表面原子數與粒徑大小的變化關係

　　圖 2-5 則繪出表面原子數所佔比例與粒徑間的變化關係。從圖中可以看出，粒徑在 10 nm 以下，表面原子的比例迅速增加。當粒徑降到 1nm 時，表面原子數比例達到約 95% 以上，原子幾乎全部集中到奈米粒子的表面。由表 2-1 和圖 2-5 可看出，當粒子集合體內

所含原子的總體積維持固定時,位於粒子表面層的表面原子數會隨著粒子粒徑減小而迅速增加。這是由於粒子粒徑縮小,則粒子的總表面積急劇變大所致。

　　為方便於比較在不同粒徑時,粒子之表面積效應的程度,並可定量地說明表面效應對物理性質的重要性,科學家有時亦將「比表面積」定義成「單位質量下的表面積值」,其 MKS 單位為 m^2/kg,或有時以如表 2-2 和 2-3 中所示的 cm^2/g 或 m^2/g 作為慣用單位。表 2-3 列示,當錫氧酸化物微粒的粒徑為 10 nm 時,其單位質量的比表面積約為 90 m^2/g;若粒徑為 5 nm 時,則其比表面積為增加一倍,成為 180 m^2/g;但當粒徑下降到 2 nm 時,粒子的比表面積猛增到 450 m^2/g 之高。如此高的比表面積,不僅使得位於粒子表面層的原子數量越來越多,同時使得表面能量迅速增加。表 2-2 列出不同粒徑的奈米銅 Cu 微粒中,銅粒子的單位質量比表面積、表面原子數比例、每顆奈米粒中總原子數的對照表。由表可看出,當 Cu 奈米微粒的粒徑從 100 nm、10 nm、5 nm 逐漸減小,Cu 微粒的比表面積和表面能也隨之增加了 2 個數量級。

　　因此,當粒子直徑遠大於原子直徑時,如微米級以上的粒子,表面原子的數量佔所有全部原子數量中的比例實在太微小,所以,表面原子及其表面效應對於大部分物理性質的貢獻甚小,幾乎可以忽略而不需考慮。到底粒子的粒徑要小到何種程度,才會呈現與常規粒子不同的性質,才能稱之為超微粒子,並具有許多特殊現象和性質? 一般而言,當粒子的物理性質必須同時考慮其體積和表面效應兩項貢獻時,或是當物理性質的呈現主要是以表面效應為主導因素時的粒子,即可將之歸納為超微奈米粒了。然而,決定此粒徑大小的界線因物質的種類和所探討的性質而異,並沒有一個絕對的尺寸。超微粒子的主要研究項目之一,即是針對不同材料找出其各種物理性質的此界限,並探討在界限內物理性質異於常態時的特殊現象和變化。這領域是以往巨觀物理世界和微觀原子物理世界中所無法處理的新領域和空間,所以此尺度空間的研究,科學家們特別賦予一個新的名稱,稱之為「介觀領域」或「中介領域」。

　　通常當粒子半徑接近原子直徑的數量級時,則表面原子數和表面積的比例大增。奈米級粒子最大的特色即在於其表面原子所佔的比率不容忽視,進而大大地影響粒子的各種物理性質,以致異於尋常的特性,使得物質的特性產生極為豐富的變化,此即為表面效應的作用。由奈米級尺度的粒子所組成的 2D 薄膜或 3D 的塊材,雖然總體積遠大於奈米尺寸,但因組成成分為奈米單元,所以也常呈現明顯的表面效應,因此亦可歸類為奈米材料的研究範圍。

　　由表 2-2 和表 2-3 所列的數據清楚地表示,當材料粒子的尺寸小至奈米級時,大大提高微粒表面層的原子數量在微粒所含原子總數量中的佔有比例,此一結果同時使得具較高單位能量的表面能在粒子總能中的佔有比例也隨之提高許多,因此導致粒子的單位體積自

由能大增。由於奈米粒子表面原子數增多，加上表面原子的配位數不足，以及高的表面能等因素，致使這些表面原子的鍵結相當不穩定，容易和其他原子結合以達成穩定平衡的鍵結，因此奈米粒子具有很高的化學活性。

奈米粒子多項特殊表面性質的另一個重要特色是具有「高表面活性」，此特性的主要原因可從圖 2-6 中獲得清楚的說明。在此以形成近球體的單一奈米微粒做為例子說明之，假設粒子的直徑為 3 nm，粒子內的原子以晶格常數為 3Å 的立方晶格結構排列，即原子間的間距為 0.3 nm。圖 2-6 顯示此晶粒內的原子投射在二維平面的原子陣列圖，其中實心圓代表位於粒子表面層的原子，空心圓則代表位於粒子內部的原子。忽略第三維空間的考量，此結構內每一原子的周圍必須與其他四個原子配位鍵結，才能達到飽和鍵結的穩定態，如圖中每一空心圓所代表的內部原子都擁有四個飽和配位鍵結。

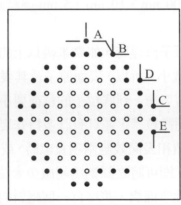

圖 2-6 立方晶體結構中位於體積內的內部原子(空心圓)和位於表面層的表面原子(實心圓)之鍵結配位情形

但在圖 2-6 中代表表面原子的實心圓，周圍的配位鍵結通常少於四個配位鍵結，以致這些原子處於未完全飽和鍵結的電子組態。譬如：

1. 標示"A"的表面原子僅和一個內部原子形成最鄰近的鍵結，少了其他 3 個最鄰近的配位，所以此類原子非常不穩定。
2. 而標示"B"的表面原子具有兩個最鄰近的鍵結，但仍然缺少了兩個鄰近鍵結，才能達到配位飽和的穩定態；但相對於"A"原子而言，"B"原子多一個鍵結，所以較為穩定些。

在此情況，A 原子很容易被鄰近具未飽和配位的 B 原子吸引，而偏移到 B 原子附近，並與之鍵結，以使 B 原子形成較為穩定的飽和配位。圖中標示"C"和"D"之表面原子的情形類似於"A"和"B"原子的情形。

　　這些表面原子若有機會遇到其他粒子的表面原子,則會因高的表面活性而很快地彼此結合在一起,而產生凝聚現象,進而聚結成大粒徑的顆粒,這也就是為什麼奈米微粒彼此容易團聚的主要原因。此外,可很容易和外界其他原子或分子結合,以期使表面原子的鍵結儘可能達到飽和且穩定的配位狀態,這就是表面原子不同於內部原子且具有較高活性的主要原因。這種表面原子的活性不僅可能會引起奈米粒子表面原子傳輸性質的變化和晶格結構的改變,同時也可能會引起表面電子自旋作用和電子能譜的變化,因而產生了許多在常規大粒子材料中未曾發生的相變化或特性。

　　由於奈米粒具有大比例的表面原子數,以及位於粒子表層之表面原子的鍵結未能配位完全,配位數明顯不足,產生大量的懸鍵,這諸多原因導致奈米粒通常擁有相當高的表面能。高的表面能使得這些表面原子具有較高的活性,因而極不穩定,所以很容易產生下列現象:

(1)　與粒子本身的其他表面原子結合。

(2)　和其他相同物質之粒子的表面原子結合,而產生團聚的現象。

(3)　容易與外來的原子產生化學反應而結合。

　　這些高表面能、高活性的結果,使得奈米粒衍生了一些特別的性質和現象。例如,次微米級以上的金屬粒子原在靜態大氣壓中的物理和化學性質穩定,且不會發生燃燒的,但當金屬粒子的粒徑縮小至奈米級而形成奈米金屬微粒,此時因粒徑小,表面原子數大增,表面能增高,表面原子的化學活性大增,使得奈米粒在空氣中很容易產生燃燒現象。此外,奈米級粒度的無機微粒子若暴露在空氣中則極易吸附大氣中的活性氣體,並與氣體發生化學反應,利用此特性可開發一系統偵測各種不同氣體分子的氣體偵測器(gas sensors or gas detectors),此類奈米級偵測器具有極高的偵測靈敏度(high sensitivity)和快速的感測速度(high response time)。

　　一般位於粒子內部的原子會和其周圍的原子彼此產生吸引或排斥的交互作用,而達到具最低能量的平衡狀態。然而,位於粒子表面層的原子因僅單側與粒子內部原子有晶格鍵結的作用,所以會被內部原子往其粒子內部方向做單向拉張的作用。而另一側直接以微弱的凡得瓦爾得力與大氣分子作用,所以通常表面原子的能量會處於較高的狀態。為方便討論表面效應,就必須考慮「表面能量(surface energy)」,此能量的定義是:「單位表面積內的表面原子所具有的總能量,和這些表面原子若成為粒子內部原子時應擁有的能量總和,兩總能量間的差值,即為表面能量」。即原子若從位於內部移至表面層所需產生的多餘能量,此能量在 MKS 制中的單位為 J/m^2,在 CGS 制中則是 erg/cm^2。

　　表面能量的存在使得粒子的表面產生表面張力(surface tension，以 N/m 或 dyne/cm 為單位)。所以物質最後所形成的形狀和表面結構是以盡量減少表面能量，並降低系統的總能量，以達到最低系統能量為目的。除超流體(superfluid)物質外，表面能量通常為正值，即是指高於體積自由內能(free energy)的多餘能量。所以凝態材料表面的形狀都以能盡量達到縮小表面積為主要的目標。特別是富形狀變異性和流動性的液體，常會因應所處的環境狀況不同而隨時調整液體本身的形狀，以期使表面能和系統總能降到最低值。

　　此外，譬如肥皂泡因有表層水分子的表面張力存在，所以必須透過吹氣或其他外力的作用，才能強行吹脹氣泡而闊大其表面積，但在此同時表面張力也開始作用且隨著氣泡變大而增強，表面張力的作用是企圖使得氣泡儘可能收縮，以降低表面能量。

　　另外如荷葉上的露水在體積不是很大的時候，通常會形成球體狀的露珠，此即是為了使露水在相同的體積條件下，達到具最小表面積、和最小表面能的目的。當露水逐漸變大變重，則因為體積增大、水滴的系統重心升高導致重力作用(gravitation interaction)增加，進而使得重力位能(gravitational potential energy)增加。此時露珠若仍以正球體形狀存在，則重力位能隨體積變大而增加的速度會逐漸超越表面能量增加的速率，而致單位質量的重力位能增加量大於單位質量的表面能增加量。此時，大質量的露珠不得不改變原有的球體狀，而逐漸形成扁橢圓體的形狀，以期儘可能降低露水中所有水分子在地球表面的高度，如此才能盡量減少重力位能的增加量，雖然此扁平露珠的表面積和表面能量均會較大，但卻可大幅降低重力位能，所以有利於最後露珠體系擁有最低總能量的狀態。

　　固態物質不像流體物質中的原子一般會隨周遭環境變化而改變原子的排列情形，以期降低系統的表面能。在大尺寸的實際固態物體內，原子幾乎都位於內部，且因強而有力的晶格鍵結作用而固定在特定的位置，不容易隨意移動，所以不會為了減低表面能量而隨意改變原子的原有排列。但當粒徑減小到奈米尺寸的話，全部表面積的總和快速增大，表面能量也隨大增。如表 2-2 所列，當金屬銅粒子的粒徑縮小至 10 nm 時，表面能量增大至體積能量的 2.75%，使之不再可以忽視表面能量的存在和影響力。為方便界定表面效應的存在與否，通常定義一個臨界粒徑(critical diameter)值 d_c，此物理量設在當粒子的表面能量與體積能量之比值開始超越 1%時的粒徑大小。一般單一金屬的此臨界粒徑約在 30 nm 左右。從表 2-3 的數據中可獲知，由粒徑大小恰為臨界值的銅微粒所集結的一莫耳銅材的凝聚能(condensation energy)為 81.5 kcal/mol，但在此同時此一莫耳銅粒子集合體的平均表面能量高達 2200 erg/cm^2。

　　固態物質中的原子不具流動性，所以即使表面積增大，因不具可塑性，所以無法藉由大幅度地改變形狀，使表面能量降低。但固體是由原子經鍵結作用集合而成的晶體或非晶型材料，且許多晶體具有「異向性(anisotropy)」，即不同晶面擁有不同的原子排列結構和不同的表面能量。所以，相同材質的固體依其形狀不同而有不同的表面能量值，其中，擁有最低表面能量的型態被稱為 Wulff 多面體。若各面的表面能量為 σ_i，該面面積為 A_i，兩物理量的乘積值為 $\sigma_i A_i$，則 $\Sigma(\sigma_i A_i)$ 為所有晶面的總表面能。所以，Wulff 多面體的 $\Sigma\,\sigma_i A_i$ 值應是最小的。

　　雖然大尺寸固體不易改變其表面形狀，但當表面能量在粒子總能量中所佔有的比率增加到足夠大時，為減低其大幅增加的表面能量，則粒子便極有可能改變其外型，或沿著表面能較低的晶面成長，以期儘可能降低表面能的增加量。此即是源自粒子的小尺寸效應和表面效應所衍生的固態物質「表面改形作用」。此外，研究人員也發現奈米微粒的熔點會隨粒徑縮小明顯地降低，並在表面層發現異常的結晶構造變化、及異向性增大的趨勢，這些異於傳統的變化行為可說都是源自於小尺寸的表面效應所導致的結果。

　　在 2-1-1 節中曾提及金粒子的熔點會隨粒徑縮小而降低的變化，如圖 2-3 所示，即是表面效應的結果。當粒徑大於 10 nm 以上時，金粒子的熔點幾乎維持在固定溫度 1200°C 左右，不會隨粒徑大小而改變，呈現古典常規塊材的性質。但當粒徑縮小到 5 nm 以下時，則熔點隨著粒徑變小而快速驟減。例如在粒徑為 2 nm 時，實驗結果測得奈米金粒子在 600 °C 時，就熔化成液體了。此外，不僅是表面原子的排列結構會因粒徑變小而發生些微地改變，在粒子表面的電子構造和組態，以及表面磁性結構也會大異於固體內部的原子情形，以致和傳統固態物理學中所討論的模型和理論有許多不符合的地方。

2-1-4　巨觀的量子穿隧效應(quantum tunneling effect)

　　微觀粒子貫穿能障(potential barrier)的能力，即稱為「穿隧效應」，亦有人稱之為「量子穿隧效應」。在奈米科技興起以前此現象僅能在原子分子的微觀世界中才能觀測到。近年來奈米材料的研究中，陸續在宏觀的實驗裡量測到了一些與穿隧效應有關的巨觀物理量，例如奈米微粒的磁化強度和量子相干元件(quantum coherent devices)中之磁通量等測量中，均發現穿隧效應的現象存在，故稱之為巨觀(或宏觀)的量子穿隧效應。

　　早期研究發現，常規鎳金屬材料在室溫時呈現強鐵磁性，但若鎳粒子的粒徑縮小至奈米級的超微粒後，則即使當溫度降至液氦的低溫環境下，奈米鎳微粒卻呈現順磁性的磁性行為，但其具有比一般順磁材料高好幾個數量級的磁化率值，奈米鎳微粒的順磁性行為被稱為「超順磁性(super-paramagnetism，SPM)」。初期研究人員便是利用電子的量子穿隧效應來解釋磁性奈米粒中的超順磁性行為。近年來科學家也發現在溫度低於某一臨界溫度時，Fe-Ni 磁性合金薄膜中的磁區壁(magnetic domain wall)的運動速度基本上和溫度無關，不會隨溫度變化。

奈米科技導論

對於這些現象學者以在絕對溫度爲零度時，粒子仍具「零點震動和零點震動能(zero-point vibration energy)」的量子力學行爲解釋之。在極低溫的環境下，許多物理性質會因熱能的存在，而產生熱激發的擾動效應(thermally activated fluctuation effect)，通常此效應是以隨意無序的擾動方式作用於電子，所以不具方向性。類似於熱擾動的效應，零點震動能也是產生無序的擾動作用，致使磁性奈米微粒內電子的磁矩方向在極低的溫度範圍內，呈現隨意取向的磁矩向量，且其磁性變化的弛豫時間(或稱鬆弛時間，relaxation time)維持在可觀測的有限值內。意即在絕對零度時，仍然存在非零的磁化反轉率(reversal magnetic susceptibility)。此外，類似的觀點也被用來解釋具高磁晶各向異性的奈米級單晶體在低溫時產生階梯式的反轉磁化(reversal magnetization)模式，以及超導量子干涉器件(quantum interference devices，SQUID)中一些巨觀的量子效應。

宏觀量子穿隧效應的研究不僅對基礎研究的發展具有絕對的重要性，對實用化的應用更具有相當重要的意義。由於此穿隧效應和磁性鬆弛效應，限制磁性材料應用在數據儲存記錄媒體時，每一儲存位元的最小尺寸和訊號貯存所需的最低時間極限。因此，未來奈米電子元件的研究開發必需慎重地考慮源自量子尺寸效應和穿隧效應的限制。

2-1-5 庫倫堵塞效應(Coulomb blockage effect)與量子穿隧效應

1980 年代中，在介觀領域的研究裡幾項重要的關鍵性發現之一，即是著名的「庫倫堵塞效應」的發現，以及其相關物理機制和理論的深入探討。當由原子或分子所組成的材料體系中的尺度小至足夠小的尺寸後，則此時材料體系中的電荷數值明顯地呈現可以以一個單位一個單位計數的"量子化"現象，此即「電荷量子化」的現象。意即物質的充電和放電過程不再是如同巨觀的材料體系一般，是進行連續性的充放電，而是以不連續的方式進行充放電，主要是因在小體系內所累積的總電荷量有限，所以當進行充放電時，即使是由單一個電子所產生的電荷變化量，在總電荷量中所佔的比例不再可以忽略，而變得相當明顯，所以易於獲得不連續的量化觀察。通常金屬粒子的尺寸必須小至幾個奈米，而半導體化合物粒子則小於幾十個奈米尺寸後，便可容易地觀察到電荷的量子化現象。

所謂充電過程是指將電子充入材料體系中，但由於擬充入的電子和材料體系中的電子間會產生強的庫倫排斥力(Coulomb's repulsive interaction)和庫倫排斥能障(Coulomb's repulsive potential barrier) E_C：

$$E_C = \frac{e^2}{2C}$$ ....(2.10)

(2.10)式中的 e 爲一個電子的電荷，C 爲小體系的電容。越小的材料體系，其體系電容量 C 越小，庫倫能障 E_C 則越大。庫倫作用力和能障的存在會排斥抵抗同性電荷的電子被送入體系中，所以，科學家亦將之稱爲「庫倫堵塞位能(Coulomb's blockage potential)」。換句話說，庫倫堵塞能亦可視爲前一個電子對後一個電子的庫倫排斥能。因此，若欲強制將一個電子送入原子集合體系中，必須提供高於庫倫堵塞能 E_C 的能量，才能克服電子間的庫倫排斥力，而將電子充入材料體系中。

因奈米級體系的總電容量 C 小，庫倫能障 E_C 大，故充電時所需做的功或需供應的能量也就高。因此，在一個奈米小體系的充放電過程中，電子不容易進行集體傳輸(collective transport)，而是以一個一個單電子充入或放出的方式進行不連續性的電荷傳輸，所以在奈米級的體系中很容易觀測到電荷的量子化情形，通常把物質微小體系中這種單電子傳輸運送時所遭遇到的庫倫抗拒作用稱爲「庫倫堵塞效應」。

兩個獨立分開的量子點間通過一個「接面(junction)」連接起來，其中一個量子點上的單個電子如果能夠獲得足夠多的驅動能量，則將可能會穿過庫倫堵塞能障來到另一個量子點中，此種單電子跨越位能障進行電荷傳輸的行爲被稱作「量子穿隧效應(quantum tunneling effect)」。爲了能夠讓單電子從一個量子點穿隧到另一個量子點，則在兩個量子點之間所加的電壓差 V 必須高於 $V > e/2C$。

欲清楚地觀測到庫倫堵塞效應和量子穿隧效應，則實驗的一個必要條件是庫倫堵塞能 E_C 必須遠高於環境溫度所產生的熱動能 k_BT，也就是 $E_C = e^2/2C > k_BT$，所以此兩效應通常都必須在足夠低的溫度下才能觀察得到，否則不連續的量子現象會因高溫熱能激發所產生之強「熱擾動效應(thermal fluctuation effect)」，所遮蔽而無法觀測到。科學家推測，若能將量子點的尺寸控制到 1 nm 左右，則理論上在室溫下即可以觀察到上述的量子效應；然而，對於十幾奈米範圍的量子點，則上述效應必須在液氮的溫度下才能明顯地獲得觀察。其原因在於量子點或材料體系的尺寸越小，其電容 C 相對地越小，但是 E_C 反之越大，所以越有機會克服高溫下所產生的熱擾動效應，所以量子效應有機會在較高溫度下便可以進行觀察。此外，由於庫倫堵塞效應的存在，使得導體的電流隨電壓變化的 I-V 曲線不再是呈簡單的線性變化關係，而是在 I-V 曲線有鋸齒式的台階出現。

利用奈米材料和元件的製造技術結合庫倫堵塞效應和量子穿隧效應，研究人員嘗試設計新一代具更高靈敏度和更高準確度的奈米結構元件，譬如，單電子電晶體(single electron transistor，SET)和量子分子開關(quantum molecular switch)等奈米量子元件已有雛形的產品出現。在此藉機簡單描述一下這兩個新元件的設計和特性。

1. 分子開關(molecular switches)：休士頓萊斯大學奈米科學與技術中心(Rice University's Center for Nanoscale Science & Technology in Houston)的 J. M. Tour 及其研究群成功地利用奈米線接連被官能基化(如乙烯基)的苯環，將之做成單層分子元件，如圖 2-7(a)

所示為分子電子元件的示意圖。將此分子電子元件冷卻到 60°K 時，在元件兩端的金電極上外加固定的電壓，最初當穩定的外加電壓很低時，元件內的分子並沒有電流通過。但當外加電壓增加達到某一臨界電壓(threshold voltage)值時，此時兩電極間突然有電流流通，亦即分子中突然有電流產生。然而，當外加電壓繼續增加，電流卻迅速的下降。此分子電子元件的 IV 曲線測量結果展現與傳統矽半導體元件不同的特性和開關(switch)行為。

Tour 等人認為此結果是因為元件中的分子具有兩個穩定的氧化狀態(oxidation states)，所以利用此兩個不同的氧化狀態，分別可以得到可導電的導電態和不可導電的絕緣態。可將絕緣狀態設定成二進位元中「0」的位元態，而導電狀態設定成「1」的位元態；反之亦然。所以，此元件可以用來作為分子記憶體和儲存媒體元件用。

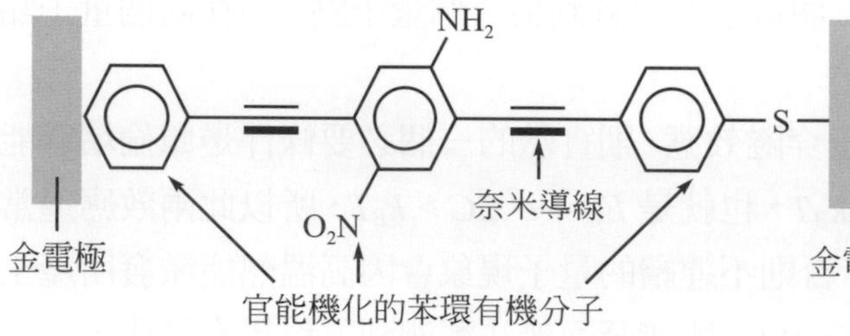

(a)單層分子電子元件 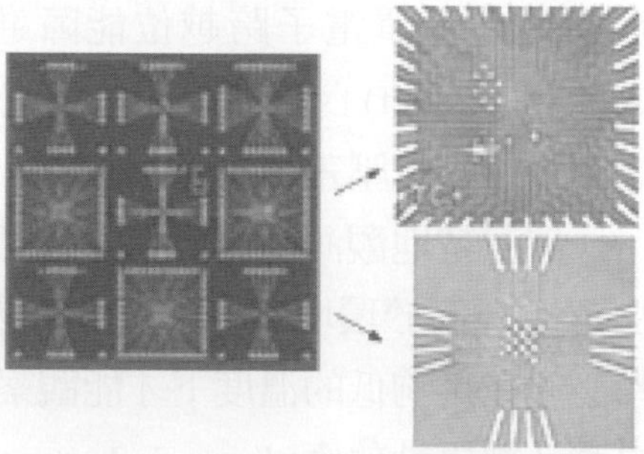　　　　　　　　　　(b)分子電晶體的構裝圖

圖 2-7　分子電子元件

2. 碳奈米管製成的元件(devices fabricated by carbon nanotubes)：哈佛大學化學家 C. M. Lieber 和他的研究團隊則致力於探究如何將擁有許多功能的碳奈米管做成有用的電子元件，如以單層碳奈米管製做奈米開關(nano-switches)及作為讀寫訊息用的奈米導線(nanowires)。首先 Lieber 在導電的基材(substrate)上鍍一層絕緣層薄膜，然後如圖 2-8 所示，將一組平行排列的奈米管整齊地置放在絕緣層上，然後在垂直於第一層碳奈米管的方向再置入另一組平行碳奈米管，互相垂直的兩碳奈米管在交會之處約有 5 nm 的距離。最後，在每一條奈米管的邊緣都連接上金屬電極。當上下兩個交錯的奈米管沒有接觸時，接面電阻(junction resistance)會變得非常高，可將此開關設定為「off」態，設定其為正邏輯系統中的「0」狀態位元(bit)。相對地，若上面的奈米管正好接觸到下層的奈米管時，此時接面電阻迅速降低而形成導通狀態，可設定其為開關系統中「on」的狀態，或是正邏輯系統中「1」狀態位元。若外加脈衝式偏壓(pulse

voltage)於奈米管交錯的電極上，可使得兩交會的奈米管依脈衝電壓的極性和變化產生靜電排斥或吸引的作用，如此可以控制奈米管的接觸狀況，也就是說可做成一個「on/off」的開關。

Lieber 指出，這些交錯排列的碳奈米管形成整齊排列的接面陣列，不僅除了可用以做為開關陣列(switch arrays)外，也可用來當作邏輯運算元件(logic operation devices)，此外，還可能被設計成非揮發性隨機存取記憶體(non-volatile random-access memory，RAM)的位元陣列。他進一步指出，每一平方公分的晶片上，可以容納高達 10^{12} 奈米管製成的接面元件，比由 Pentium 所製成的 CPU 晶片上的元件密度(每一平方公分的晶片所容納的元件為 $10^7 \sim 10^8 / cm^2$)還要高好幾個數量級。而現行的動態隨機存取記憶體(dynamic RAM，DRAM)中至少需要一個電晶體及一個電容才能存取一個位元，或是靜態隨機存取記憶體(static RAM，SRAM)必需要 4 到 6 個電晶體才能存取一個位元的情形相比較，這裡提及的設計則是每一個奈米管即可以儲存一個位元，如此所得記憶體的儲存密度可以提高許多，且電晶體元件的需要量也少了許多。

此外，經實驗結果及計算分析的建議，使用奈米管所做成之 RAM 的操作開關的切換頻率可高達 100 GHz，比現行 Intel 公司所做成的半導體晶片要快上 100 倍以上。所以無論是從體積大小、積體化的密度、工作速度、成本、或價錢等不同的觀點來考量，利用奈米碳管製成的電子元件，在在都顯示要比傳統的 RAM 多出許許多多的優點。因此，奈米碳管在取代傳統半導體材料和元件具有很高的潛力，我們可拭目以待此應用在未來的展望將是無可限量。

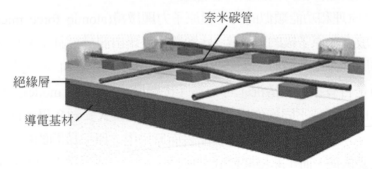

圖 2-8　用奈米碳管所製成之陣列開關(switches)元件的示意圖

3. 掃描探針顯微術(scanning probe microscope，SPM)：傳統顯微鏡只能提供待觀測物件非常粗糙且模糊不清的外觀或表面影像，因此無法清楚判別待測表面上原子的種類和觀測原子的排列情形。現今的掃描式探針顯微則運用了量子力學中的穿隧效應，發展而得的影像觀測技術和功能已經可以達到原子級解析度(atomic-scale)的表面形貌影

像圖(surface contour map)，並可清楚地分析出原子的種類和原子在實體空間(real space)中的排列情形。因應不同的需求和用途科學家已發展出各式各樣的掃描式探針顯微，而其中以掃瞄式穿隧顯微鏡(scanning tunneling microscopy，STM)最有用，也最被廣泛使用。

STM 系統中的影像觀測即是以金屬材料製作奈米級甚或接近原子尺寸的金屬探針，讓金屬探針以相距約 1 nm 的近距離靠近樣品的導體表面後，外加一個小偏壓於探針上，使得金屬探針上的電子能夠獲得足夠的小能量，以克服金屬探針和待測物導體表面間的能障，而於這兩個表面的間隙產生量子穿隧作用。電子受外加電壓驅動所產生的穿隧電流(tunneling current)與樣品和探針間的距離有很密切且靈敏的變化關係，譬如，若將探針拉遠離樣品表面約 0.1 nm 的距離時，穿隧電流將大幅降低至原電流值的 1/10 倍。所以，藉由穿隧電流的大小隨探針掃瞄位置的變化，觀測者可以很快地得到樣品在三度空間的立體分佈情形及高度圖(elevation map)。

不過利用量子穿隧效應進行影像觀察的 STM 系統有一個很大的限制，就是待測樣品必須為導電材料，且僅能獲得樣本表面僅數個原子層厚度的原子分佈影像圖。因此，若樣本為非導體，雖可如同穿透式電子顯微鏡(transmission electron microscope，TEM)和掃瞄式電子顯微鏡(scanning electron microscope，SEM)一般，在樣本擬觀測的表面上預先鍍上一層薄薄的金屬膜，以儘量降低探針和樣本表面間的能障，再進行影像測量。然而，此作法會使得想獲得的實際樣本信號很容易被金屬鍍層的強信號所掩蔽，而無法獲取訊雜比足夠高的好信號，致使無法獲得高品質的影像結果。

與 STM 設計原理和功能類似的另一種原子力顯微鏡(atomic force microscope，AFM)也具有極高的靈敏度和原子級的解析度。此顯微鏡是藉由測量探針上的原子與待測樣本表面上之原子間的原子作用力情形，來進行影像分析和顯示。AFM 系統在操作使用時，依探針和樣本表面是否有接觸的情況，可分為「接觸模式(contact mode)」和「非接觸模式(non-contact mode)」兩種不同操作模式的測量。「接觸模式」顧名思義即是探針會接觸到樣本的表面，而後透過測量探針針尖與樣品表面原子內之原子核間的排斥力作用情形，做為影像分析的主要依據。而「非接觸模式」想當然爾是探針和樣本間部不會發生接觸，所以是經由探針針尖與樣品表面原子間的靜電作用力和凡得瓦爾作用力的大小作為依據，以進行影像分析工作。

AFM 擁有另一個重要的功用，因為探針的針尖非常的細小，通常至少為奈米級尺寸，甚至可達原子級尺寸，所以最近十年來有許多研究人員將之用以作為奈米級圖案化模板(patterned masks)的雕刻工具(etching tools)。有關掃瞄式探針顯微技術的工作原理、操作原理、特性、規格和其影像分析的應用，以及在微影蝕刻技術上之應用等等項目，在本書第四章：「奈米加工技術」中有更詳盡的討論，對該技術有興趣的讀者可以直接跳至第四章閱讀。

4.　以膠狀金奈米微粒構成的單電子電晶體：2002 年年底我國台灣大學物理所和中央研究院物理所研究員陳啟東博士合作，以金質的膠狀島(gold colloidal islands)量子點連結碳六十的衍生物，成功地製造得單電子電晶體及記憶胞(memory cells)。他們合併使用「由大縮小(top-down)」的電子束微影法及「由小作大(bottom-up)」的奈米級材料合成技術，完成單電子電晶體和記憶單胞裝置。研究人員首先以電子束微影法製作出兩個寬 160 nm、距離相距 15 nm 的金電極，做為電晶體的源極(source)及汲極(drain)，然後交替採用含 C_{60} 的衍生物及金奈米微粒的溶液，使得 C_{60} 富勒氏球(fullerene sphere)能夠附著在金電極上，而直徑約 14 奈米的膠狀金粒子則隔著 C_{60} 連接到兩個電極上。400 nm 外的閘極也同樣透過 C_{60} 球與金粒子構成的鍊相連，負責電荷的儲存。該研究室也已成功地示範了以硫醇(thiol)連接膠狀金粒子/碳 60 奈米微粒/金電極的方法。這一類型的單電子電晶體可望應用在偵測與電荷儲存方面。陳啟東博士的此項實驗使台灣在國際分子電子學(molecular electronics)和奈米科技的研究競賽中向前邁出了重要的一大步，相關的研究細節和結果請詳見 2003 年的 Applied Physics Letters。

2-1-6　介電限域效應(dielectric confinement effect)和量子限域效應 (quantum confinement effect)

除了上述所提的量子尺寸、量子穿隧、和庫倫堵塞等效應外，在導電性不佳的半導體和氧化物奈米材料系統中另有一項相當重要的新發現—「介電限域效應」，此項效應對奈米半導體材料的光學性質有極為重要的影響。

當奈米微粒均勻地分散在異質的介電材質中，此時會因奈米微粒和介電材質間擁有大面積的界面，因而導致此複合材料體系的介電性質有大幅增強的趨勢，這種介電性質增強的效應，稱為「介電侷限效應(dielectric confinement effect)」，也可稱為「介電限域效應」。此效應主要是因複合材料體中奈米粒的大比表面積效應和介電質內部局域化增強的因素。當介電質的折射率(refraction index)與所摻入之奈米微粒的折射率相差很大時，則會產生大量的折射率邊界，因而在奈米粒表面與介電質接觸的面積部分之電場強度與入射電場強度間的比值明顯增加，這種局域性的增強效果，即是「介電限域」。

一般來說，過渡金屬氧化物和半導體奈米粒都有可能產生明顯的介電限域效應，而奈米微粒的介電限域和物質的光吸收、光化學、光學非線性等光學性質有很密切的關係。因

此,在分析這一類複合奈米材料的光學行為和性質時,除了必須要考慮材料的量子尺寸效應和大比表面積效應外,同時必須要考慮介電限域效應所造成的重要影響。

布拉斯(Brus)曾深入研究介電限域效應對介電材料的光吸收光譜所產生的影響。布拉斯發現此效應會使得介電材料對可見光的吸收帶邊(absorption band edge)產生紅移的現象(red shift effect)。在布拉斯的分析過程中不僅考慮了粒子的量子尺寸效應、及其所衍生的電子量子限域效應,並加入了介電限域效應對奈米微粒之電子能級的影響。綜合許多實驗數據的分析,歸納出一個經驗公式(empirical formula),此公式可用以描述半導體奈米微粒之吸收能隙隨粒徑的變化關係 $E(r)$:

$$E(r) = E_{g0} + \frac{\hbar^2\pi^2}{2\mu r^2} - 1.786\frac{e^2}{\in r} - 0.248E_{Ry} \quad\text{...(2.11)}$$

$E(r)$ = 介質塊體相的能隙+量子限域能－介電限域修正能－有效里德伯能

(2.11)式中 r 為奈米微粒的半徑,$E_{go} = E(r \rightarrow \infty)$則是當粒子粒徑遠大於半導體中激子之波爾半徑時材料被視為塊體相時的能隙;$\mu = \left[\dfrac{1}{m_{e^-}} + \dfrac{1}{m_{h^+}}\right]^{-1}$ 則是粒子的折合質量(或稱約縮質量,reduced mass),係由粒子中的傳導電子和電洞載子的有效質量所決定,m_{e^-}和m_{h^+}分別為電子和電洞載子的有效質量(effective masses),$\in$是介電常數。

等號右側各能量項的來源和對光譜的影響分別如下所述:

1. 第一項 $E_{go} = E(r \rightarrow \infty)$ = 塊體相的能隙:當粒子粒徑遠大於激子之波爾半徑時,粒子材料可視為塊體相,在此情況下粒子的能隙不會隨粒徑的大小改變而有任何明顯的變化。

2. 第二項為量子限域能:來自電子量子限域效應的修正結果。因為此能量項通常為正值,對總能隙 $E(r)$具有增加的效應,所以使得光吸收帶邊的能譜會產生往高頻偏移的藍移效應。

3. 第三項介電限域能:則是因介電限域效應導致介電常數$\in$增強,所做的能量修正。因為此項能量對總能量而言,通常為負值的修正,所以對光吸收帶邊的光譜會造成往低頻段偏移的紅移效應。

4. 第四項有效里德伯能(effective Rydberg energy):是電子－電洞對間的庫倫作用位能(Coulomb potential of electron-hole pair),C.G.S 制 $E_{Ry} = \dfrac{\mu e^4}{2\hbar^2}$,MKS 制 $E_{Ry} = \dfrac{\mu e^4}{8\in_0^2 h^2}$。

    電子和電洞載子因彼此擁有異性電荷,故庫倫作用力為吸引力,因而此項作用位能為負值，也提供降能的貢獻，所以亦會產生光譜紅移的效應。

對奈米家族中的重要成員之一：奈米半導體材料，由於 1～100 nm 級的半導體粒子存在著顯著的量子尺寸效應，使得奈米半導體材料的各種性質成為奈米科技研究中最熱門的研究領域之一。其中更因奈米半導體微粒具有超快速的光學非線性響應特性，以及在室溫下便具有光致發光特性，使得此系列材料更倍受矚目。

當半導體粒子的粒徑接近其激子的波爾半徑(～10 nm)時，則半導體的有效能隙(effective energy gap)會隨著粒徑尺寸縮小而增加，導致半導體所對應的吸收光譜和螢光光譜會隨著粒徑減小而產生藍移的現象，並在能帶中形成一系列不連續的分離能階。不再像傳統大粒徑的半導體材料的能譜分佈，為含有固定能隙的數個連續性能帶結構(energy band structure)。

一些如 ZnO，CdSe，CdS，和 Cd_3As_2 等奈米半導體的能譜研究發現，其能隙隨粒徑的變化關係 $E(r)$ 符合上列所描述的公式。最近的光譜研究結果顯示，奈米半導體粒子表面若經化學處理修飾後，則可發現粒子周圍的介質變化會強烈地改變其能帶結構，進而明顯地影響其光學性質，實驗數據證實其吸收光譜和螢光光譜均明顯地發生光譜紅移的結果。研究人員初步認為此紅移光譜可能是源自於偶極效應和介電限域效應所造成的結果。

通常大粒徑具塊體相的 TiO_2 粒子在室溫下不具有任何發光現象，然而，經十二烷基苯磺酸鈉(DBS)處理過後之 TiO_2 奈米微粒的室溫螢光光譜和激發光譜的實驗結果顯示：於室溫下，樣本在可見光區產生很強的光致發光，其所發射出之光為峰值位在波長為 560 nm 左右的紅光。經研究人員的仔細分析認為：塊體相半導體因為激子束縛能(binding energy of exciton)太低，所以無法產生光致發可見光的發光現象。但若奈米尺寸的半導體粒子經表面化學處理後，其對傳導載體的屏蔽效應(shielding effect)會減弱，而電子-電洞對間的庫倫作用力反而增強，進而使得激子結合能和振子強度增大，並導致介電效應的增強，進一步引發奈米半導體粒子的表面結構發生變化，使得原本為禁止躍遷的能帶區(forbidden transition band)，變成允許發生躍遷的區域。因此，使得奈米半導體粒子在室溫下就可以獲得較強的光致發光的現象。

另值得特別一提的是，由 II-VI 或 III-V 族元素所組成的奈米半導體粒子的光致發光效應對於電子受體(acceptors) NV^{2+} 相當敏感。激光光分解實驗的結果顯示，電子受體 NV^{2+} 會快速捕獲導帶中的電子，其捕獲過程所需的時間常數小於 1 ns，比人眼的視覺暫留時間還要短許多。所以，雖然半導體粒子會產生光致發光現象，但所發之光會在非常短的瞬間中立即消褪，以致一般人的肉眼無法觀測到發光的現象，因此，此系列材料雖然會發光，但並沒有太大的應用價值。

奈米科技導論

另外的研究發現，若將奈米級的過渡金屬氧化物，如 Fe_2O_3，Co_2O_3，Cr_2O_3 和 Mn_2O_3 等奈米微粒亦經十二烷基苯磺酸鈉(DBS)的化學處理修飾後，其光譜吸收測量結果發現這些粒子的光學三階非線性有增強的效應。Fe_2O_3 奈米粒子測量的結果則發現，三階非線性係數$\chi^{(3)}$可高達 90 m^2/V^2，比在水中所獲得的值高兩個數量級。研究人員認為此種光學三階非線性係數的增強現象可歸因於介電限域效應的作用。

2-2 奈米材料的結構和奇特的物理性質

2-2-1 奈米結構材料與形貌

奈米材料可簡單地定義為尺寸小於 100 nm 的原子集合體和原子團簇，或以此奈米級尺度的原子集合體做為物質組合的基本單元，然後按特定排列方式組織架構而成的材料體系，後者即總稱為「奈米結構組裝體系(nanostructural assembly systems)」，簡稱「奈米結構(nanostructures)」。作為物質基本組合單元的原子集合體可以是具不同形貌的奈米級材料，如圖 2-9 至圖 2-13 所列示之各種形貌的奈米材料，有晶形或非晶形的奈米微粒(nanoparticles)、奈米點(nanodots)、奈米管(nanotubes)、奈米棒(nanorods)、奈米纖維(nanofibers)、奈米絲(nano-filements)、奈米井(nanowells)、含不同形狀的奈米級孔洞(nanoholes)、和穩定的原子團簇(atomic clusters)，如碳 60、碳 70、及其衍生物等團簇、人造超原子(artificial superatoms)、甚或奈米豆莢等奈米級材料單元。

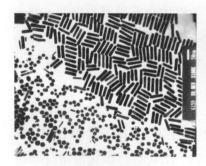  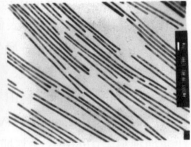

(a)奈米金粒和奈米金棒　　　(b)奈米金棒　　　(c)較長的奈米棒或稱奈米纖維

圖 2-9　各種不同形貌的奈米原子集合體

2-34

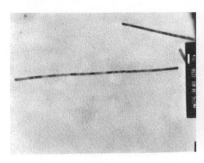 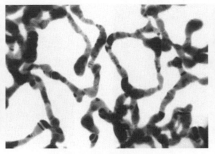 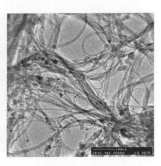

(d)奈米絲　　　　　　(e)奈米纖維　　　　　　(f)奈米管狀纖維

圖 2-9　各種不同形貌的奈米原子集合體(續)

圖 2-10　蛋白質陣列(protein array)：美國 NASA Ames 研究中心的 Andrew McMillan 等人從生存
　　　　於接近沸騰的酸性泥巴中的單細胞細菌 Sulfolobus shibatae 中取出一條基因，透過基因
　　　　工程的技術，在該基因中加入能夠附著金或半導體的蛋白質製造指令，經此基因設計工
　　　　程改變此種細菌中的蛋白質。並使得該蛋白質在自組形成二維的晶格或模板時，能在模
　　　　板表面的特定位置捕獲金屬或半導體粒子，以使之能形成金屬奈米 Au 球及具核層結構之
　　　　半導體 CdSe-ZnS 的量子點列陣。這項技術將可望被應用在奈米電子元件的製造上

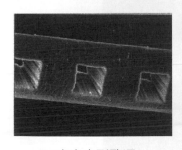  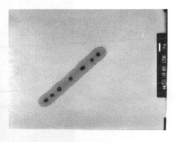

(a)奈米方形孔洞　　　　　(b)奈米井　　　　　　(c)奈米豆莢

圖 2-11　奈米孔洞、奈米井、奈米豆莢的高倍率電子顯微影像圖

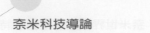

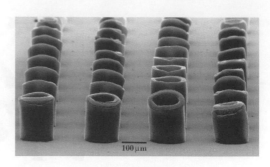

(a)奈米管束薄膜　　　　　　　(b)奈米管柱周期陣列

圖 2-12　奈米管組裝

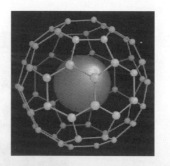

(a)碳奈米管　　　　(b)碳 60 原子團簇中含奈米金粒子

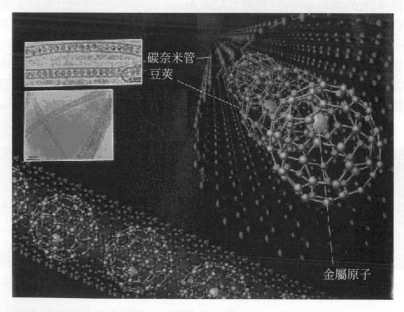

(c)奈米豆莢

圖 2-13　碳 60 原子團簇(C_{60} clusters)週期性地填塞在碳奈米管中，且在碳 60 原子團簇內並含有奈米金粒子

　　以這些奈米級原子集合體單元作為組合基礎，再依不同的維度空間架構而成具不同功能，不同用途的結構體系，主要可分為一維(1-dimension，1D)、二維(2-dimension，2D)、和三維(2-dimension，3D)等三種體系。原子集合體的材料單元本身就具有許多自有的特性，而經特別設計所得的特殊結構體也另具有來自結構所產生的各種更獨特有趣的性質，所以使得奈米組裝結構的研究不僅在材料和物理科學中，且在各科學領域中快速形成一個高度交叉的前沿科學。依廣義的型態類別，可將奈米基本單元先粗略地區分為如圖 2-14 所示的三種型態，(a)近等軸的奈米粉體材料、(b)由奈米微粒所組成的層狀奈米薄膜及(c)管徑為奈米級的纖維狀奈米管或奈米纖維等具不同縱橫比的形貌。

 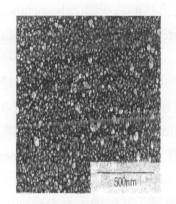 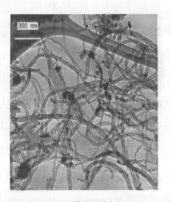

(a)近等軸的奈米粉體　　(b)奈米微粒組成的層狀奈米薄膜　(c)管徑為奈米級的纖維狀奈米管或奈米纖維

圖 2-14　奈米材料型態有奈米粉體、薄膜、管狀等

　　奈米結構組裝體系的劃分至今尚無一個一致且標準的分類方式，若是根據體系構築過程中的驅動力是靠著外來的作用力，還是靠物質組合單元自己內在的作用力作為區分的話，則可分為兩大類：

(1)　奈米結構自組裝體系(self-assembly nanostructural systems)。

(2)　人工奈米結構組裝體系(artificial-assembly nanostructural systems)。

　　在許多體系的製備過程中，其實常常是自組裝和人工組裝兩類製程交互運用，所需的結構體系才能夠順利地完成。以下略為說明此兩分類的簡單定義與差別。

一、奈米結構自組裝體系

　　所謂自組裝體系是指結構的組成單元間通過彼此之間原來就具有的弱作用力、或較不具方向性的非共價鍵結，如凡得瓦爾鍵、氫鍵和較弱的離子鍵等鍵結力的作用，或奈米材料表面原子間自己擁有的作用力，將原子團、離子或分子團直接自我鍵結在一起，並以自

我調整組裝的方式構築成特定的奈米結構體系或具奈米結構的圖案(nanostructural patterns)。此種體系的製程中，組成單元本身原有的自由能在自組裝過程中的變化情形相當敏感且重要，且對最後體系的形成和組合體系的最後結合能具有決定性的影響。典型的自組裝奈米結構材料在自然界的生物體中拾手可得，最典型的例子即是存在於某些生物體內的磁性奈米鏈狀結構(nanochain structures)和奈米級生物組織(biological nano-organs)。

最近研究發現，在自然界中有一類所謂的磁感細菌(magnetotatic bacteria)和一些具迴游能力或導航功能的生物體內，含有約數十個自然天成的奈米級磁性晶粒，且這些晶粒利用自身的磁力作用會自組成鏈狀的結構。如圖 2-15 列出在六種不同生物體中所發現到的奈米磁粒鏈，磁晶粒的形狀有立方狀的八面體(cubo-octahedron)如圖(a)所示，有些則形成伸長型的六方截角菱柱體(elongated hexagonal prismatoid)如(b)、(d)、(e)和(f)圖，或類似子彈型的形貌(bullet-shaped morphology)如圖(c)所示。這些奈米磁晶粒會自我集結成如圖(a)、(b)和(c)的單鏈、或如圖(e)的雙鏈、或圖(d)的多鏈鏈結(chain)組織結構。但亦有些是以如圖(f)所示不規則的方式排列在細菌或生物體內。圖 2-16 呈現一種磁螺旋菌屬的磁感細胞(Magnetospirillum gryphiswaldense)的電子微影像圖，圖中顯示細胞內具有磁性螺旋狀(magnetic spirlla)的特別形貌。在其磁性質體(magnetosomes)中含有 60 個 Fe_3O_4 磁鐵礦(magnetite)的奈米晶粒，這些奈米磁晶粒自行連結排成長度約 0.75 μm 的鏈狀結構。此螺旋式細胞(helical cells)的兩端具有鞭毛狀組織，可由細胞內的磁粒和地球磁場間的磁力作用控制鞭毛組織的運動。磁性化合物在生物體內以自組裝方式形成粒徑介於 35～100 nm 的適當大小，在此大小的磁粒子可以形成具單磁區(single domain)且具較高穩定性的強磁性晶體，做為生物體內的微型羅盤(microcompass)，以協助生物體進行方向偵測和導航的功能。存在於生物體中的磁性材料一般是具單磁區的鐵磁性(single-domain ferromagnetism)或超順性(superparamagnetism)。生物體中較為常見的磁性材料則有 Fe_3O_4 的磁鐵礦(magnetite)、γ-Fe_2O_3 磁赤鐵礦(maghemite)、Fe_3S_4 硫化鐵(greigite)、含不同金屬種類的亞鐵磁氧化物(ferrites) MO·Fe_2O_3 (M = Ni、Co、Mg、Zn、Mn,…)和 Fe，Co，Ni 過渡金屬(transition metals)等磁性晶體材料。這些磁性奈米晶粒有些形成如圖 2-15 所示之立方狀八面體(cubo-octahedron)，有些則會形成伸長型的六方截角菱柱體(elongated hexagonal prismatoid)或子彈型(bullet-shaped morphology)。這些奈米磁晶粒在細菌或生物體的細胞內透過磁晶粒間的作用，會自我集結成單鏈、雙鏈或多鏈的鏈結排列，但亦有些是以不規則的方式排列。

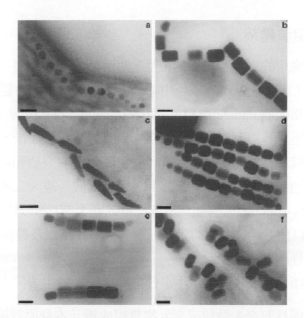

圖 2-15　在六種不同磁感細菌內所發現之磁性奈米晶粒的晶格形貌(crystal morphologies)和晶粒間之組織結構(intracellular organization)的電子影像圖。列於每一圖中左下方之黑棒的長度相當於 100 nm 的標示。[此圖節錄自 D. Schüler，R. B. Frankol，Appl. Microbiol. Biotechnol. 52，p464 (1999)]

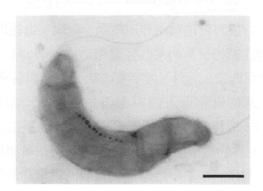

圖 2-16　一種磁螺旋菌屬的磁感細胞(Magnetospirillum gryphiswaldense)的電子微影像圖顯示具有細胞內具有磁性螺旋(magnetic spirlla)的特別形貌。圖中右下方黑線的長度相當於 0.5 μm 的標示。[此圖節錄自 D. Schüler，R. B. Frankel，Appl. Microbiol. Biotechnol. 52，p464 (1999)]

二、人工奈米結構組裝體系

材料製作者根據應用的需求和材料的特性，使用最合適的物理、化學和機械等各種製程方法、或「由上而下(top-down)」、或「由下而上(bottom-up)」的製程技術，以人工方式成長各式各樣的超晶格(superlattice)薄膜、量子點(quantum dots)、量子線(quantum wires)、奈米微粒、奈米線或超薄薄膜等許多有用的奈米級材料單元。而後，科學家再利用這些奈米尺度的物質作為組裝結構體系的基本單元，按照使用者的需要和研究人員的設計圖，以一定的規則性有系統地排列組織物質的基本單元，架構成一維、二維或三維的奈米結構體系，甚至直接製作成有用的元件。譬如二維或三維的奈米有序陣列體系和奈米介孔複合體系等材料。在此類材料體系中，人為的設計理念、製程程序以及最後製作而擬得之成品的功能和品質具有決定性的影響。

不論以何種方式所得的結構材料，決定此類材料特性的主要因素來自下列兩大原因：

1. 結構材料體系不僅具有奈米微粒或奈米物質組成單元本身原就擁有的特性，如第 2-1 節中所提及的各種奈米效應所產生的特殊性質，有量子尺寸效應、小尺寸效應、表面效應、量子穿隧效應等效應所衍生的特異性質。

2. 此外，更擁有因奈米組合結構中所引發之新效應所產生的特性，如量子耦合效應(quantum coupling effect)和相干效應(coherence effect)等特殊性質。

此外，結構體系也可以很容易地藉由外加電場、磁場、電磁場、光或應力等外加作用力而改變或隨這些參數變化調控材料的某些性質和功能，所以奈米結構材料可以根據這些功能，進一步被設計成實用的奈米元件。近年來研究人員已對各種功能的奈米結構材料和新的量子效應元件展開積極的研究開發工作。最近由於與奈米結構組裝系統有密切關連的單電子電晶體原型元件的成功製造，使得傳統半導體元件的製造受很大的挑戰，並面臨革命性的革新。超小型奈米元件的體積極小、耗能量極低，所以可應用於高度積體化電路中，有可能可以解決傳統超大型積體電路中始終無法克服的體積和散熱問題。所以科學家們預言奈米元件將是 21 世紀新一代微型元件的主要基礎單元之一。下面列舉兩個代表性的奈米結構元件：

1. 可調變不同色光的超小型發光元件：主要設計原理是利用零維的人造超原子(即量子點)做為組成單元，組成二維或三維的奈米結構陣列體系，如此可以形成一個超小型的雷射二極體。可透過調整陣列單元中的量子點尺寸和陣列單元間的間距(spacing)，便可以控制發光元件發出不同波長的光。此外，也可以使該陣列體系的發光性質具有可調制性(tunable)。美國貝爾實驗室(Bell Labs.)曾以 CdSe 奈米膠質粒子做為量子點單元，完成週期性結構陣列的發光元件，並成功地顯示陣列式元件的發光波長經由變化量子點的尺寸即可獲得調制，便可發出紅、綠、藍等不同顏色的光。此可調變色光的發光元件在室溫環境下就可以使用。最近幾年由美國與德國科學家所組成的研究小組即利用自組成奈米球微影術(nanosphere lithography，NSL)製作奈米鎳點的陣列(Ni-nanodot array)，然後以該鎳點陣列做為成長碳奈米管時所需的觸媒，再使用電漿增強化學氣相沉積法(plasma-enhanced chemical vapor deposition)成功地生長出具蜂巢式晶格週期排列的碳奈米管束陣列。更進一步地利用此陣列製作光子晶體(photonic crystal)，如圖 2-17 所示，為光子晶體陣列(crystal arrays)的製程結果。上方三個圖為高倍率 AFM 所得的影像圖，從左到右分別為：

(1) 塗佈在矽基板上的聚苯乙烯分子(polystyrene)奈米球以自組裝方式自己排列成單層最密堆積的六角週期排列情形，顏色較淺的圓形點為聚苯乙烯分子奈米球。

(2) 使用有序排列之聚苯乙烯分子球週期陣列做為模罩，經物理蒸鍍法鍍上一層 Ni 金屬膜，再經化學蝕刻法除去聚苯乙烯分子球後，所得的 Ni 金屬有序週期排列的陣列薄膜，Ni 金屬為圖中顏色較淺且形狀為三邊內凹之三角形圖案者。

(3) 使用所得之 Ni 陣列薄膜做為觸媒，成長而得的碳奈米管，其呈現蜂巢式陣列的有序碳管(a honeycomb array of aligned carbon nanotubes)。下列三個圖則為可見光從不同角度入射至上列圖所得的同一晶體陣列結構時，則會對不同波長的可見光產生建設性繞射，以致獲得不同顏色的繞射光，圖中僅呈現紅、藍、綠的繞射結果。他們的實驗結果顯示週期性排列的碳奈米管與可見光之間具有強烈的交互作用。研究人員相信，這類光子晶體將來可望大量地應用在光電及通訊領域上。

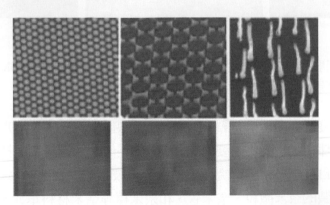

圖 2-17　晶體陣列(crystal arrays)：上方三個圖為高倍率 AFM 所得的影像圖，上列三個圖則為可見光從不同角度入射至上列圖所得的同一晶體陣列結構時，則會對不同波長的可見光產生建設性繞射，以致獲得不同顏色的繞射光，圖中僅呈現紅、藍、綠的繞射結果

奈米科技導論

2. 超高密度的奈米磁開關陣列(magnetic switch arrays)和磁性記憶體元件(magnetic memory devices)：在半導體材料內嵌入具磁性的人造超原子體系，即磁性量子點，例如將磁性錳離子注入砷化鎵(GaAs)半導體中，經退火處理後會成長成具奈米結構的鐵磁量子點陣列，每一個磁量子點都可以形成一個奈米磁開關。此陣列可以用來作為具超高密度的磁性記錄媒體，如圖 2-18 所示。IBM 公司利用美國麻省理工學院(MIT)Caroline A. Ross 等人所製備的奈米鎳柱(Ni nano-pillars)作為磁性儲存媒體的記錄單元，將寬度小於 200 nm 的奈米鎳柱以反鐵磁耦合的作用方式(antiferromagnetically-coupled interaction，AFC interacion)週期排列成奈米鎳柱週期陣列。IBM 公司即以此高密度陣列研製開發具超高記錄密度的磁性數據儲存媒體，所得紀錄密度高達 100 Gbits/in^2，總記錄容量可達 400 GB。圖 2-18(a)所示為傳統磁性記錄媒體中磁性記錄單元組合方式和記錄單元內磁矩指向的示意圖，圖 2-18(b)則是利用反鐵磁耦合作用所形成之磁性記錄媒體的示意圖，圖 2-18(c)即是 IBM 公司製作超高密度磁性儲存媒體中所使用的的奈米鎳柱陣列，寬度低於 200 nm 的奈米鎳柱作為磁性記錄的儲存位元，週期排列成記錄密度高達 100 Gbits/in^2，總記錄容量達 400 GB 的奈米鎳柱週期陣列。

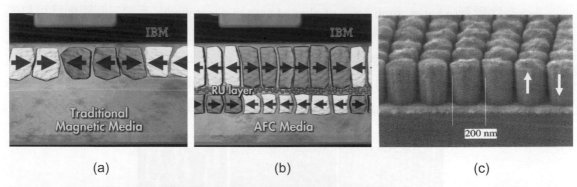

(a)　　　　　　　　　(b)　　　　　　　　　(c)

圖 2-18　IBM 公司研發之具超高記錄密度的磁性數據儲存媒體(圖片引自 IBM 公司的資料，奈米鎳柱由美國麻省理工學院 Caroline A. Ross 等人製備)

　　這些新成功開發的奈米結構材料和元件雖然仍處在實驗室雛形的開發階段，但卻已經成為未來材料和元件科技研發的主要方向和趨勢。不僅奈米結構和根據量子效應原理所發展的元件已經成為目前奈米材料研究中最前端的科技主題，此外，並逐漸開發出具自我複製能力和可自行組裝的奈米微粒、奈米管、和奈米棒等奈米材料單元，並期望未來能夠製造出自然界目前尚不存在的新物質體系，以為科技領域創造一片新奇蹟。

　　暫且放下應用的考量，僅就基礎研究的觀點而言，奈米結構材料的發展使得科學家有

2-42

機會以有系統的抽絲剝繭方式，更深入地探討奈米材料的基本物理性質。因一般無序堆積混合而成的奈米塊材，會因奈米顆粒或奈米組成單元間的界面不具規則性結構，使界面結構呈現高度的複雜性，所以很難將量子尺寸和表面等各種效應所對應的物理和化學性質的行為與機制分別釐清出來。經由特別設計的奈米結構可以把奈米材料，如奈米微粒、奈米管、奈米絲等不同的基本單元分離開來，並經由專為探討某效應所設計的特別結構組成等，讓研究人員可以分別進行個別奈米結構單元的行為和個別特性的研究。此外，更可以透過各種方法適當地控制奈米材料之基本單元的週期性、表面形貌和排列方式，譬如對基本單元的大小和單元間的間距做一系列的調制，和製作不同週期結構的排列方式等，如此可以從這些系列的系統變化參數中，清楚地獲得實際的各別效應和耦合效應的貢獻以及彼此間的差異性。不同奈米結構所提供的多元化新現象和新規律性，都將有利於研究人員對奈米科技建立一個全盤的認識和提供新的基本原理與材料機制。

如圖 2-19 所示，是台灣彰化師範大學物理系吳仲卿教授為研究磁區的大小、形貌和形狀的縱橫比(aspect ratio)對磁性膜中之磁區結構和磁矩翻轉效率的影響所設計的一系列磁區陣列。在厚度為 43 nm 的鐵鎳透磁合金(Fe-Ni permalloy)奈米薄膜上，利用電子束微影術(e-beam lithography)蝕刻出不同縱橫比和不同大小的長方形和橢圓形的磁性透磁合金單元，每一陣列中各有 49 個磁性單元，兩種形貌每一邊的尺寸都從 0.5 μm 變化到 7 μm。圖 2-19 即是以磁力顯微鏡(magnetic force microscope，MFM)觀測兩組磁性陣列薄膜所獲得的影像圖。該研究群對這一系列的磁性陣列奈米薄膜進行磁區結構、磁阻率和磁矩翻轉率的測量，獲得了下列多項研究結果：

(1) 成功地以電子束微影術完成微米級單層鎳鐵橢圓磁單元奈米級薄膜的製作。

(2) 以 MFM 分析不同形狀及不同橢圓率之鎳鐵合金磁膜的磁區結構。

(3) 根據微磁學理論模擬靜態及動態磁矩的變化，並與實驗結果比較，獲得極佳的一致性。

(4) 量測不同膜厚之橢圓磁膜的磁阻(magnetoresistance，MR)性質，以探討微觀磁區結構和宏觀磁阻行為之間的關係。

(5) 建立橢圓及圓環磁膜的即時磁阻(in-situ MR)量測及磁區即時掃瞄觀察的測量系統。

(6) 以 MFM 觀察分析橢圓磁單元在外加磁場及感應磁場下，磁區翻轉的情形。

(7) 探討此系列材料在磁性隨機存取記憶元件(magnetic random access memory，MRAM)上的應用潛力，並為未來的發展預先開發強而有力的支援技術。

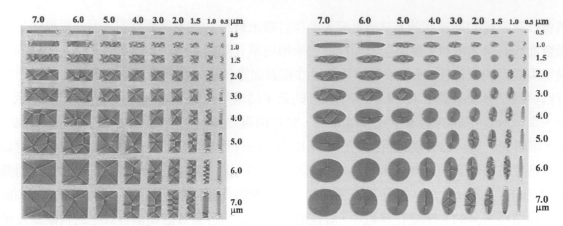

圖 2-19　透磁合金單元所形成之陣列奈米薄膜的 MFM 影像圖。(台灣彰化師範大學物理系吳仲卿教授所提供之圖片)

　　例如在探討奈米陶瓷微粒和陶瓷基體間的作用和性質時，則可以考慮將奈米陶瓷微粒和陶瓷基體以不同的方式組合形成四種不同型態的陶瓷-陶瓷奈米複合材料(ceramic-ceramic nanocompsites)，如圖 2-20 所示，圖中的圓形小點表示奈米陶瓷微粒，面積較大的六角形則表示陶瓷晶粒。以下對這四種不同型態的陶瓷-陶瓷複合材料做一簡單的介紹。

(1) 晶粒內的混合形式(intragranular type)：奈米陶瓷微粒是摻雜混合於尺度較大的陶瓷晶粒(左上圖)。

(2) 晶粒間的摻雜混合形式(intergranular type)：奈米陶瓷微粒是座落於粒徑較大的陶瓷晶粒之間(右上圖)。

(3) 陶瓷晶粒內/外混合式(intra/intergranular type)摻雜：陶瓷奈米微粒可均勻地摻雜於陶瓷晶粒內和晶粒間的間隙中(左下圖)。

(4) 兩奈米微粒混合式(nano-nanoparticles mixing type)：均是奈米微粒的兩陶瓷材料均勻混合的複合體系。

　　設計一系列不同形式的摻雜和不同粒徑之陶瓷微粒的加入，進行有系統的系列研究，將可分別釐清奈米微粒在陶瓷基體內和位在接面處的個別效應分別為何。甚至可做下列幾種變換：

(1) 奈米陶瓷微粒換成奈米金屬微粒、奈米磁性粒子或奈米介電粒子等。

(2) 將奈米微粒的等軸形貌更換成縱橫比大於一的奈米棒、奈米管或奈米纖維等；或

(3) 將陶瓷基體更換成金屬基體、特殊半導體基體或具黏滯性的溶液等。

則這些研究將對不同類別的材料、不同型態材料間、不同形狀的奈米單元等對整體物性的影響進行澈底的瞭解。

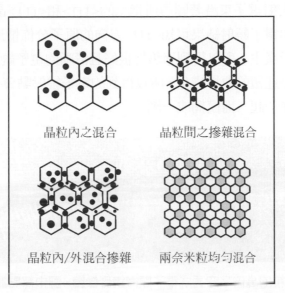

晶粒內之混合　　　　晶粒間之摻雜混合

晶粒內/外混合摻雜　　兩奈米粒均勻混合

圖 2-20　由奈米陶瓷微粒和陶瓷晶粒組合而成的四種不同組合方式和型態的陶瓷-陶瓷奈米複合材料(ceramic-ceramic nanocompsites)的示意圖，圖中的圓形小點表示奈米陶瓷微粒，面積較大的六角形則表示陶瓷基體

　　然而，奈米材料的結構體系有無數多種，在此實在無法一一探討，若欲清楚地明瞭奈米材料的各種特性，首先必須先充分瞭解奈米微粒的物理性質，因此本章大部分著重在奈米微粒的結構、形貌、和幾個較重要之奈米特性的詳細討論。

　　奈米級微粒的形貌(topology)以低倍率的電子顯微鏡觀測，則可發現通常呈現寬高比接近 1 的球體或接近球體的類球體形貌。在第 2-1-3 節裡有關粒子表面能量的討論中，曾提及在各種不同形狀的物體中，球體粒子表面單一原子的表面能量雖然可能較高，但通常球體粒子的表面積最小、表面原子數的佔有率也最少，所以，球形體的總比面積能有可能最低。故若沒有來自晶體異向性的因素或其他原因，奈米粒子因喜歡以擁有較低表面能和最低總自由能的形貌存在，所以在許多粉體製程中容易以近似球體的形狀呈現，特別是具均方性(isotropy，或稱等向性)晶格結構的奈米材料。

　　但若使用高倍率高解析度的電子顯微鏡系統觀測的話，可以在微粒子的表面上明顯地觀察到表面原子以台階式分佈的影像。如圖 2-21 為奈米γ-Al_2O_3微粒表面處的高解析度電子顯微鏡所測得的影像圖，圖中的黑點即為 Al 原子，在圖中左右兩側的表面處可以清楚地觀察到非常陡峭的原子台階，而微粒內部的原子則以特定的晶格結構相當整齊地排列

著。圖 2-22 則呈現直徑約 80 nm 的白金(Pt)奈米微粒的頂視圖和微粒表面處的高倍率電子顯微影像圖，圖 2-22(b)清楚地顯示奈米微粒表面處有不連續的原子台階變化。兩圖內位於左下方的小插圖是入射電子束沿著圖中所指示的<111>和<11$\bar{1}$>晶格方向照射進入後，所得的電子繞射圖。由電子繞射結果可知<111>方向的原子分佈情形較為規則，表面比較沒有不連續的變化情形產生，所以得到聚焦性很好且清晰的電子繞射點。但在<11$\bar{1}$>晶格方向的表面分佈有極不連續的曲折變化，所以得到的電子繞射點會產生嚴重的發散現象，以致數個繞射點重疊在一起，而模糊成一團。

圖 2-21　奈米 γ-Al$_2$O$_3$ 微粒的高倍率穿透式電子顯微鏡影像圖，圖中黑點為 Al 原子，在微粒內部的鋁原子以特定的晶格結構整齊地排列著，但顯像圖的左右兩側可見粒子的表面處呈現陡峭變化的原子台階

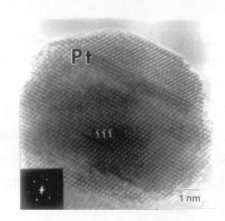 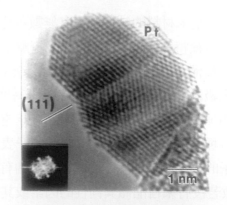

(a)奈米微粒的頂視圖　　　　　　　　(b)奈米微粒表面處的影像圖

圖 2-22　直徑約 80 nm 的白金奈米粒 TEM 影像

　　事實上，除了球形的奈米微粒外，經由不同的製備方法或改變製程條件，除了可以精確地控制材料的尺寸大小，還可以控制奈米材料的形狀，如本節一開始圖 2-9 至圖 2-13 中所提及的各種形貌都已經能夠透過製程獲得充分地掌控。2002 年大陸學者 Y. Sun 和 Y. Xia 更成功地採用化學熱解還原法(chemical polyol process)將硝酸銀 Ag(NO$_3$)熱解還原

成整齊實心的奈米 Ag 立方晶粒(nanocubic crystals)，經由控制 Ag(NO₃)的濃度和成長時間可製得不同大小的奈米立方晶粒。圖 2-23 和圖 2-24 顯示所得之銀立方晶粒的高倍率掃描式和穿透式電子顯微鏡的影像圖，以及電子繞射圖(electron-beam diffraction pattern，EBD)。影像圖發現每一批次中所製得的銀粒子體積大小幾乎相同，即具有狹窄的粒徑分佈(narrow size distribution)，且分散性極佳(monodipersion)，但奈米正立方體小方塊(nanocubes)的八個頂角在化學反應過程均略微地被沿著 20 度傾斜角的方向平截去一個小角而形成(111)的小晶面，如圖 2-23(b)和圖 2-23(d)中所示的立方晶粒。每一稜邊也被截成一個(100)或(110)的小晶面，如圖 2-23(d)中上方的插圖所示。圖 2-23(c)的插圖則呈現入射電子束垂直入射其中一顆奈米立方體的某一方形晶面所得的電子繞射圖，明確清晰且獨立整齊的繞射點顯示每一立方體均形成極高品質的單晶。X光繞射圖(X-ray diffaction pattern，XRD)證實此奈米 Ag 晶粒是以面心立方(face-centered cubic，fcc)結構成形。

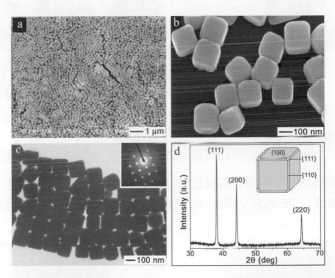

圖 2-23　濃度為 0.25 M 的硝酸銀 Ag(NO)₃ 經化學熱解法(polyol process)所製備得的 Ag 奈米立方晶粒(nanocubes)：(a)低倍率和(b)高倍率的掃描式電子顯微影像圖，圖(b)影像圖顯示奈米立方體的八個頂角和十二個稜邊在化學反應過程中均被截成小平面。(c) 同一批 Ag 奈米立方晶體的穿透式電子顯微鏡所得的顯像圖，圖內插圖為入射電子束垂直入射到其中一顆奈米立方晶粒中某一方形晶面所得的電子繞射圖，清晰獨立的繞射點顯示每一立方體均形成一顆顆非常高品質的單晶。(d)同批樣本的 X 光繞射圖，證實奈米 Ag 立方晶粒形成純淨的 fcc 立方結構。[節錄自 Y. Sun & Y. Xia，MATERIALS SCIENCE V298，No. 5601，pp. 2176-2179 (2002).]

　　所得之 Ag 奈米立方晶粒的大小和形貌會隨化學反應中製程條件不同而改變，如圖 2-24 顯示四種不同製程條件下所獲得之奈米 Ag 晶粒的 TEM 圖。四個影像圖的製程條件

除 Ag(NO)₃ 的濃度和成長時間兩參數不同外，大部分和圖 2-23 所得之樣本的製程條件相同。圖 2-24(a)和(b)是 Ag(NO)₃ 濃度均為 0.25 M，但成長時間分別為 17 分鐘和 14 分鐘時所得的立方晶粒。圖 2-24(c)和(d)則是 Ag(NO)₃ 濃度改為 0.125 M 時，成長時間分別為 30 分鐘和 25 分鐘所得到奈米立方晶粒。實驗結果發現在相同的 Ag(NO)₃ 濃度下，成長時間越長，所得晶粒越大；此外，Ag(NO)₃ 的濃度若降低，則所得的晶粒也會較小。但若 Ag(NO)₃ 的濃度過低，且成長時間不夠長的話，所得之晶粒的大小不一且形狀很不均勻。Kimoto 和 Nishidau 則曾觀察到奈米銀晶粒也會形成由等邊三角形晶面所形成的十面體，如圖 2-25 所示。

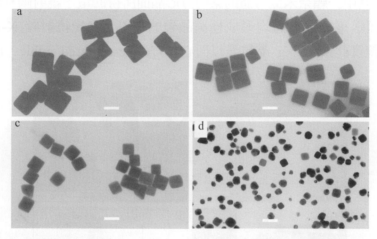

圖 2-24　四個不同製程條件下所得之奈米立方 Ag 晶粒的 TEM 圖(節錄自 Y. Sun & Y. Xia，MATERIALS SCIENCE V298，No. 5601，pp. 2176-2179 (2002).)

 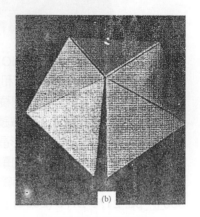

(a)高倍率穿透電子顯微鏡所得的微影圖　　　　(b)該形貌的示意圖

圖 2-25　單一奈米銀粒由等邊三角形晶面所形成的十面體形貌

　　此外，Y. Sun 和 Y. Xia 更進一步利用所得的奈米級銀立方晶體做爲模板，經下列化學還原置換反應過程：

　　　$3Ag(s) + HAuCl_4(aq) \rightarrow Au(s) + 3AgCl(aq) + HCl(aq)$

成功地獲得大小均一且分散性良好的「奈米金立方盒(Au nanoboxes)」。將圖 2-23 中所用的固態 Ag 立方晶粒放入濃度爲 1mM 的 $HAuCl_4$ 水溶液中，經混合反應後，即可得到圖 2-26 所示的立方晶盒。圖 2-26(a)和圖 2-26(b)是 $HAuCl_4$ 溶液分別爲 0.3 ml 和 1.5 ml 時，所得之 Au 奈米立方晶盒的 SEM 影像。立方晶盒內爲中空，且八個頂角也都被截去一角，被截的程度比作爲模板用的立方晶體大。圖 2-26(a)中某些立方晶盒的頂角截面處有小黑點，這些黑點是因所用的 $HAuCl_4$ 溶液量不足，使得化學置換反應過程中，立方晶盒沿著<111>方向成長的(111)晶面較不完整，以致產生一個小缺口，使得立方晶盒形成不是完全封閉的盒狀體。如果 $HAuCl_4$ 水溶液添加到足夠的量，則(111)面可獲得較大的面積量，使<111>方向上的缺口得以消失而密合，但相對地卻使得(100)和(110)晶面的面積變小。圖 2-26(c)和圖 2-26(d)則分別爲電子束垂直入射到兩奈米小方盒的方形晶面和三角形晶面上所得的電子束繞射圖，清晰、獨立且聚焦性非常好的繞射點充分說明了所得的 Au 立方晶盒具有非常好的結晶性，且結果顯示兩晶面分別具有很好的四重旋轉對稱(4-fold rotation symmetry)和六重旋轉(6-fold rotation)對稱性。

圖 2-26　利用圖 2-24 中的 Ag 奈米立方晶粒做爲模板(節錄自 Y. Sun & Y. Xia，MATERIALS SCIENCE V298，No. 5601，pp. 2176-2179 (2002).)

　　不同製程產生不同粒子型態的例子很多，例如使用氣相蒸發法合成的奈米鉻(Cr)粒，在鉻粒子尺寸小於 20 nm 時，比較容易於形成球體形貌，並且因球體表面原子大比例的未飽和化學鍵結和懸鍵的強活性作用，使得奈米粒容易以鏈狀形式聚結在一起，當奈米粒的數量太高時則會形成不規則的網狀結構。若成長到較大尺寸的粒子時，則容易形成α-Cr 相的粒子，則其粒子形態呈現近球體形狀或近方形體或矩形體的形貌。然而，實際粒子的

型態是由六個{100}晶面所圍成的立方體，有時這些立方體的稜邊或頂角會受到不同程度的截平，如同前述 Ag 立方晶粒和 Au 立方晶盒的情形。以類似的製程方法但不同的製程條件，所製得之δ-Cr 微粒的晶體狀態則多數爲 24 面體，是由 24 個{211}晶面所圍組而成的，當入射電子束垂直於(111)晶面射入時，粒子的截面投影則呈現六邊形。

奈米微粒內原子排列的晶格結構通常與大粒徑顆粒內存在的週期晶格結構相同或類似，但有時也會出現很大的差別。例如，用氣相蒸發法製備得的奈米 Cr 微粒內，奈米微粒內的原子主要是以具體心立方(body-centered cubic，bcc)的α-Cr 相結構排列，其晶格參數 a_o= 0.288 nm。但同時也可能含有一種和α-Cr 相完全不同的δ-Cr 相奈米微粒存在，δ-Cr 相的晶格結構爲 A-15 型結構，空間群爲 Pm3n。即使奈米微粒內的晶格結構大致與大顆粒內的結構相同，但仍然可能存在著某些小差異，如不同的晶格常數略有不同的對稱性。因粒子的表面能(surface energy)和表面張力(surface tension)會隨粒徑縮小而增加，且由於奈米微粒的比表面積大，也由於表面原子的最鄰近原子數小於粒子體內之原子的最鄰近原子數，所以會導致非鍵結電子對間的排斥力降低等情形。這些結果必然引起顆粒內部，特別是表面層處的晶格發生巨大的畸變。有人使用超精細結構延伸 X 光吸收光譜(Extend X-ray Absorption Spectrum of Fine Structure，EXAFS)測量技術研究 Cu 和 Ni 金屬原子團時，發現隨粒徑縮小，原子間的間距隨之會變小，所以導致晶格參數也隨之變小。Staduik 等人用 X 繞射測量的結果進行分析，發現 5nm 的 Ni 微粒點陣列的週期會較大顆粒的週期收縮2.4%。

以化學熱解法(chemical polyol method)讓金屬鹽類(如五羰鐵，Fe(CO)₅)在高溫下於還原溶液中將金屬原子還原出來的方法，可製備球體狀的磁性奈米 Fe 粒和磁性 FePt 合金奈米粒。此製程所得的粒子除了具有很好的分散性外，且粒徑均一，具有狹窄的粒徑分佈改變化學反應的條件可控制粒子的粒徑從 4 nm 至 1000 nm 之間。已有許多人利用此法製備具軟磁性的 $Fe_{1-x}Co_x$ 和 $Ni_{1-x}Fe_x$ 合金奈米粒，以及各種含鐵的磁性材料。圖 2-27(a)爲在沒有外加磁場下的情形，因無外加磁場的作用，所以奈米粒子呈現零磁矩，故粒子間沒有磁力的凝聚作用，所以可以均勻分散開來。奈米磁粒在外加磁場下，磁粒子會被磁化，使得磁粒子間因磁矩的磁化作用，而產生團聚在一起的鏈狀結構，如圖 2-27(b)所示。如圖 2-28即爲以相同方法製得粒子直徑爲 5 nm 的 Fe_3O_4 磁鐵礦(magnetite)奈米粒做爲核心，外層包覆油酸(oleic acid)有機分子所形成的核殼結構(core-shell struction)粒子之磁性週期陣列的高倍率 TEM 影像圖。中正大學物理系戴明鳳和化學系王崇人教授亦利用類似上述的化學熱解法，以不同的製程製備不同粒徑和不同形貌的γ-Fe_2O_3 奈米微粒，圖 2-29 爲不同製程批次下所得的 TEM 影像圖。圖 2-29(a)顯示粒徑～10 nm、分散性佳、粒徑均勻的球體形貌；圖 2-29(b)所示之微粒的粒徑和形貌雖都不均勻，但可見正三角、方形和矩形等不同粒子的形貌展現。

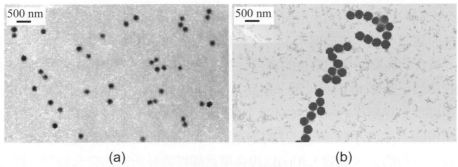

圖 2-27　以化學熱解法(chemical polyol method)製得之磁性奈米合金粒子的 TEM 影像圖

圖 2-28　以粒子直徑為 5 nm 的 Fe$_3$O$_4$ 磁鐵礦(magnetite)奈米粒做為核心，外層包覆油酸(oleic acid)有機分子所形成的核殼結構(core-shell struction)粒子之磁性週期陣列的高倍率 TEM 影像圖

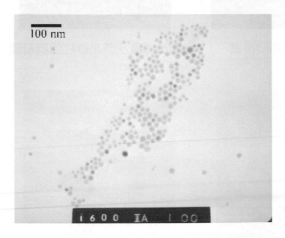
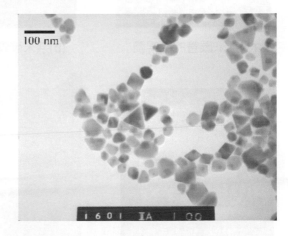

(a)分散性佳、粒徑均勻的球體形貌　　　(b)粒徑和形貌雖都不均勻，但可見正三角、方形和矩形等不同的形貌

圖 2-29　利用類似化學熱解法以不同的製程製備而得的γ-Fe$_2$O$_3$ 奈米微粒的 TEM 影像圖(取自中正大學物理系戴明鳳和化學系王崇人教授的合作研究的結果)

　　其他奈米材料所展現的粒子形貌分別呈現在圖 2-30～2-34 中供讀者參考，詳細製程和相關特性討論請參閱本書有關奈米材料製程部分或其他相關的參考文獻。週期表中所有元素裡，可具有的晶格結構和形貌的種類最豐富且多樣化者，則非碳原子莫屬，而其中又以碳奈米管為最。圖 2-30 則是以電子迴旋共振輔助化學氣相沈積(ECR -CVD)法成長所得之各種典型碳奈米管結構形貌的 SEM 或 HRTEM 影像圖：(a)為奈米碳管的頂視圖，(b)奈米碳管的側視圖，(c)海草狀奈米碳片的頂視圖，(d)海草狀奈米碳片的側視圖，(e)以鈷金屬為觸媒成長所得的奈米碳管，和(f)以鎳金屬為觸媒成長所得的奈米碳管。圖 2-31(a)則呈現高度一致且垂直豎立排列整齊的一束碳奈米管的 SEM 影像圖，圖 2-31(b)直立碳奈米管陣列中單根碳管的 HRTEM 側視圖，圖中碳管的管徑僅 4 nm 左右。圖 2-32 利用奈米球微影術(Nanosphere lithography)製備所得的奈米粒子週期排列陣列。圖 2-33 奈米白金(Pt)和鈀(Pd)晶粒披覆在氧化鎢 WO₃ 表面上的電子顯像圖，貴重金屬披覆在氧化物材料上可作為保護層、反應時的催化劑或敏化劑等特殊用途之用。圖 2-34 奈米白金微粒負載在低密度多孔隙之碳基體表面上的附著情形。

(a)奈米碳管的頂視圖

(b)奈米碳管的側視圖

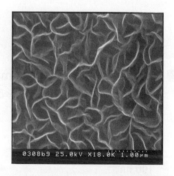
(c)海草狀奈米碳片的頂視圖

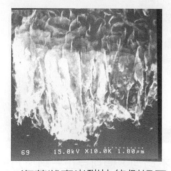
(d)海草狀奈米碳片的側視圖

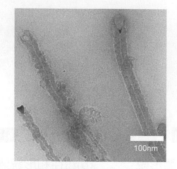
(e)以鈷金屬為觸媒成長所得的奈米碳管

(f)以鎳金屬為觸媒成長所得的奈米碳管

圖 2-30　以 ECR-CVD 法成長所得之各種典型碳奈米結構形貌的 SEM 或 HRTEM 影像圖

圖 2-31　(a)高度一致且垂直豎立排列整齊的一束碳奈米管的 SEM 影像圖，(b)直立碳奈米管陣列中單根碳管的 HRTEM 側視圖，碳管的管徑僅 4 nm 左右

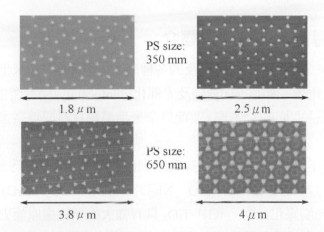

圖 2-32　利用奈米球微影術(Nanosphere lithography)製備所得的奈米粒子週期排列陣列

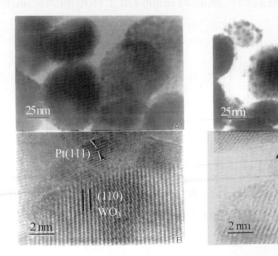

圖 2-33　奈米白金(Pt)和鈀(Pd)晶粒披覆在氧化鎢 WO₃ 表面上的電子影像圖，貴重金屬披覆在氧化物材料上可作為保護層、反應時的催化劑、或敏化劑等特殊用途之用

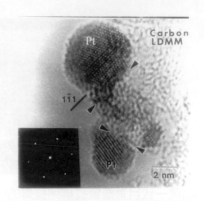

圖 2-34 奈米白金微粒負載在低密度多孔隙之碳基體表面上的附著情形

2-2-2 奈米半導體的各種性質簡介

奈米級半導體粒子因具有上述所提及的各種奈米效應，使得奈米半導體材料中許多性質，特別是光物理、化學、催化(catalysis)及光催化(photocatalysis)等產生許多特異的現象，因而使之快速地成為熱門的研究主題，並使得奈米半導體材料成為奈米家族中極重要的材料系統之一。

經過光的照射，自身雖不起變化，卻可進行化學反應的物質稱為光觸媒，葉綠素是植物在進行光合作用的光觸媒。TiO_2、ZnO、Nb_2O_3、WO_3、SnO_2、ZrO_2 等氧化物和 CdS、ZnS 等硫化物都是光觸媒化合物。其中 TiO_2 具有強大的氧化還原能力，化學穩定性高又無毒性，因此最常用來做為光催化劑，TiO_2 的光觸媒反應機制如圖 2-35 所示，紫外線照射在 TiO_2 超微粒時，產生電子電洞對，擴散到表面的電子和電洞與空氣中的氧氣和水蒸氣反應，其光化學反應式如下：

$$TiO_2 \xrightarrow{\text{光}} e^- + h^+$$
$$h^+ + H_2O \rightarrow OH + H^+$$

$$e^- + O_2 \rightarrow O_2^- \xrightarrow{H^+} HO_2$$
$$2HO_2 \rightarrow O_2 + H_2O_2$$
$$H_2O_2 + O_2^- \rightarrow OH + OH^- + O_2$$

光化學反應產生氧化力極強的自由基與離子，可破壞細菌的細胞膜，抑制病毒複製，更可除臭，分解對人類或環境有害的有機物，因此反覆進行的光化學反應有淨化環境作用。

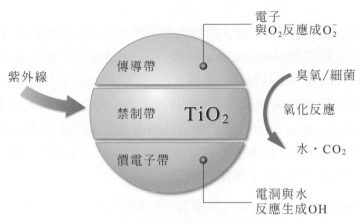

圖 2-35　光觸媒反應機制

　　介電性質和壓電性質是材料的二項基本性質，除了上述所談到的介電限域效應外，奈米半導體的其他介電性質，如介電常數(dielectric constant)和介電損耗(dielectric loss)與傳統常規半導體也有很大的不同。以下即略述奈米半導體材料的介電性質隨三個主要參數的變化情形、壓電性質和光電特性，以及與傳統半導體材料間的差異，並在此順便略提一點奈米半導體的光電轉換特性：

1.　壓電(piezoelectricity)特性：由粒徑在次微米級以上的半導體粒子所組成的常規材料，通常不具有壓電性質，即使某些半導體材料顯示具有壓電性質，然而，其壓電係數一般都相當低，以致在此特性上不具有應用的價值。但若將半導體粒子的粒徑縮小到奈米級的話，位於粒子表面處因有大量的表面原子，並且擁有大量的懸鍵和不飽和鍵結，以致位在界面處不僅含有大量的界面電荷(interfacial charge)，且電荷分佈不均勻，而且很容易因外在因素的變動而產生劇烈的變化。此外，在奈米級材料內具有極大面積和大比例的界面，導致在界面處容易形成大量的侷域化電偶極矩(localized electric dipole moments)和侷域化的偏極化強度(localized polarization)。所以界面處所提供的電偶極矩在總電偶極矩量中佔有相當高的比率。若外加壓力(external pressure)或應力(external stress)於此類奈米材料上，則原為任意指向(random orientation)的界面偶極矩在外加壓力的作用下，將使得大量侷域化的電偶極矩的指向易於被旋轉到易極化的方向或外加應力的方向，因而使得偶極矩的方向分佈發生變化，並產生巨觀的淨電荷累積，進而導致相當強的壓電效應。對應的粗晶半導體材料的粒徑若達微米級，則因材料內的晶粒界面急劇驟減至小於 0.01%，所以，可能導致材料的壓電效應銳減甚至消失。

2. 光電轉換特性：近年來許多研究人員致力於利用奈米半導體材料製作具奈米級孔洞、和大比面積的光電電池(photo-electric cells，PEC)，這些奈米光電電池因具有非常優異的光電轉換特性而受到極高程度的重視。1991 年 Gratzel 等人報導，使用經三雙吡啶釕分子敏化過的奈米 TiO_2 粒子成功地製作光電轉換電池，或稱太陽電池(solar cells)、也稱光電池(photovoltaic cells)。他們所製作的電池具有相當卓越的光電轉換特性，其光電轉換效率可達 12%，所產生的光電流密度大於 12 mA/cm^2。擁有如此優異的光吸收和光電轉換效率主要源自下列兩個因素：

(1) 含奈米 TiO_2 光電材料的多孔電極表面能夠吸附的染料分子數遠比普通電極表面所能吸附的染料分子數多，前者的數量可比後者數量高達 50 倍之多。

(2) 此外，也因極大的比表面積效應，使得太陽電池內每一個染料分子幾乎都可以和奈米 TiO_2 粒子直接接觸，使得經由光感應而得的載流子簡稱光生載流子(photon induced carriers)和界面電子之間可以直接且進行快速的光電轉移反應。

3. 介電性質改變：

(1) 介電常數隨頻率的變化：奈米半導體材料的介電常數隨測量頻率降低而具有明顯上升的趨勢，而常規半導體材料的介電常數通常比奈米者小，在低頻範圍內隨頻率降低所產生的介電常數上升速率遠遠低於奈米半導體材料的上升速度。

(2) 介電常數隨粒徑的變化：也就是材料的尺寸效應，在低頻範圍內，奈米半導體材料的介電常數會隨粒徑大小而變化。當粒徑很小時，材料的介電常數通常較低；隨著粒徑增加，介電常數會先變大再減小。當粒子粒徑達到某一臨界尺寸(critical particle size)時，介電常數會有一個極大值。

(3) 介電常數和介電損耗隨溫度的變化：奈米 TiO_2 半導體的介電常數對溫度的變化函數中，在某一特別溫度時會有一個介電極值的峰出現；介電損耗隨溫度的變化函數中，在相同的溫度處也會觀察到一個具極值的損耗峰。一般認為前者是由於半導體內的離子轉向極化後所造成的結果，而後者則是由於離子鬆弛(弛豫)極化(relaxation polarization)所造成的。

　　自此，許多科學家陸續使用各種不同材料的奈米半導體晶體研製光電池，ZnO，CdSe，CdS，SnO_2，WO_3，Fe_2O_3，和 Nb_2O_2 等奈米半導體晶體都適合用來製作光電池，且所得的光電池具有優異的光電轉移特性。雖然，奈米晶體可以製得高效率的光電池，但因在電池裡進行光電轉換過程中必備的敏化劑是價格非常昂貴的特定染料分子，加以目前奈米微粒的製作成本尚無法降低至符合市場的要求，以致光電池的成本和市面售價截至目前為止仍然居高不下，所以仍不適合作為一般日常的民生用品。除此之外，目前科學家們對染料敏化劑在奈米晶體所製的光電池中的光譜響應(spectrum response)情形，敏化劑與光電轉換對各種光源的光穩定性(photo-stability)等等特性仍不是十分地清楚，尚有許多相關問題有待進一步的研究，才能使奈米晶體的光電池成功地取代部分傳統電池，成為物美價廉的民生用品。

2-2-3　各種效應衍生出的應用

　　截至目前所論及的小尺寸效應、表面界面效應，量子尺寸效應及量子穿隧效應都是奈米微粒與奈米固體材料的基本特性。這些特性使得奈米微粒和奈米固體呈現許多新奇且特異的物理、化學性質，因而在許多材料的性質觀測上出現了一些所謂"反常的現象"，在此例舉一些有趣的例子：

1. 傳統金屬不論體積大小均屬於導體材料，但奈米級的金屬微粒在低溫時，由於量子尺寸效應所產生的電子能級分裂，使之不再具導體性質，而轉變為呈現電絕緣性的材料。

2. 一般 $PbTiO_3$，$BaTiO_3$，和 $SrTiO_3$ 等具類鈦酸鋇結構(perovskite-like structure)的氧化物均是典型的鐵電材料(ferroelectric materials)，但當這些氧化物的粒子尺寸進入奈米數量級後，鐵電性質逐漸消失，最後會變成順電體(paraelectricity)。

3. 鐵磁性物質的粒徑當進入奈米級(< 5 nm)尺寸後，由於磁粒中的磁區結構由多磁區態(multi-domain states)轉變成單磁區態(single domain states)，使得磁性奈米微粒於是顯示極強的順磁效應，即呈現超順磁性。

4. 由傳統微粒燒結而得的陶瓷結構體內，原子之間係以強而有力的共價鍵鍵結在一起，但若是使用粒徑僅為十幾奈米的氮化矽(Si_3N_4)奈米微粒所組成的奈米陶瓷結構體，則奈米粒表面已不再具有典型的共價鍵特徵，且界面間的鍵結構出現部分極性，使得在交流電下所測得的複數交流電阻(complex ac resistance)值很小。

5. 傳統的鉑(Pt)材料是為銀色，且具化學性質極為穩定的惰性貴重金屬。若製成奈米微粒，則其外觀會由銀色轉變為黑色，故被稱為鉑黑。且因尺寸效應和大比例的表面積效應使之從惰性物質轉變成為活性極好的催化劑。

6. 眾所週知，一般金屬的色澤是由於可見光照射到金屬表面，因對不同特定波長的可見光產生反射後，而顯現出各種美麗光澤所得的特徵顏色。然而，由於小尺寸和表面效應的存在，使得奈米金屬微粒的表面對所有可見光具有極強的吸收能力，致使奈米金屬微粒對可見光的反射能力顯著地下降許多，甚至下降至 1%以下。

7. 由較寬化的吸收光譜測量結果發現，奈米微粒所組成的奈米固體材料對不同波長的可見光具有均勻一致的吸收性，譬如奈米複合多層膜結構材料在 7~17 GHz 頻率範圍內的吸收峰高達 14 dB，而在 10 dB 水平的吸收頻寬則可寬達 2 GHz。

8. 晶粒尺寸約為 6 nm 的奈米 Fe 晶體的斷裂強度相較於一般多晶形(polycrystal)的 Fe 塊材高了 12 倍之多。

9. 奈米 Cu 晶體的自擴散率(self-diffusion rate)是傳統 Cu 晶體的 10^{16} 至 10^{19} 倍之多；而奈米 Cu 粒子在晶界處的原子擴散率也高達傳統 Cu 晶體的 10^3 倍。

10. 奈米金屬 Cu 的比熱則是傳統純 Cu 的兩倍；奈米固體 Pd 材的熱膨脹較常規 Pd 物質則提高了一倍。

11. 奈米 Ag 晶體作為稀釋致冷機(diluted refrigenerator)的熱交換器效率較傳統 Ag 材料高 30%。

12. 奈米磁性金屬的磁化率值比普通磁性金屬高 20 倍以上，但飽和磁矩僅為普通磁性金屬低。

習 題

1. 試述你所知道之奈米材料的光學性質。
2. 何謂小尺寸效應？
3. 體積效應和表面效應對不同粒徑的顆粒材料有何影響？
4. 何謂比表面積和比表面原子數？
5. 請說明為何奈米材料具有高化學活性的原因。
6. 奈米結構材料的組成方式有哪些典型的方式？
7. 綜述你所知道的奈米特性。

參考文獻

1.　K. Sattler，J. Muhlbach，E. Recknagel，*Phys. Rev. Lett.*，45，82 (1980).

2.　上田良二，固體物理，1 (1984).

3.　R. Kubo，*J. Phys. Soc. Jpn.*，17，975 (1962).

4.　A. Kawabata，R. Kubo，*J. Phys. Soc. Jpn.* 21，1765 (1966).

5.　A. Kawabata，*J. Phys. (Paris) Colloq.* 38，pp. 2-83 (1977).

6.　R. Kubo，A. Kawabata，S. Kobayashi，*Annu. Rev. Mater. Sci.* 14，49 (1984).

7.　L. P. Gor'kov，G. M. Eliashberg，*Zh. Eksp. Theor.* 48，1407 (1965); Sov. Phys.，JETP，21，940 (1965).

8.　R. Denton，B. Muhlschlegel，D. J. Scalapino，*Phys. Rev. B 7*，3589 (1973).

9.　J. Buttet，R. Car，C. W. Myles，*Phys. Rev. B 26*，2414 (1982).

10. R. Denton，B. Muhlschlegel，D. J. Scalapino，*Phys. Rev. Lett. 26*，707 (1971).

11. R. E. Cavicchi，R. H. Silsbee，*Phys. Rev. Lett. 52*，1453 (1984).

12. W. P. Halperin，*Rev. Modern Phys. 58*，532 (1986).

13. 張立德，科學，45，13 (1993).

14. P. Ball，L. Garwin，*Nature 355*，761 (1992).

15. 張立德、牟季美，奈米材料和奈米結構，科學出版社，2001.

16. 蘇品，超微粒子材料技術，復漢出版社(1989).

17. 張立德、牟季美，物理 21 (3)，167 (1992).

18. J. Lu，M. Tinkhan，物理 27 (3)，137 (1998).

19. D. L. Feldhein，C. D. Keating，*Chem. Soc. Rev. 27*，1 (1998).

20. K. Kimoto，I. Nishida，*J. Phys. Soc. Japn. 22*，940 (1967).

21. I. Nishida，K. Kimoto，*Thin Solid Films 23*，1979 (1974).

22. T. S. Yeh，M. D. Sacks. *J. Am. Ceram. Soc. 71 (10)*，841 (1988).

23. R. Birringer，H. Gleiter，H. P. Klein *et al.*，*Phys. Lett. 102*，365 (1984).

24. L. D. Zhang，C. M. Mo，T. Wang *et al.*，*Phys. Stat. Sol. (a)*，136，291 (1993).

25. H. Hahn，J. Logas，R. S. Averback，*J. Mater. Res. 5 (3)*，609 (1990).

26. G. A. T. Allan，Phys. Rev. B 1，352 (1970).

27. Z. M. Staduik，P. Griesbaoh，G. Debe *et al.*，*Phys. Rev. B 35*，6588 (1987).

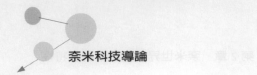
參考文獻

1. K. Sattler、J. Mühlbach、E. Recknagel，*Phys. Rev. Lett.*，45，821 (1980)。
2. 王國雄，《固態物理》，16 (1954)。
3. R. Kubo，*J. Phys. Soc. Jpn.*，17，975 (1962)。
4. A. Kawabata、R. Kubo，*J. Phys. Soc. Jpn.*，21，1765 (1966)。
5. A. A. Lushnikov，*J. Low Phys.*，Colloc 7A，pp 34-8 (1977)。
6. R. Kubo、A. Kawabata、S. Kobayashi，*Annu. Rev. Mater. Sci.*，14，49 (1984)。
7. C. Solliard、Ph. Buffat、F. Faes，*Z. Phys.*，D，284，48，1501 (1967)、*Surf. Phys.*，101，231 (1986)。
8. K. Deppe、E. Mühlschlegel、D. J. Scalapino，*Phys. Rev. B*，7，3549 (1973)。
9. Ph. Buffat、R. Car、C. W. Mays，*Phys. Rev. B*，76，2443 (1967)。
10. R. Denton、B. Mühlschlegel、D. J. Scalapino，*Phys. Rev. Lett.*，26，707 (1971)。
11. R. F. Voss、R. B. Silbey，*Phys. Rev. Lett.*，72，1453 (1984)。
12. W. P. Halperin，*Rev. Modern Phys.*，58，533 (1986)。
13. 張立德、牟季美，《奈米材料和奈米結構》，中國科技出版社，2001。
14. R. Ball、L. Garwin，*Nature* 355，761 (1992)。
15. 張立德、牟季美，《奈米材料和奈米結構》，中國科技出版社，2001。
16. 曹茂盛，《超微顆粒製備科學與技術》，哈爾濱工業大學 (1993)。
17. 蘇品書，《超微粒子材料技術》，復漢 (1989)。
18. J. Liu、M. Himmelhaus，*化學* 21，117，127 (1998)。
19. D. L. Feldheim、C. D. Keating，*Chem. Soc. Rev.*，27，1 (1998)。
20. K. Klabunde、*Nanoscale Materials in Chemistry*、*John Wiley & Sons* (2001)。
21. J. Nishio、Y. Kimishin，*Thin Solid Films*，39，1022 (1974)。
22. T. S. Ree、J. D. Schmidt，*J. Comp. Mat.*，7，(70)，841 (1973)。
23. R. Rothwarf、H. Genzer、H. Klein，et al.，*Phys. Lett.*，102，365 (1997)。
24. L. D. Zhang、C. M. Mo、J. Wang，et al.，*Phys. Stat. Sol.(a)*，136，291 (1993)。
25. H. Hahn、J. Logas、R. S. Averback，*J. Mater. Res.*，5 (3)，609 (1990)。
26. G. A. T. Allan、*Phys. Rev. B*，1，352 (1970)。
27. Z. M. Stadnik、P. Griesbach、G. Dehe、et al.，*Phys. Rev. B*，35，6588 (1987)。

Chapter **3**

奈米材料合成技術

3-1 簡介

　　傳統對於材料性質的模型和理論一般多以大於 100 奈米之"臨界長度"為假設基礎。當材料結構至少有一維在此臨界長度以下時，經常就會出現傳統模型及理論所無法解釋的行為。因此，各個領域的科學家無不希望製作及分析奈米結構，以發掘介於個別原子、分子及由成千上萬分子組成塊材之間之居間材料的新奇現象。奈米結構為材料製作提供了一個新的範例，它主要是利用次微米組合法(理想而言，利用自我組織及自我裝配法)"由下而上"(bottom-up)，而有部份以極小型化法"由上而下"(top-down)的將大結構鑿刻為小結構以製造奈米實體，如圖 3-1 所示。然而，我們才剛開始了解一些原理，並用於創造、設計與應用奈米結構，以瞭解如何利用最有效率的方法製作奈米元件與系統。即使是在製作之過程，奈米結構元件之物理及化學性質也才剛開始顯露。目前次微米和較大的元件都是以僅適用於長度大於 100 奈米之理論模型為基礎，在對物理、化學、生物特性及製作原理之瞭解上，以及在預測方法之發展上，有長足的進步，可提升我們的能力，以設計、製作及裝配奈米結構或奈米元件，使其成為一個能夠運作的系統。

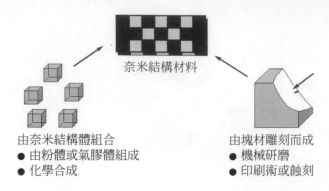

奈米結構材料

由奈米結構體組合
● 由粉體或氣膠體組成
● 化學合成

由塊材雕刻而成
● 機械研磨
● 印刷術或蝕刻

圖 3-1　奈米結構材料"由下而上"或"由上而下"之製程示意圖

奈米科技以及奈米尺寸製造發展之原因及重要性包括下列幾點：

1. 不同尺寸之奈米材料中，電子與原子之交互作用，將對材料造成不同影響。不需改變材料成份下，奈米尺寸之結構與設計，可以控制材料之基本性質，諸如磁性、電荷容量及催化活性等。譬如，不同粒徑之奈米微粒，可以放射出不同光頻率，而且奈米尺寸之單磁區微粒，使得磁元件之性質，有很大的突破。

2. 利用自組裝(self-assembly)方法，奈米科學與技術允許我們將人工元件組裝在細胞組織中，以創造新結構組織材料，這些材料更具生物匹配性。

3. 奈米材料之超高表面積，為應用於觸媒及其他反應系統，如吸收劑、藥物傳送、能量儲存以及化妝品等之理想材料。

4. 許多奈米結構材料，由於界面及粒徑細化之影響，一般比同成份之塊材更硬，但較不脆。奈米微粒小到無法有材料缺陷之存在，高表面能使其硬度奇高，適合製作超強之奈米複合材料。

5. 奈米結構比微米結構小好幾千倍，因此結構材料間交互作用速度相當快，很適合應用於需要極快速反應及高能量效率之系統。

奈米材料大致可分為奈米粉末、奈米纖維、奈米膜、奈米塊體等四類。依在空間所表現出來的形態則可分為：零維(zero-dimension)奈米材料：指一般的奈米微粒；一維(one-dimension)奈米材料：依形狀可分為奈米管、奈米線、奈米桿等；二維(two-dimension)奈米材料：指奈米薄膜；及三維(three-dimension)奈米材料：奈米塊材。其中奈米粉末開發時間最長、技術最為成熟，是生產其他三類產品的基礎。圖 3-1 顯示三種奈米材料之型態，包括奈米粉體、奈米結構薄膜及奈米碳管。其特性及應用分述如下：

一、奈米粉末

又稱爲超微粉或超細粉，一般指粒度在 100 奈米以下的粉末或顆粒，是一種介於原子、分子與宏觀物體之間，處於中間物態的固體顆粒材料。可用於：高密度磁記錄材料；吸波隱身材料；磁流體材料；防輻射材料；單晶矽和精密光學器件拋光材料；微晶片導熱基片與布線材料；微電子封裝材料；光電子材料；先進的電池電極材料；太陽能電池材料；高效催化劑；高效助燃劑；敏感元件；高韌性陶瓷材料(摔不裂的陶瓷，用於陶瓷發動機等)；人體修復材料；抗癌制劑等。

二、奈米纖維(奈米線、奈米管、奈米桿)

一維 (one-dimension) 奈米材料依形狀不同可大致分爲奈米管 (nanotube)，奈米線 (nanowire) 以及奈米桿 (nanorod) 幾類。分別針對其使用材料、合成方法與應用性做一介紹。

1. 奈米管 (nanotubes)：柱形奈米管的成長方式已吸引許多人的注意並發表不少相關文獻，其中應用最廣泛的是奈米碳管 (carbon nanotubes，CNT)。自 1991 年 Iijima 發現奈米管以來，此材料新形式即引起材料科學界的廣泛興趣。最初使用電弧放電法 (Arc-discharge) 製作產生奈米碳管，這方法是以石墨陰極與陽極封裝於混合氦氣與金屬和石墨粒子中，利用直流電電弧放電導致在陰極末端奈米碳管的沉積。碳蒸發過程可使用雷射、電子束…等，對於 CNT 的量產化是一重要技術。另外還包括幾個化學汽相沈積法 (CVD)，CNT 的合成是利用類似於碳纖維由汽相成長的設備，維持在爐溫 1100°C 下並以鐵粒子作爲催化劑。汽相成長法的優點是可將 CNT 連續製造並在相對條件下可提高碳的純度。

   在應用方面，奈米管是一維材料，表現出獨特的物理與化學性質。在電子性質方面，尤其像單層奈米管 (single-wall nanotubes，SWNTs)，可爲金屬或半金屬。奈米管表現出一維尺度的影響，可做爲具有一致性的量子線材。在機械性質上，奈米管在所有已知的材料中是具有高完美的結構。由於這些極佳性質，可將奈米管應用於電子場發射、掃瞄式顯微鏡探針、氣體儲存材料、二次電池電極材料、以及電容器。以結構性質的觀點，碳奈米管直徑在 1～20 奈米並且內部中空可讓物質填充，造成對氣體吸附能力的提升，做爲氣體感測器材料可提高其靈敏度。

2. 奈米線 (nanowires)：物質的磁特性受粒子大小、形狀所影響，磁性體的結構使物質能量加上磁能的總能量成最小。磁性體減小的話，可成爲單磁區結構。超順磁性可見於強磁性體、反強磁性體奈米粒集合體，如奈米線。在電子材料方面有導電體 Au、Pd、Ag、Pt 等貴金屬，Cu、Ni 等劣金屬，半導體及金屬氧化物等。使用奈米線，比起一般傳導配線可將高速高週波訊號以極少的損失傳播，也可使電子產品微細化。

3. 奈米桿(nanorods)：奈米桿是長度介於奈米粒與奈米線之間的形態，比奈米微粒較長。一般純金屬奈米微粒呈現是黑色色澤，但形成不同大小奈米桿則表現不同顏色。奈米微粒與奈米桿 Au 使用在生醫技術方面已有相當多的結果。可用於微導線、微光纖(未來量子計算機與光子計算機的重要元件)材料；新型雷射或發光二極體材料等。

三、奈米膜

薄膜是一種物質形態，它使用的材料十分廣泛，可用單元素或化合物，也可用無機材料或有機材料來製作薄膜。薄膜與塊狀物質一樣，可以是非晶態的、多晶態的和單晶態的。近年來複合膜和功能材料膜也有很大發展。成膜技術及薄膜產品在 IT 業上有多方面的應用，特別是在電子工業領域裡有極重要的地位。例如半導體積體電路、電阻器、電容器、磁帶等都應用薄膜。現在，成膜技術在電子元件、電子技術、紅外線技術、以及航空技術和光學儀器等各個領域都得到了廣泛的應用。它不只成為一門獨立的應用技術，而且成為材料表面改質及提高工業水準的重要手段。

日前製備法很多，如氣相生成法、液相生成法、擴散與塗佈法等等，以滿足日益發展的科學技術的要求。薄膜材料的製備方法和形成過程完全不同於塊狀材料，這些差別使它具有完全不同於塊狀材料的許多獨特的性質。由於薄膜材料製備過程的特殊性，導致薄膜材料所特有的性質和形狀效應。且合成塊狀材料的原料粒子的最小尺寸為 $0.01{\sim}1\mu m$，而薄膜是由尺寸為 Å 的原子或分子構成的超細粒子形成的。

因為薄膜化過程的特殊性而出現的異常結構和形狀效應，使它的機械性質、超導性、磁性、光學和熱學性質不同於塊狀材料。例如，薄膜材料具相當大的缺陷密度，因此其中的載流子遷移率明顯減小，薄膜一般都製備在基板上，由於薄膜和基板的熱膨脹係數不同，加熱時在薄膜中產生很大的內應力，使薄膜的超導轉變溫度升高。

除了材料的物性和應用外，材料的薄膜化可以節省資源，而且對於減少公害也是相當重要的。奈米膜分為顆粒膜與緻密膜。顆粒膜是奈米顆粒粘在一起，中間有極為細小的間隙的薄膜。緻密膜指膜層緻密但晶粒尺寸為奈米級的薄膜。可用於：氣體催化(如汽車尾氣處理)材料、氣體感測材料、過濾器材料、高密度磁記錄材料、光敏材料、平面顯示器材料、超導材料等。

四、奈米塊體

奈米塊材顧名思義即是將奈米級粒子混成巨觀組織材料，再以其優異的物、化特性應用在需改良之處，故科技發展至此階段，應是奈米科技已達一定程度的研發，方向已著重在工業材料開發應用、奈米生醫的臨床試驗、奈米技術商業化、逐步使「奈米技術」推廣進入日常生活中。主要用途為：超高強度材料；智慧金屬材料等。

在關於塊材應用的文獻報導中奈米級粒子以圓形顆粒狀、針狀、管狀、多角形等形式摻雜在各種基材之中，表現在外的光、電、半導性皆具優異性。在 Y.W. Wang 等研究半導 ZnO 奈米線製成塊狀材料，即利用傳統的 VLS 機制，可以在室溫下觀察到綠光的發射現象，其應用範圍主要在光電產業界。此外在 Nathalie Sanz 等人實驗下 1-cyano-1-(4-nitrophenyl)-2-(4-methoxyphenyl)ethene(CMONS)可在高濃度的溶膠-凝膠氣孔中長出奈米級 CMONS 晶體，其特異的二次非線性光學性質可在凝膠玻璃中形成奈米晶體，此外將 CMONS 奈米晶體置於光學性好的無機基材中，更可調整整個有機-無機奈米複合塊材的光學特性。

至於物質磁特性如 C. Lafuente 等早在 1998 年藉著有機化 Cu^{II}-CN-Fe^{III}分子團塊形成有機－無機 Langmuir–Blodgett(LB)膜，此 LB 膜在兩性分子之間具混成價電層，故形成巨觀組織之多層結構在低溫下有一 3D 強磁性。故藉著 LB 技術我們可以合成有趣的共磁性有機－無機奈米複材，以及高居禮溫度的 LB 膜，大大提升磁碟的工作溫度範圍。

將奈米級製成的巨觀組織塊材較之傳統塊材有更優之特性，我們可以將奈米特性保留下來做成實際日常產品，製作深具經濟價值的藥品、器材、零件、儀器、與塗層等。故奈米技術發展將會領導未來科技的發展，而研究終將付諸在商業行為上，如何將微小至肉眼看不到的微小顆粒做成各式各樣的工商應用，這將是科學研究者下一個難題。

奈米微粒獨特的形態與性質，引起人們開發新材料用途的興趣，因此進而發展出各式奈米材料的製造方法。奈米微粒之合成 1950 年代已開始進行研究，五十年來量產技術已相當成熟，而且目前商業應用也以奈米粉體為主流，本章節將針對奈米微粒之合成，有系統之介紹。目前奈米微粒的製法必須先認清目的，設法改良技術得到可以接近目的之奈米材料製法與其應用法。奈米微粒子製法要求的條件有表面清淨、可控制粒徑及粒度、容易捕集、安定而保存性良好、以及生產性高。因此，評列奈米粉體製備方法之優劣可以下列條件來評斷：

(1)　奈米微粒之純度及表面乾淨度。

(2)　奈米微粒之平均粒徑及粒度分佈。

(3)　奈米微粒之粒型及晶相穩定度。

(4)　奈米粉體是否容易團聚，二次粒子粒徑為何？

(5)　能長時間運轉、容易收集、安定而保存性良好。

(6)　生產成本符合商業化量產。

奈米材料的相關研究及合成方法非常的多，各領域人士莫不爭相提出新途徑的奈米合成技術，因此欲整理出清楚的合成系統十分的困難。過去常依合成過程中是否產生化學反應的變化，區分為物理及化學法兩大類而說明，如今來看似乎過於侷限在奈米粉體的製造

上，相較於目前材料開發上百花爭鳴的景象，實見其狹隘性；另也有學者根據其反應物的狀態，區分為氣相法、液相法以及物理粉碎法等。圖 3-2 表示奈米微粒的各種製造技術。本章節將針對氣相法、液相法詳盡論述，並對奈米碳管合成技術專節探討。

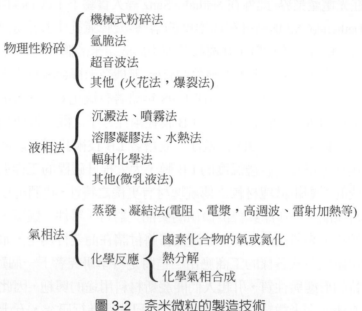

物理性粉碎
- 機械式粉碎法
- 氫脆法
- 超音波法
- 其他 (火花法，爆裂法)

液相法
- 沉澱法、噴霧法
- 溶膠凝膠法、水熱法
- 輻射化學法
- 其他(微乳液法)

氣相法
- 蒸發、凝結法(電阻、電漿，高週波、雷射加熱等)
- 化學反應
  - 鹵素化合物的氧或氮化
  - 熱分解
  - 化學氣相合成

圖 3-2　奈米微粒的製造技術

3-2　氣相法

　　氣相法具備滿足前述多項優良合成條件的要素，理由是乾淨，粒徑很一致、粒度分佈明銳，容易控制粒徑，最近被常用來生成奈米微粒。研究用或欲探索用途時，需要特性一定的奈米微粒，很適用氣相蒸發法，可作出金屬、合金、陶瓷、複合物、有機化合物的奈米微粒子。

　　氣相合成技術之發展可追溯至 1950 年代，為目前最主要之合成技術。其基本原理是利用氣相中的原子或分子在過飽和狀態時，將會開始成核析出為固相或液相。如在氣相中進行均質成核時控制其冷卻速率，則可漸成長為純金屬、陶瓷或複合材料之奈米粉體；若在固態基板上緩慢冷卻而成核並成長，則可長成薄膜、鬚晶或碳管等奈米級材料，如圖 3-3 所示。

　　一般原子、分子或離子凝聚生成微粒包括成核及長晶過程。成核現象有均質成核 (homogeneous nuclesation)及非均質成核(heterogeneous nucleation)兩種形態。均質成核是在無催化異質體下之成核現象，如在氣相中或懸浮之液相中無器壁下之成核，需要很高的過飽和濃度才能達到。非均質成核在催化異質體之協助下，如晶種或凝固器壁，很容易發生成核，所需能量比均質成核小很多。奈米微粒之合成需要靠均質成核之過程以達到粒徑小及分佈窄之目的。

氣相合成法，利用蒸氣凝聚生成液相均質成核或直接由氣相均質成核而生成結晶微粒。合成過程中皆藉助急速冷凝之過程，從高溫形成之蒸氣壓一到達低溫即形成過飽和現象。因此均質成核時溫度下之實際蒸氣壓 P_s，比該溫度下之平衡蒸氣壓 P_0，高出許多，使均質成核得以進行。以自由能來表示，如圖 3-4，在一定過飽和度下，成核的粒子在高能狀態及環境的影響下並不安定，我們將能克服熱力學能障而安定存在的最小粒徑稱為臨界核徑 r_c。

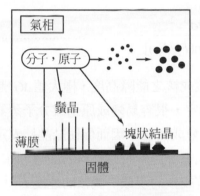

圖 3-3　氣相析出的固體型態

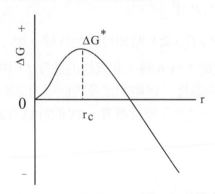

圖 3-4　自由能與臨界核徑 r_c 之關係圖

生成臨界核徑所需之自由能變化 ΔG，可以下式來表示：

$$\Delta G = 4\pi r^2 \sigma + \frac{4}{3}\pi r^3 \Delta G_v \quad\text{..}(3.1)$$

奈米科技導論

這裡σ、r、及ΔG_v分別為表面張力、生成球狀核之半徑及從氣相生成液相之單位體積自由能變化。而下標v代表單一原子或分子之體積。ΔG_v可以表示成：

$$\Delta G_v = -\frac{kT}{v}\ln\frac{P_s}{P_o} \quad\text{...(3.2)}$$

T與k分別代表原始固體材料的絕對溫度(K)以及波茲曼常數，P_s/P_o可稱為過飽和度(RS)。由圖3-4得知，要求得r_c及極大值ΔG^*，可由$\frac{\partial \Delta G}{\partial r}=0$關係得到。因此；

$$r_c = -\frac{2\sigma}{\Delta G_v} = \frac{2\sigma v}{kT\ln(P_s/P_o)} \quad\text{...(3.3)}$$

$$\Delta G^* = \frac{16\pi\sigma^3}{3(\Delta G_v)^2} = \frac{16\pi\sigma^3 v^2}{3(kT)^2[\ln(P_s/P_o)]^2} \quad\text{.......................................(3.4)}$$

結晶核之自由能變化代表成核之能障高度，極大值ΔG^*越小時能障越小，則越容易成核。當$r < r_c$時，結晶核不穩定，很容易變成原子或分子蒸氣而散掉。如能克服能障，使結晶核$r > r_c$，而自由能反而變成負值，因而促使結晶核安定開始成長。由上述可知，原始材料的表面原子因加熱或撞擊等因素脫離材料表面時，將之稱為初期粒子。若其達到過飽和狀態時($P_s \gg P_o$)即開始有成核的現象，成核的速度I，可由下列方程式表示：

$$I = I_o \exp\left[-\frac{16\pi\sigma^3 v^2}{3(kT)^3[\ln(P_s/P_o)]^2}\right] \quad\text{..(3.5)}$$

I_o為均質成核常數。當$RS(P_s/P_o) \geqq 1$時即可開始成核。RS之變化相當敏感，以261°K下之水蒸汽為例，RS由4變成5或6時，其成核的速度I，由10^{-10}變成$10^{-0.7}$或$10^{4.2}$。由此可知，方程式(3.5)主要受到溫度、過飽和比及表面張力之影響。

另一方面，若氣相合成是經由化學反應者，RS的計算方式則如下：

$$aA(g) + bB(g) = cC(s) + dD(g) \quad\text{...(3.6)}$$

$$RS = \frac{\left(P_A^a P_B^b / P_D^d\right)_{反應}}{\left(P_A^a P_B^b / P_D^d\right)_{平衡}} = K_{平衡}\left(\frac{P_A^a P_B^b}{P_D^d}\right)_{反應} \quad\text{.............................(3.7)}$$

這裡的P_A^a、P_B^b、及P_D^d分別為A氣體、B氣體、及D氣體之反應或平衡壓力，而$K_{平衡}$為方程式(3.6)之平衡常數。此處「反應」代表過飽和下之化學反應，而「平衡」代表該溫度平衡下應有之反應現象。

表 3-1　氣相反應法之平衡常數與粉體形成之可能性

反應系統	生成物	平衡常數(log kp) (金屬源 1 莫耳當量)		粉體之生成	
		$1000°C$	$1400°C$		
氧化物					
$SiCl_4-O_2$	SiO_2	10.7	7.0	○	
$TiCl_4-O_2$	TiO_2	4.6	2.5	○	
$TiCl_4-H_2O$	TiO_2	5.5	5.2	○	
$AlCl_3-O_2$	Al_2O_3	7.8	4.2	○	
$FeCl_3-O_2$	Fe_2O_3	2.5	0.3	○	
$FeCl_2-O_2$	Fe_2O_3	5.0	1.3	○	
$ZrCl_4-O_2$	ZrO_2	8.1	4.7	○	
$NiCl_2-O_2$	NiO	0.2	-	×	
$CoCl_2-O_2$	CoO	-0.7	-	×	
$SnCl_4-O_2$	SnO_2	1.0	-	×	
		$1000°C$	$1500°C$	$\leqq1500°C$	$\geqq1500°C$
氮化物及碳化物					
$SiCl_4-H_2-N_2$	Si_3N_4	1.1	1.4	×	
$SiCl_4-NH_3$	Si_3N_4	6.3	7.5	○	
SiH_4-NH_3	Si_3N_4	15.7	13.5	○	
$SiCl_4-CH_4$	SiC	1.3	4.7	×	○
CH_3SiCl_3	SiC	4.5	(6.3)	×	○
SiH_4-CH_4	SiC	10.7	10.7	○	
$(CH_3)_4Si$	SiC	11.1	10.8	○	
$TiCl_4-H_2-N_2$	TiN	0.7	1.2	×	
$TiCl_4-NH_3-H_2$	TiN	4.5	5.8	○	
$TiCl_4-CH_4$	TiC	0.7	4.1	×	○
TiI_4-CH_4	TiC	0.8	4.2	○	
$TiI_4-C_2H_2-H_2$	TiC	1.6	3.8	○	
$ZrCl_4-H_2-N_2$	ZrN	-2.7	-1.2	×	
$ZrCl_4-NH_4-H_2$	ZrN	1.2	3.3	○	
$ZrCl_4-CH_4$	ZrC	-3.3	1.2	×	
$NbCl_4-NH_3-H_2$	NbN	8.2	8.1	○	
$NbCl_4-H_2-N_2$	NbN	4.3	3.7	○	
$MoCl_4-CH_4-H_2$	Mo_2C	19.7	18.1	○	
$MoO_3-CH_4-H_2$	Mo_2C	10.0	(8.8)	○	
$WCl_6-CH_4-H_2$	WC	22.5	22.0	○	
金屬					
SiH_4	Si	6.0	5.9	○	
WCl_6-H_2	W	15.5	15.6	○	
MoO_3-H_2	Mo	10.0	5.7	○	
$NbCl_5-H_2$	Nb	-0.7	1.6	○	

表 3-1 顯示氣相反應法之平衡常數與粉體形成之可能性。當平衡常數在反應溫度下足夠大時才可能析出均一核，得到希望合成之材料。另外，雖然如 $SiCl_{4(g)}+CH_{4(g)}=SiC_{(s)}+4HCl_{(g)}$ 平衡常數夠大，反應低於 $1500°C$ 時，依然難以得到 SiC 粉體。只有當溫度高於 $1500°C$，SiC 才有辦法成核得到奈米微粒。在此，反應速度決定了 SiC 粉體之生成，換言之，高溫下動力學條件為成核主要促成因素。

對於高熔點碳化物或氮化物之工業氣相合成技術如表 3-2 所示，表中亦列示各合成方法可得到之粒徑範圍。各合成技術碳化物或氮化物微粒之生成過程包括下列三種：

A：反應物間之附加物粒子熱分解生成氮化物或氧化物之過程。

B：氮化物或氧化物之成核與晶粒成長過程。

C：金屬粒子之生成及其氮化或氧化過程。

表 3-2 中有些反應系因反應氣體混合溫度不同而有不同反應過程。以 $TiCl_4$-NH_3 系為例，生成之 TiN 會因生成過程不同使生成之形狀與大小不同，$TiCl_4$ 與 NH_3 之混合溫度低於 $250°C$ 時，$TiCl_4$ 與 NH_3 反應生成附加物粒子，在高於 $500°C$ 反應溫度下熱分解生成 TiN(過程 A)。當混合溫度高於 $600°C$ 以上，$TiCl_4$ 與 NH_3 產生氣相反應，TiN 成核進而晶粒成長為奈米粒(過程 B)。$TiCl_4$-NH_3 反應系得到的 TiN 粒子，經過程 A 可得到多孔性、球狀多結晶粒子，粒徑在 10-400 奈米之間。經過程 B，則得到單結晶狀粒子，粒徑在 100 奈米以下。

成核的速度及臨界核徑的大小，其中最大的變數乃是溫度(T)與過飽和度 (P_s/P_o) 之關係，因而影響成核粒子數。成核後粒子便開始成長，成長速度(J)可由下式求出。

$$J = 2\pi d_p D_o C_m \quad\text{...(3.8)}$$

D_o 代表成核粒分子與周圍載送氣體(carrier gas)分子間的擴散係數，d_p 表示粒徑，C_m 則是氣相中單金屬源分子的濃度。

氣相反應法在平衡常數大的條件下，可以幾乎達到百分之百之反應率。生成粒子大小 D_f 受到單位氣相中之成核粒子數 $N(cm^{-3})$ 及氣相金屬源之濃度 $C_m(mol \cdot cm^{-3})$ 之影響。

$$D_f = \frac{6}{\pi}\left(\frac{C_m M}{N\rho}\right)^{1/3} \quad\text{...(3.9)}$$

M 為生成物之分子量，ρ 為生成物之密度。另一方面，當微小粒子處於浮游狀態時，粒子會因彼此間的碰撞而產生凝集的現象，單位體積中粒子間的碰撞頻率 f，則可由下式表示：

$$f = 4\left(\frac{\pi kT}{m}\right)^{1/2} d_p{}^2 N^2 \quad \text{...(3.10)}$$

N 代表單位空間體積中的個數濃度，m 則是粒子的質量。當頻率越高時，粒子的大小會因凝集而明顯的增加。

由上述式子所代表的成核、成長速率以及凝集現象來看，無疑的，溫度將是其中最大的影響因素。溫度昇高時，游離粒子的濃度增加，蒸汽壓因而增加，碰撞的頻率也增加，可直接造就粒子的大小。而載送氣體分子與蒸發粒子間的作用則影響粒子成長的速度。因此，反應時間及冷卻速率直接控制了粒子的穩定及不再成長的機制，也關係到最終奈米材料的大小與型態，因此這蒸發溫度、載送氣體分子、反應時間、及冷卻速率四個因素是氣相合成法中最重要的控制因子。

表 3-2　氣相反應法生成氮化物及碳化物粉體之粒徑及生成過程

反應系統	反應溫度(°C)	生成物	粒徑(奈米)	粒子生成過程[b]	
$SiCl_4$-NH_3	1000-1500	SiN_xH_y[c]	10-100		A
SiH_4-NH_3	500-900	SiN_xH_y[c]	<200		A
$TiCl_4$-NH_3	600-1500	TiN	10-400	$T_M \leqq 250°C$	A
				$T_M > 600°C$	B
$ZrCl_4$-NH_3	1000-1500	ZrN	<100	$T_M < \sim 750°C$	A
				$T_M > \sim 1000°C$	B
VCl_4-NH_3	700-1200	VN	10-100	$T_M = 400\text{-}640°C$	B
$Si(CH_3)_4$	900-1400	SiC	10-200		A
$Si(CH_3)Cl_3$	Plasma	SiC	<30		(?)B
SiH_4-CH_4	1300-1400	SiC	10-100		C
$TiCl_4$-CH_4	Plasma	TiC	10-200		(?)B
TiI_4-CH_4	1200-1400	TiC	10-150		B
$NbCl_5$-CH_4	Plasma	NbC	10-100		(?)B
$MoCl_4$-CH_4	1200-1400	Mo_2C	20-400	$T_M > \sim 800°C$	B
				$T_M < \sim 600°C$	C
MoO_3-CH_4	1350	Mo_2C	10-30		C
WCl_6-CH_4	1300-1400	WC	20-300	$T_M > \sim 1000°C$	B
				$T_M < \sim 1000°C$	C

1. 碳化物合成時相對溼度大於 90%，氮化物合成時維持一般相對溼度，金屬化合物濃度在數%以下。

2. T_M：氮化物反應中為 MCl_4 與 NH_3 之混合溫度；碳化物反應中為 MCl_x-CH_4 系統與 H_2 之混合溫度。

3. Si_3N_4 中含有過剩之 N 與 H，1300°C 以上熱處理可得結晶的 Si_3N_4。

   A：反應物間之附加物粒子熱分解生成氮化物或氧化物之過程。

   B：氮化物或氧化物之成核與晶粒成長過程。

   C：金屬粒子之生成及其氮化或氧化過程。

3-2-1　氣凝合成技術

氣凝合成技術之發展可追溯至 60 年代，目前合成技術已近成熟。80 年代日本真空冶金已有金屬奈米微粒之商業化產品上市，主要應用於磁性記錄體材料及厚膜導電或電阻粉體。由於合成奈米微粒材料為目前開發新高性能材料之重要技術，合成技術的突破使這一系列材料之製造成本漸能符合商業需求。

此種製備方法是在低壓的惰性氣體中加熱金屬或在反應氣體中加熱金屬或前驅反應物，使其蒸發或裂解後形成奈米微粒(1～100 奈米)。主要加熱源有下列幾種型式：

(1) 電阻式加熱法。

(2) 電漿噴射法。

(3) 高頻感應法。

(4) 電子束法。

(5) 激光法。

(6) 放電法等。

以不同的加熱源、不同的氣氛和不同的氣氛壓力下，製備出來奈米粒子的粒徑大小和結構也有所差異；早在 70 年代，日本的科學家 Wada 就已經利用電阻加熱法進行實驗和歸納數種材料的粒徑大小和結構，如表 3-3 所示，在不同壓力的 Xe 氣氛下所製備各種金屬微粒粒徑大小的分布。另外，在 Ar 氣氛下以電阻加熱法所製備各種金屬微粒之顏色、形狀、晶格、及表面氧化物之不同，在表 3-4 中比較。

表 3-3　Xe 氣氛下所製備各種金屬微粒粒徑大小的分布

元素	晶格	粒徑大小(奈米)
Be	六方晶	100～400
Mg	六方晶	500～3000
Al	面心立方	100～400
Cr	β W type	50～100
Fe	體心立方	50～200
Ni	面心立方	5～60
Co	面心立方	10～20
Cu	面心立方	10～200
Zn	六方晶	50～200
Ag	面心立方	100～300
Cd	六方晶	100～400
Au	面心立方	30～200

表 3-4　Ar 氣氛下所製備各種金屬微粒之顏色、形狀、晶格、及表面氧化物

元素	顏色	形狀	晶格	表面氧化物
Be	黑灰	六角形盤狀	六方晶	BeO
Mg	灰白	六角形盤狀	六方晶	MgO
Al	黑	近球型	面心立方	
Cr	黑	複雜多邊形 立方或正菱形	基本的立方** 體心立方	
Mn	黑	類斜方十二面體形	⟨-Mn 或β-Mn(?)	MnO
		類四方體形	⟨-Mn 或β-Mn(?)	
		柱狀長方形	新發現晶格	
Fe	黑	斜方十二面體形	體心立方	Fe_3O_4
Co	黑	多面體具六方晶外形	面心立方	
Ni	黑	多面體具六方晶外形	面心立方	NiO
Cu	淡紅	複雜多邊形	面心立方	Cu_2O
Zn	灰白	多面體具六方晶外形	六方晶	ZnO
Ga	灰白	球形	非晶質	
Se	深胭脂紅	球形	非晶質	
Ag	淡灰 灰白*	多面體具六方晶外形或六角形盤狀	面心立方	
Cd	淡灰	多面體具六方晶外形	六方晶	CdO
In	黑	複雜多邊形	面心立方	
Sn	灰	具圓角之立方或四方形	四方晶	
Te	黑	複雜多邊形	面心立方	
Au	褐紅 淡	多面體具六方晶外形或六角形盤狀	面心立方	
Pb	黑	多面體具六方晶外形	面心立方**	PbO
Bi	黑	複雜多邊形	斜方晶	

*　此顏色為奈米微粒在較高溫之氫氣氛下得到。

**　分析之晶格與現有文獻有出入。

奈米科技導論

　　在氣體蒸發的過程中，蒸發的金屬原子會由蒸發源朝向艙壁移動。它們和氣體原子碰撞並釋放能量。因此，當金屬在蒸發源中蒸發時，其蒸汽便在氣體中冷卻。在蒸汽於臨界溫度以下冷卻之區域會發生凝結之現象，當凝結發生在較高的金屬蒸汽密度時，粒子會變得較大。因此，影響金屬奈米微粒製作之因素包括下列幾各因素。

1.　鈍氣之種類：Wada *et al.*指出相同壓力之下，在氬氣中產生的粒子會比在氦氣中產生的粒子大。當氦氣之壓力提高至氬氣的十倍時，得到的粒子與在氬氣中所得之粒子有相同的大小及形狀，在蒸發源附近生成的煙霧球的大小也會相近。由於 M_m/M_{Ar} 小於 M_m/M_{He}，在氬氣中每回碰撞所造成的能量損失會大於在氦氣中的耗損，其中 M_m 是蒸汽金屬的質量，而 M_{Ar} 或 M_{He} 是氬氣或氦氣的質量。因此在相同的壓力下，在氬氣中比起在氦氣中，金屬蒸汽的凝結會發生在較接近蒸發源之處。

　　就 Xenon 之情形而言，M_m/M_{Xe} 較 M_m/M_{Ar} 為小，其比值介於鈹之 0.18 及黃金之 0.82 之間。圖 3-5 中的實線為 M_m/M_{gas} 與金屬原子和靜止中的氣體原子碰撞時造成之能量損失的函數關係。由曲線可知，Xenon 之能量損失相對氬氣而言是較小的。對像鈹或鎂的輕金屬而言，在 Xenon 中的能量損失與在氦氣中是一般小。

　　圖 3-5 中的虛線顯示，在與氣體原子碰撞時金屬原子速度變化率(ΔV/V)與質量比例之函數關係。當 M_m/M_{gas} 大於 1 時，如氬氣或氦氣，金屬原子在碰撞之後其行徑方向不變但速度變小。但當 M_m/M_{gas} 小於 1 時，如 Xenon，金屬原子在碰撞之後其行徑方向不再不變，而會反彈。這表示金屬蒸汽難以擴散至 Xenon 氣體中。因此，凝結在 Xenon 中會較在氬氣或氦氣中發生在較靠近蒸發源之處。在相同的氣體壓力下，凝結在氦氣中會較在氬氣和 Xenon 氣中發生在遠離蒸發源之處，而得到較高之飽和蒸汽壓。因而在相同氣壓下，氦氣中可得到較小粒徑之奈米微粒。目前，大部分氣相合成法皆以氦氣為主要製程氣體。

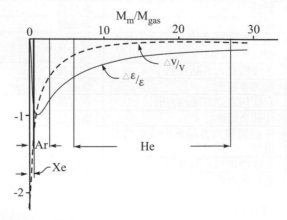

圖 3-5　能量損失及速度改變率與 M_m/M_{gas} 之關係

2.　氣體壓力之影響：蒸發之金屬氣體與氣體原子碰撞並損失能量。凝結出現在成核臨界溫度以下冷卻之煙霧球體之外的蒸氣中。當氣體壓力很高時，金屬蒸發原子的冷卻率以及和氣體原子碰撞的頻率增加。因此，成核凝結會發生在靠近蒸發源之處，而使凝結核有足夠的時間在被冷凝阱收集之前長大。當氣體壓力低時，凝結發生在遠離蒸發源之處，有較高之飽和蒸氣壓，成核速率高，成核數目多，因此粒子會較在高壓下小。

3.　蒸發溫度之影響：當金屬開始蒸發時，煙霧會在一定的溫度之下形成，例如 T_0，然後，在 t_1 時於 T_1 之溫度下穩定下來。蒸發金屬之煙霧在 t_1 時形成並持續至 t_2 時。前述之 T_1 溫度決定於電源功率，以及氣體之壓力和待蒸發之金屬量。穩定溫度之期間決定於帶電金屬之數量以及 T_1。在蒸發溫度低時，T_1 與 T_0 之溫度差小，而且穩定蒸發的時間$(t_2 - t_1)$相對較長，因為蒸發率較低之故。當在 T_1 收集粒子時，粒子大小之分配變得很窄。在高蒸發溫度下，它提供了一個高的金屬蒸汽流，金屬原子有更多的機會碰撞、凝結並形成大粒子。

4.　蒸發源與冷凝阱之距離：蒸發源與冷凝阱之距離決定金屬原子成核、成長到被捕捉所需之時間。距離越長，所需時間越長，奈米微粒相互碰撞機率增加，使奈米微粒之平均粒徑變粗，而粒徑分佈變寬。

　　奈米微粒生成是將各元素的原子、分子集合而成，具體方法是把奈米微粒子的原材料加熱、蒸發，原子或分子化，再凝結(包括成核、長晶過程)生成奈米微粒。在粒徑約 5 奈米之奈米微粒中，其組成原子數約 4×10^3 個；上限的 100 奈米則由約 3×10^7 個原子構成。以上四個因素為氣凝合成法控制產出平均粒徑以及粒徑分佈之製程條件。

　　為滿足奈米微粒的高機能與多機能性開發之目的，對於奈米微粒的生成法要求逐漸提高，如表面的清淨度、粒徑粒度的控制、收集的容易、保存安定性、生產性高等條件。為了滿足這些要求，以在惰性氣體中加熱使其金屬蒸發、凝縮的方法最為適用。同時，高熔點金屬或合金、金屬間化合物、陶瓷等的奈米微粒均可使用這種製程來製造。表 3-5 為應用於奈米微粒製程之加熱方式，可依加熱方式之不同將製造法分類。圖 3-6 顯示氣凝合成法中之直接加熱法、熱解反應法、燃燒火焰法及微波電漿法等合成方法之示意圖。

表 3-5　應用於奈米微粒製程之加熱方式

加熱方式	電能轉換方式		適用範圍
	轉變換方式	加熱方式	
焦耳熱源	電阻加熱	間接電阻	燒結
		直接電阻	蒸發、凝結
電弧熱源	電弧加熱	電弧	蒸發、凝結、液相法
		電漿	蒸發、凝結、氣相反應
高週波電場	誘導加熱(3～40MHz)		蒸發、凝結、燒結
利用電離子波衝擊發熱	電子束加熱		蒸發、凝結
	離子束加熱		—
	輝光放電加熱		—
電磁波	加熱、加工(0.12～11μm)		氣相反應、蒸發、凝結
	微波加熱		—

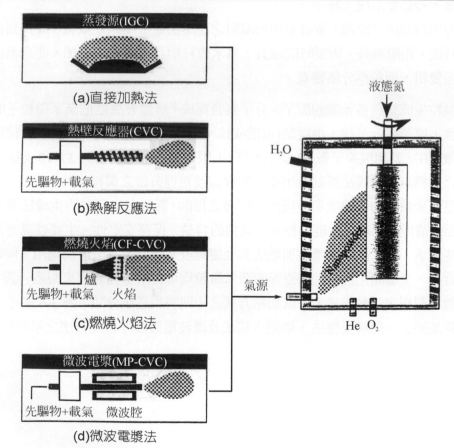

(a)直接加熱法

(b)熱解反應法

(c)燃燒火焰法

(d)微波電漿法

圖 3-6　氣凝合成法

以下分別介紹不同加熱方法所衍生之合成技術。

1. 電阻加熱法：利用電阻式加熱氣相法製備奈米粉體有下列的特點：

   (1) 粉體純度高。

   (2) 結晶組織好。

   (3) 可藉由調整惰性氣體的分壓、加熱的速率和溫度，來控制奈米粉體的粒徑大小；但相反的，技術和設備的要求也相對的提高。

　　這是實驗室裏最容易組裝的設備。簡單利用眞空裝置在鎢加熱體上承載蒸發原料，加熱蒸發，在惰性氣體或還原性氣體中，控制氣氛壓力，來決定奈米微粒的大小。奈米微粒可利用眞空蒸著裝置合成，裝置如圖 3-7 所示，有氣體導入用流量調節閥及氣體鋼瓶。方法是預先把蒸發原料充填於鎢製加熱船盤上，把蒸發槽內抽氣成 5×10^{-3} Pa(3.8×10^{-5} Torr) 的高眞空後，關閉眞空排氣用閥，從氣體導入系統導入 Ar、He 等惰性氣體，達到適合奈米微粒蒸發條件的壓力(例如 1-100Torr)，把蒸發用鎢製船盤加熱，加熱成比蒸發原料熔點高的溫度(例如高 200～500°C 的溫度)，則鎢製船盤周圍開始冒煙，類似蠟燭焰的周邊部，其煙中含有奈米微粒子，如圖 3-8。在密閉蒸發室中生成的奈米微粒子在蒸發面附近混入上升的周邊氣體而上升，當蒸氣到達此較冷區域時，遂開始過飽和析出，然後附著於液態氮冷凝阱，蒸發終了後，緩慢導入大氣，以毛刷收集附著於冷凝阱內壁之奈米粒子，一次蒸發(蒸發時間 4～5 分)可得重量約數十微克，粒徑小於 100 奈米的奈米微粒子。此方法適於合成高熔點金屬或金屬間化合物以及陶瓷等奈米粉體。圖 3-7 的設備也可用作化學氣相合成法。例如：在鎢船中置入鈦金屬，當鈦被蒸發成氣體時，若通入氨氣與氮氣當載流氣體下，則可生成氮化鈦奈米粉體。

　　電阻加熱原理是當電流(I)通過一電阻(R)時會產生熱能，其功率正比於 I^2R，產生之熱可以融化蒸發金屬源。電阻片一般選用高熔點材料，將欲蒸鍍之材料放於其上，然後加正負電壓於電阻片之兩端通以電流。此電阻片材料一般可選用化學性質較強的高熔點(T_M)材質，如鎢(W，T_M = 3380°C)、鉭(Ta，T_M = 2980°C)、鉬(Mo，T_M = 2630°C)或石墨(C，T_M = 3730°C)等。蒸發源之形狀有線狀：如螺旋狀，可爲單股絲及多股絲，欲鍍物插掛於螺旋環中。例如金屬源爲鋁，此時要用多股螺旋絲，因高溫下鋁會與電阻絲(一般爲鎢)成合金，而咬斷電組絲，此時若用多股絞合做成的蒸發源則可延長壽命。另外，如籃狀之蒸發源，將欲鍍物放於籃中，其材料可爲昇華之塊狀材料。還有如蚊香之蒸發源，若放置其中的欲鍍物會與電阻絲起作用，則可先在材料與電阻絲中放一陶瓷坩鍋。另外如舟狀：一般稱爲船(boat)，可盛蒸鍍材料。如小坑狀，可放較少量蒸鍍物，如 Ag、Au 等。有如槽狀，可放入大量蒸發物，如 ZnS、MgF$_2$、Na$_3$AlF$_6$、SiO$_2$、Ge、連續輸送 Al 條等，若材料

加熱後會與熱阻舟起化學反應則可加陶瓷內襯，若材料會因加熱產生濺跳則可加有孔蓋子。

　　電阻加熱法中的閃燃式(flash evaporation)是專為蒸發兩種以上不同蒸發溫度之混合材料而設計。方法是將蒸發源事先加熱至高溫，再把欲蒸鍍的混合材料以一小部份方式一次一次的丟入蒸發源，當材料一碰到蒸發源立即蒸發鍍上基板，可製作合金奈米微粒。熱電阻加熱蒸發法的好處是方便，電源設計簡單，價格便宜，蒸發源形狀容易配合做成各種形式。以電阻式加熱氣相法在不同氦氣壓力製備之奈米鐵粉體，可由圖 3-9 穿透式電子顯微照片看出，隨著氦氣壓力之增加，奈米鐵粉體之平均粒徑亦增加。圖 3-10 為生成煙在不同區域下的粒徑與分佈示意圖。在圖 3-10(b)Inner Zone 的位置粒徑大小幾乎完全一致、而在 Inner Front 圖 3-10(c)的位置粒徑大小比 Inner Zone 位置的粒徑要大許多，而且幾乎粒徑形狀呈現球形的狀態。圖 3-10(d)Outer Zone 的位置粒徑大小幾乎和 Inner Zone 一致，但粒子密度較為稀疏，在 Outer Front(即是 Outer Zone 的外部)如圖 3-10(e〜g)生成粒徑較不一致，並呈現複雜的鏈狀凝聚。

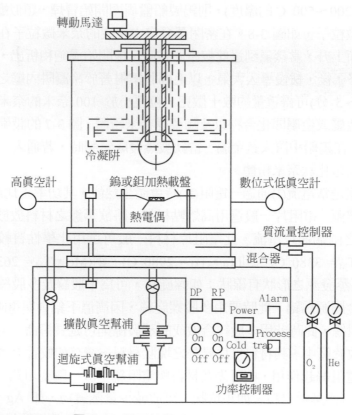

圖 3-7　電阻加熱法合成奈米微粒子

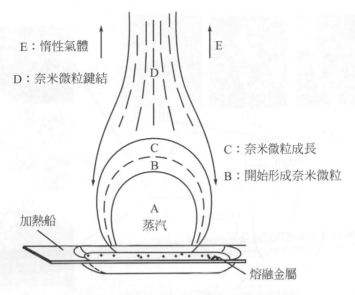

E：惰性氣體

D：奈米微粒鍵結

C：奈米微粒成長

B：開始形成奈米微粒

加熱船

A
蒸汽

熔融金屬

圖 3-8　蒸氣中奈米粉體的成長狀態

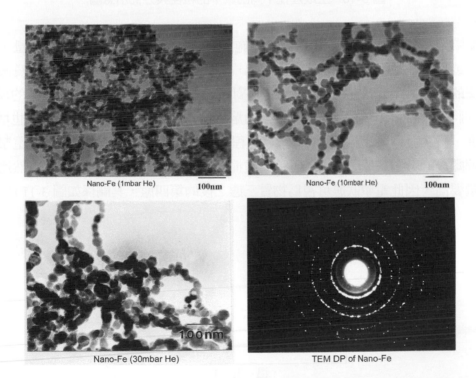

Nano-Fe (1mbar He)　　100nm

Nano-Fe (10mbar He)　　100nm

Nano-Fe (30mbar He)

TEM DP of Nano-Fe

圖 3-9　不同氦氣壓力下得到之奈米鐵微粒之穿透式電子顯微照片及電子繞射結構圖。結果顯示粒
　　　　徑隨氦氣壓力增加而變粗

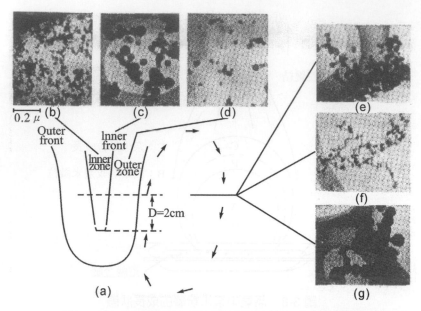

圖 3-10　生成煙在不同區域下的粒徑與分佈示意圖

2.　電漿噴射法：電漿(Plasma)是指將物質施加高溫、加速電子、或離子等能量，則會將分子或原子解離；持續從外部施加能量，分子或原子將會進一步解離為帶負電以及帶正電的離子，此種狀態稱之電漿。這種對電子提供能量而擺脫原子核束縛的現象，就如同將固體材料施加熱能使溫度提高而熔解為液體，隨著溫度增加，熱能也增加，液體進一步蒸發為氣體；不同的是蒸發過程只解離為組成的分子或原子。而電漿化則利用解離後的分子或原子在高能下彼此碰撞而形成帶電的離子，所需能量自然比解離的能量要高，因此電漿狀態可視為物質三態之後的第四態，其關係如圖 3-11 所示。

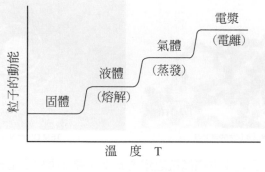

圖 3-11　物質四態

電漿反應主要是將反應氣體流經充滿中性氣體下，正負兩極所構成的電場，氣體分子經過帶電粒子衝撞而形成電離，使原本屬於絕緣物的氣體產生氣體絕緣破壞，失去絕緣作用後由電漿化進而成為導體化；而電漿電弧則是利用此原理，在正負極電場產生的直流電弧中，導入氣體分子，迫使氣體分子受到電弧的高熱而分裂成為帶電的熱離子，與電弧一起噴出打在蒸發材料上，由於高熱的電離氣碰觸在冷的蒸發材料上再次結合為氣體分子，釋放出大量的熱能而產生高溫進一步將材料熔化蒸發。電漿噴射加熱法即是以強力的直流電弧將陽極部的金屬加熱蒸發做成奈米微粒子。若要製作的材料是屬於氧化物等不導電物質則可與碳粉混合做成棒狀的陽極。通常在 1 大氣壓的 Ar 氣氛下就可產製。

　　目前最常被採用的方法，是將蒸發金屬材料置於水冷銅坩堝上，與斜方之電漿槍之間，先施加電壓產生高週波，使流過電漿槍內的 He、Ar 等惰性氣體電離，形成電漿電弧，再調節反應室中的載送氣體流量，可決定蒸氣壓並導引其至冷卻收集器上形成奈米粒子。反應室內增加電漿槍輸出時，可以看到金屬液面冒起很多煙，這個便是奈米微粒的氣流，利用控制氣氛之壓力可決定奈米微粒子大小。1989 年日本 Koizumi 等人，在以如圖 3-12 之電漿噴射法獲得美國專利，以製作奈米微粒。

　　近年來台北科技大學機械工程系蘇程裕教授改良電漿噴射製造奈米微粉設備如圖 3-13 所示。圖 3-14 為電漿噴射頭詳細設計圖。電漿槍的輸出約為 10 kW 時，可作出具有高融點金屬 Ta 等的金屬奈米微粒子，表 3-6 是常用的參數。

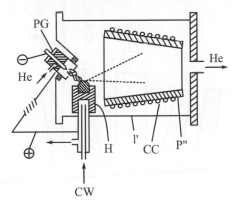

圖 3-12　電漿噴射式氣相合成裝置，是一裝置腔 1'中，塊材放在水冷(CW)銅坩堝 H 上，利用電漿槍(PG)產生之弧光照射，合成奈米微粒黏附在冷凝管(CC)之收集盤(P")的內壁上

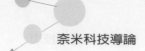
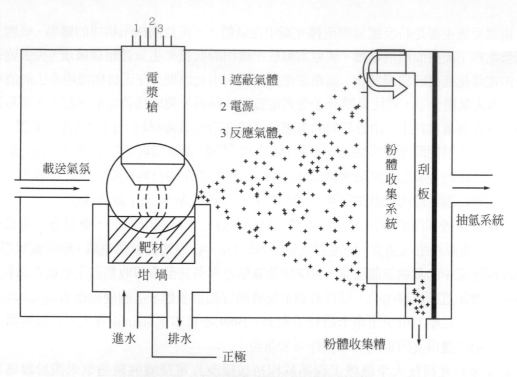

圖 3-13　電漿噴射製造奈米微粉示意圖

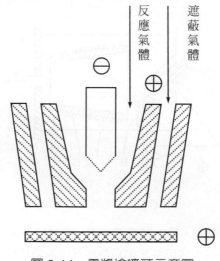

圖 3-14　電漿槍噴頭示意圖

表 3-6　電漿噴柱法生成金屬微粒的製程參數

種類	生成條件				生成速度(g/min)	平均粒徑(奈米)
	壓力(Torr)	電壓(V)	電流(A)	輸入(kW)		
Ta	760	40	200	8	0.05	15
Ti	760	40	200	8	0.18	20
Ni	760	60	200	12	0.8	20
Co	760	50	200	10	0.65	20
Fe	760	50	200	10	0.8	30
Al	400	35	150	5.3	0.12	10
Cu	500	30	170	5.1	0.05	30

3.　高週波加熱法：利用高週波感應加熱熔解金屬製備奈米粒子的方法具有豐富的商業化經驗，特色是進行蒸發的熔液溫度可保持一定，熔液內合金物均勻性良好，能以安定的輸出運轉長時間，工業生產規模的真空熔解加熱源有可達百萬瓦特(用高週波感應加熱的真空熔解最大級有 2000 kW 的輸出)。主要是藉感應攪拌作用在坩堝內攪拌熔液，使蒸發面中央和周邊不發生溫度差，而保持坩堝內合金的均勻性。

　　圖 3-15 是高週波感應加熱磁性奈米金屬粉製造用的試量產爐，反應室的直徑約 2 米高為 4.5 米。鐵及鐵磁性合金的蒸發溫度為 1800～2000°C，使用的氧化鋯坩鍋直徑 180 釐米，高為 130 釐米。He 氣從底部供應，金屬蒸氣經由一導管上升至沈積室，沈積速率為 300 克/小時，然後每隔 1 小時將其刮入收集室，直到 5 公斤的量到達，閥門關閉，緩慢導入氧氣表面鈍化金屬後，即可取出奈米微粒粉末。

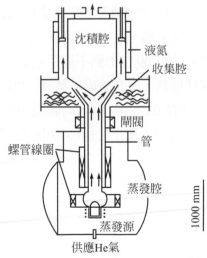

圖 3-15　Oda 高週波感應加熱磁性奈米金屬粉製造用的試量產爐，300 克/小時，每次可生產量為 5 公斤，操作溫度 1800-2000°C

4. 電子束加熱法：電子束加熱用於熔解、熔接、蒸著、微細加工等，通常在高真空中利用，在電子槍內出自陰極的電子經高電壓加速，所以需保持高真空(0.01 Pa 以下)，若氣壓太高電子束在系統內會發生異常放電，與殘留氣體分子反覆衝撞，電子束散射不能有效到達靶處，例如電子束加熱用於熔解時，使有靶的熔解室壓力保持高真空，必需用抽氣速度大的真空泵浦。

在蒸發氣體時，蒸發室通常需約 1 kPa 的氣體壓力，因此用電子束加熱時，須解決壓力的矛盾。從施加高壓加速電壓的電子槍到蒸發室的途中設置形成差壓的孔口，將各空間進行真空排氣，用電子透鏡把途中散射的電子束集束，送到蒸發室。電子束是投入熱量密度高的熱源，適合金屬的蒸發，特別是鎢、鉬、鉑等高熔點金屬蒸發，但因隨時經孔口排氣，生成的奈米微粒子很容易被吸入到電子槍。

高熔點物質的奈米微粒就必須使用高溫的蒸發熱源，岩間三郎設計如圖 3-16 之裝置，且製造出 Bi、Sn、Ag、Mn、Cu、Mg、Fe、Fe-Co、Ni、Al、Zn 等材料之奈米微粒，例如以 Cu 而言，50V、5mA 的電子束在 66 Pa 的 Ar 中 1 分鐘可得 50 mg 的奈米微粒子。在 N_2 中蒸發 Ti 可得到 10 奈米以下的立方晶體的 TiN。Al 在 NH_3 中蒸發則得到粒徑約 8 奈米的 AlN 奈米微粒子，在 N_2 中則無法生成。在壓力約 130 Pa 之 N_2 和 NH_3 中蒸發，Zr、Hf、V、Nb、Ta、Cr、Mr、W 等金屬皆可獲得 2～10 奈米的奈米微粒。此裝置在蒸發室正上方，裝有最終段孔口的差壓部改良氣體的導入口，從氣體導入口導入的氣體大部份流入蒸發室，保持生成奈米微粒子所必要的壓力，在孔口部形成朝向蒸發室的氣流，優點是防止生成的奈米微粒逃往電子束系、消除電子槍及電子束系內的污物、可長時間連續運轉。

在 W、Mo、Ta、Nb 等高熔點金屬，Zr、Ti 等活性金屬的蒸發，除了水冷坩堝以外，無法避免這些熔融金屬與坩堝間的反應(找不到不與這些熔融金屬反應的坩堝)，所以嘗試以電子束直接加熱無坩堝之線狀原料，使其熔融、蒸發，以防止因與坩堝反應而使不純物混入。在上述的線狀原料供給法，在 0.2～0.7 釐米的範圍內改變鎢線的線徑，調查蒸發量，其結果為隨線徑的減小，蒸發量增加；反比於線徑的平方；亦即線的截面積。

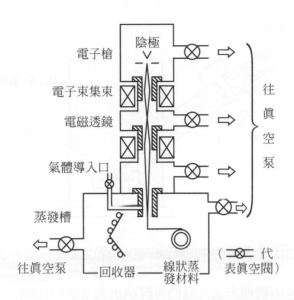

圖 3-16　以電子束加熱的奈米微粒子生成實驗裝置

5. 雷射束加熱法：雷射是生成奈米微粒子的獨特加熱法，優點是加熱源可置於反應系統之外，不受蒸發室的影響，不論金屬、化合物、礦物等材質均可被熔解、蒸發，加熱源(此時為雷射光源)不受蒸發物污染。

　　雷射束加熱製作奈米微粒之生成裝置與電阻加熱法雷同，唯雷射通過 Ge、NaCl 單結晶板窗。蒸發部用耐火坩鍋支持蒸發材料(須注意蒸發材料與耐火坩鍋的反應)。在雷射束輸出小的實驗階段，使用粉末原料為有效的方法；雷射束的輸出增大的話，可照射圓形原料而連續蒸發，隨蒸汽壓力的上升，粒徑增大，在 Ar 氣 1.3 kPa 生成的 SiC 奈米微粒子粒徑約 20 奈米。由 X 光繞射線強度可判定 SiC 奈米微粒子中的 Si 比率，得知氣體壓力愈高時 Si 之含量愈多。

　　圖 3-17 為雷射束加熱製作奈米微粒之基本設備示意圖。雷射照射物體，特別是金屬表面時，如何提高有效吸收的效率便成大家關心之問題，例如使用在金屬表面之光吸收性優於 CO_2 雷射的 Nd：YAG 雷射來使金屬蒸發。研究用的是平均最大輸出約 200W 的脈衝 Nd：YAG 雷射，其脈衝寬度 3.6 ms，一脈衝具有 20～33 J 的能量，在 He 等惰性氣體中進行脈衝照射，可製作 Fe、Ni、Cr、Ti、Zr、Mo、Ta、W、Al、Cu、Si 等金屬奈米微粒子。有人在活性氣體中進行相同的照射，生成氧化物或氮化物的陶瓷奈米微粒子，改變蒸發時的氣體壓力，可調節作出其不同粒徑之奈米微粒子。也有人把 CO_2 雷射的輸出集光於氣相中，在焦點附近產生大電場，把該處發生的脈衝電漿激起的氣相化學反應用於生成奈米微粒。

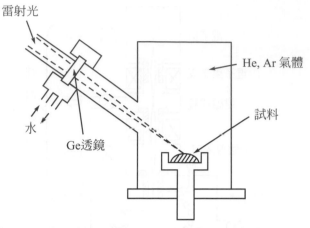

圖 3-17　為雷射束加熱製作奈米微粒之基本設備示意圖

　　縱觀以上描述的各項物理方法，我們可歸納出表 3-7，由其中可看出各加熱法可合成之奈米微粒子之種類及該奈米微粒的特性。另外，各種方法的生成氣氛也有所不同。由表 3-7 也可得知，其中電阻加熱法、電子束加熱法、電漿噴射法也可以看作化學方法的一種。

表 3-7　利用低壓氣體中蒸發法生成奈米微粒

名稱	加熱蒸發方式	生成氣氛	特徵
電阻加熱	電阻加熱器的形狀有船狀，燈絲狀，籃狀在加熱器上將蒸原料加以加熱及蒸發。	非活性氣體、還原性氣體 1～100 torr。	實驗室規模最容易組裝，但一次的生成量僅數微克。
電漿噴射	將水冷銅板內的金屬原料，以集束的電漿噴射方式來加熱。	非活性氣體 200～760 torr。	可用於研究室規模，量產(20～30 克/batch)幾乎所有的金屬都適用。
高週波感應	耐火物坩堝內的金屬原料，用高週波感應加熱，坩堝內有攪拌效果。	非活性氣體 1～50 torr。	粒徑控制十分容易，而且粒度集中，可用於大輸出，長時間連續運轉。
電子束	高真空電子束產生室與壓力約 1 torr 的蒸發室之間，利用狹縫保持電壓差，原料為導線狀。	非活性氣體、反應性氣體 1 torr。	可用於製作 Ta，W等高熔點金屬及 TiN，AlN 等高熔點化合物。
雷射光	將連續而高能量密度的線光源(CO$_2$ 雷射等)，透過視窗及透鏡在容器內收集後照射到原料上。	非活性氣體 10～100 torr。	蒸發容器構造簡單，金屬以外的化合物，礦物亦可蒸發，SiC 等金屬化合物亦適用。

3-2-2　濺射法

此法普遍用於半導體製程化合物薄膜的形成。其原理為 Ar 氣中輝光放電所產生的離子衝擊陰極靶材表面時，使靶材原子飛出，在真空中氣相成核並成長為奈米級顆粒進而於基材上沉積為奈米薄膜的方法。此方法不像上述氣相沉積法需將靶材加熱並熔解。目前也採用電弧或電漿的方式衝擊靶材使其表面原子濺射出來以生成奈米粒子。圖 3-18 為濺射法設備示意圖。濺射法製造奈米粒子的優點有：

(1)　不需熔融用坩堝，可避免污染。
(2)　濺鍍靶材可為各種材料。
(3)　可形成奈米薄膜。
(4)　能通入反應性氣體形成化合物奈米材料。
(5)　能同時使用多種靶材材料而生成奈米複合材料。

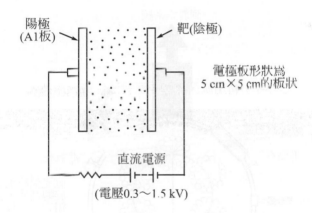

圖 3-18　濺射法製造奈米粒子設備圖

利用濺射法製造奈米粒子，粒子的大小及尺寸分佈主要取決於兩電極間的電壓、電流和氣體壓力。靶材的表面積愈大，原子的濺出速度愈高，奈米微粒的獲得量愈多。

另一製造方法是在高壓氣體中的濺射法，其原理是，當靶材達高溫時，表面產生熔化(熱陰極)，在兩極間施加直流電壓，使高壓氣體產生放電。例如 13 kPa 的 15%H_2 + 85%He 的混合氣體中，解離的離子衝向陰極靶面，使原子從熔化的靶材上蒸發出來，形成奈米微粒子，並在附著面上沉澱下來，再利用刮刀來收集奈米微粒。此種方法製作奈米微粒的優點為：

(1)　可製作多種奈米金屬，包括高熔點和低熔點金屬。常見的熱蒸發法只能適用於低熔點金屬。

(2) 能製作多元的化合物奈米微粒。如 $Al_{52}Ti_{48}$，$Cu_{91}Mn_9$，ZrO_2 等。

(3) 通過加大被濺射的陽極表面可提高奈米微粒的獲得量。

依據此原理慢慢的演變成為利用電漿濺射的方式，2002 年 Karl 等人發表利用電弧蒸鍍、ECR(電子迴旋共振加速)電漿以及磁控濺射方式結合組成的設備，將 TiN、TiCN、TiAlN 以及 TiAlCN 等材料蒸發附著在工具表面；目的是要增加工具本身的耐磨耗性質，並期望能在使用時不需加潤滑劑，例如絞牙、車削等。整體製程是在較低壓力空間下來生成奈米薄膜裝置如圖 3-19 所示，中心部位是六個環狀支持架構成的旋轉架用來放置欲進行處理的物品，再從支持架內部通入 1000 V 的偏電壓使被處理物進行預熱；先由兩個方形電弧陰極進行被處理物的蒸鍍工作，所得到的鍍層厚度約為 3～4 μm 作為抗磨耗層之用。接著由 ECR 和濺射裝置在進行過蒸鍍的表面再做處理，獲得的薄膜厚度共有四層每層約為 500 奈米，以類碳、類鑽層疊的排列來作為最後產品的潤滑與磨耗用。

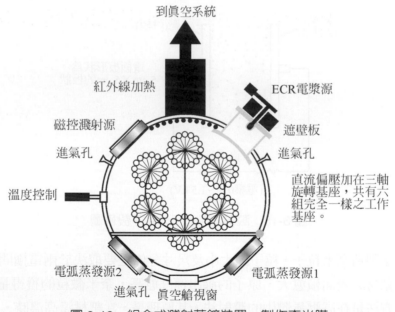

圖 3-19　組合式濺射蒸鍍裝置，製作奈米膜

3-2-3　流動液面真空蒸鍍法

流動液面真空蒸鍍法(Vacuum Evaporation on Running Oil Surface，VEROS)，其原理為在高真空狀況下蒸發的金屬原子，在流動的油面內形成奈米微粒子。其較一般製程最大的不同是，所製備好之產品為含有大量奈米微粒的糊狀油。詳細之製備過程如下所述：於高真空中利用電子束加熱使被加工物即金屬塊材形成金屬蒸氣。當水冷銅坩鍋中的蒸發原料

被加熱蒸發時，打開快門，使蒸發物質在旋轉的圓盤底下的面上。蒸發的原子在油膜中形成了奈米微粒子，油被甩進了真空室沿壁的容器中。將這種奈米微粒含量很低的油在真空下進行蒸餾，使它成為濃縮的含有奈米微粒子的糊狀物。圖 3-20 為其設備裝置圖。流動液面真空蒸鍍法之優點為可製備 Ag，Au，Pd，Cu，Fe，Ni，Co，Al，In 等奈米微粒，平均粒徑約 3 奈米，在一般製程利用惰性氣體蒸發法是難獲得這麼小的微粒。且粒徑均勻分佈，因此粒徑尺寸可以很容易的控制。

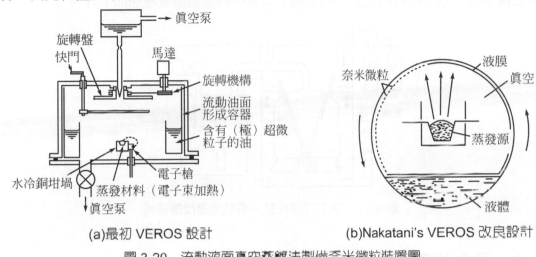

(a)最初 VEROS 設計　　　　　　　(b)Nakatani's VEROS 改良設計

圖 3-20　流動液面真空蒸鍍法製備奈米微粒裝置圖

3-2-4　活性氫-熔融金屬反應法

此方法的原理是由日本宇田所提出，氫電弧等離子體法，主要是在製備奈米微粒中以氫氣作為氣體，其作用可大幅提高產量，其原因是氫原子化合為氫分子時放出大量的熱，從而產生強制性的蒸發，使產量大幅度增加。其設備示意圖如圖 3-21。以奈米金屬 Pd 為例，此方法的產率可達 300 克/小時。另外，氫的存在可以降低熔化金屬的表面張力，從而增加了蒸發速率。利用此方法已經成功製備出三十多種奈米金屬、合金和氧化物。其中有 Fe，Co，Ni，Cu，Zn，Al，Ag，Bi，Sn，Mo，Mn，Ti，Pd，CuZn，PdNi，CeNi，Al_2O_3，Y_2O_3，TiO_2，ZrO_2 等。此法製備奈米微粒的特性有：

(1) 儲氫和吸氫性。

(2) 特殊的氧化行為。

(3) 薄殼修飾。

(4) 再分散特性。

含有氫氣的惰性氣體等離子與金屬間產生電弧用以熔融金屬，同時電離的惰性氣體

N_2 或 Ar 等氣體和氫氣溶入熔融金屬，然後使熔融金屬強制蒸發-凝聚，在氣體中形成了超微細的奈米金屬粒子，使用離心收集器和過濾式收集器來分離微粒和氣體而獲得金屬的奈米粒子。此法能製備各種金屬的高純奈米粒子及陶瓷奈米粒子，如氮化鈦、氮化鋁等，生產率隨著離子氣體中的氫氣濃度增加而上升，例如，Ar 氣體中的 H_2 氣體佔 50%時，電弧電壓為 30～40 V，電流為 150～170 A 的情況下每秒鐘可獲得 20 mg 的 Fe 奈米微粒子。此技術之優點為，奈米微粒的生成量隨著離子氣體中的氫氣濃度增加而上升。

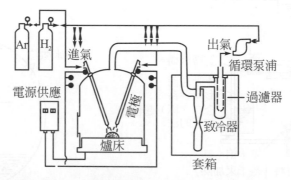

圖 3-21　宇田之活性氣－熔融金屬反應裝置

3-2-5　混合電漿法

　　前章節是利用電漿將金屬熔融揮發以得到奈米粉體。這裡主要探討特殊以電漿裂解反應物以生成奈米微粒之技術。電漿法因為不使用電極所以不會有電極蒸發或熔化，形成不純物混入電漿中；而且除了惰性氣體外還可使用反應性氣體，加上電漿空間甚大可使物質充分加熱、反應。因此在 1998 年 G.Viera 等人試著利用此 RF(射頻)電漿進行 Si-C-N 的生成研究。基本原理是在低壓低溫下將脈波電能調整為 RF 電漿後，將原料加熱反應而形成純度很高且粒徑大約為(10～100 奈米)的奈米粉末，反應過程中導入的 N_2 氣用來進行熱分解，在電漿焰末端則是以 NH_3 氣體進行反應性淬火；並藉由加入的混氣種類來了解 Si-C-N 奈米微粒的特性；例如加入混氣後產生 SiC、SiN 或 BN 兩類的粉體，一種(SiC)是特徵與奈米有密切關係；一種(SiN 或 BN)則是可以沿著燒結溫度(結晶化溫度)增加而達到具有高表面能量的粉體，所獲得的粉體粒徑約為 25～45 奈米左右。此種方法雖然堪稱多種製造方法較為優秀的製造法，但是在原料進入電漿過程中容易擾亂電漿焰而且電漿的安定性及高輸出化等問題則是有待加強與改善。圖 3-22 為一專利設計之 RF 電漿連續製造奈米微粉粒裝置。

　　為改善 RF 電漿之不穩定性及電效率低之問題，因此發展出混合電漿技術，不同電漿型態之比較如圖 3-23。混合電漿主要是以工業用 RF 電漿爲主要加熱方法，在 RF 電漿模式中組合直流(DC)電漿成爲混合的形式，生成裝置如圖 3-24 所示。直流電漿不怕干擾，弧柱穩定，但有電極腐蝕問題，且直流電漿中氣流速度比 RF 電漿中快，對反應氣體之加熱效應差。結合兩種電漿，將可以互補保留彼此的優點。

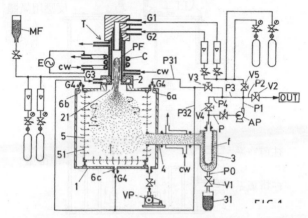

圖 3-22　是圖解說明 RF 電漿連續製造奈米微粉粒裝置，具有用 RF 電漿連續生產出奈米微粒的特徵。在這圖中，T 代表 RF 的電漿吹管，E 代表 RF 電源供應，C 是一感應線圈連接 RF 電源 E，1 是反應腔，2 是原料提供在打開吹管和腔 1 間，3 是收集器，4 是連接腔 1 和收集器 3 的導管，中心氣體 G1 是由所提供的元素構成由封閉末端方向傳送到高溫電漿 PF 區等

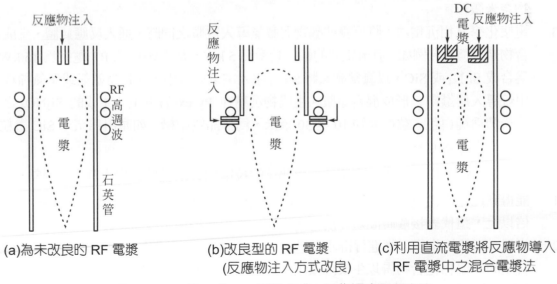

(a)為未改良的 RF 電漿　(b)改良型的 RF 電漿(反應物注入方式改良)　(c)利用直流電漿將反應物導入 RF 電漿中之混合電漿法

圖 3-23　(a)及(b)為 RF 電漿方式，(c)為混合電漿方法

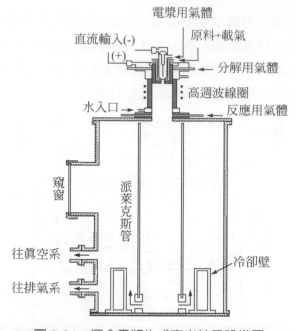

圖 3-24　混合電漿生成奈米粒子設備圖

　　從上述設備說明可知，本技術製備奈米微粒的方法可分為下列三種：

1.　電漿蒸發法：將大顆粒金屬與載氣導入電漿中，揮發形成奈米金屬微粒。

2.　反應電漿蒸發法：將大顆粒金屬與載氣導入電漿之同時，通入反應氣體，以形成化合物奈米微粒。

3.　電漿化學氣相沉積法：將反應前驅物與載氣導入電漿之同時，通入反應氣體，生成化合物奈米微粒。例如，直流電漿的輸入功率為 5 kW，而 5 MHz 的 RF 電漿為 15 kW。為合成 Si_3N_4 或 SiC，以氫當載氣將 $SiCl_4$ 注入電漿火焰中，同時將氨氣或氫氣稀釋之甲烷導入尾焰中，形成混合電漿。生成物沉積在 Pyrex 管壁上，生成的 Si_3NO_4 之奈米粉體為純白色，粒徑大約 10 至 30 奈米，為非晶質結構。如產出為奈米 SiC 微粒，其結構為 β-SiC。

　　在奈米粉體製備過程中，電漿技術與傳統的技術如火焰燃燒法相比有許多優點：

1.　能得到比化學燃燒高 5 倍以上的溫度(可達 30,000°K)，而加熱速度比化學燃燒快 10 倍以上，這代表接觸時間短，反應速度快，減少熱損失，提高熱效率。

2.　高溫、高熱使化學反應進行得非常迅速，達到平衡所需時間短，導致化學液相法難以合成的高溫相化合物得以生成(如氮化物、碳化物、硼化物等)。

3.　原料離開電漿時，顯現出特別高的冷卻速度(～106°K/s)，把生成物"凍結"在一種特殊狀態，這種狀態物質的物理化學性質是在一般冷卻速度下所不能獲得的。

4. 奈米粉體不需粉碎，生成的粒子較少凝聚，容易製得粒度分佈範圍窄的奈米微粒。

5. 在較少的加工步驟下可獲得高純度粉體材料而其副產品為氣相，廢氣處理比較容易，不污染環境。

6. 反應物選擇範圍寬(氣態、液態、固態)。

7. 由於是經由電子控制生產過程，生產過程容易自動控制。但電漿製備過程也有其缺點，就是生產成本相對較高，只適於製備附加價值較高的產品。

3-2-6　電弧放電法

將導電電極插入氣體、液體等絕緣體中，提升兩極電壓至一定值，電極間會產生電弧而放出大量能量，其火花放電過程稱為電弧放電法。火花放電瞬間放出大能量除出現高溫外，並可產生巨大的機械能，將電極本身即被加工物切割成微粒。以火花放電法可製備氧化鋁粉，如在鋁顆粒反應槽內加入純水，並在水槽底下放入鋁金屬顆粒，利用鋁顆粒間的火花放電形成 $Al(OH)_3$ 泥漿，再將此泥漿經過乾燥處理，即可製得超細微的氧化鋁粉體。

應用電弧放電系統，可以改善奈米微粒聚集的狀況，整個實驗設備主要由加熱裝置、壓力平衡系統、溫度控制系統及參數控制系統組成。此製程所生產出來之微粒均勻分佈於冷卻液中，可減少收集時的聚集現象及粉體飛揚情形，具奈米流體的優點。

電弧製造系統，整個實驗之裝置如圖 3-25 所示，主要由伺服系統控制電壓電流、真空腔、水流抽氣幫浦、冷凝器、幫浦、真空計、溫度計、蠕動幫浦、及微粒過濾系統等。伺服系統控制電壓電流可提供穩定之電弧做為生產微粒所需之熱源，藉由此系統可設定或調整所需之電流、電壓、脈衝時間(pulse duration)、放電休止時間(off-time)、伺服進給速度、間隙等重要製程參數。水流抽氣幫浦保持真空腔內適度之真空壓力，真空腔內以去離子水或絕緣油做為冷卻液，金屬塊材置於真空腔底部，並與電弧系統上之相同材料棒材保持適當之間隙。溫度控制系統則使真空腔內之冷卻水能達到穩定的低溫狀態，以利於晶粒成核，同時抑制晶粒之生長，而獲得尺寸較小的奈米微粒。電弧將產生 6000～12000°K 之高溫，在發生電弧之微小區域，材料被熔融而蒸發，而局部發生的電弧使冷卻液也同時局部加熱且急速氣化，並使體積膨脹，藉著周圍冷卻液體之慣性封閉作用而產生奈米級的微粒。

以純銅為例，經汽化及凝結過程後在去離子水中產生銅微粒，將因水之分解而氧化，而得到針狀奈米氧化銅分佈於冷卻液中，結果如圖 3-26。分佈於冷卻液中之針狀奈米氧化銅流體穩定後可直接應用，對於後續的應用發展有相當的優勢。形成針狀奈米氧化銅，主要由於高電弧下容易解離水分子，形成活化氧與銅元素快速反應，而得到針狀奈米氧化銅。其反應過程如方程式(3.11)及(3.12)。

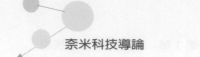
奈米科技導論

$$H_2O_{(l)} \xrightarrow{\text{Plasma}} 2H_{(g)} + O_{(g)} \qquad \Delta H_f^o = 970.93\,\text{kJ/mol} \quad \text{..(3.11)}$$

$$2H_{(g)} + O_{(g)} + Cu_{(S)} \longrightarrow CuO_{(S)} + H_{2(g)} \qquad \Delta H_f^o = -842.4\,\text{kJ/mol} \quad \text{........................(3.12)}$$

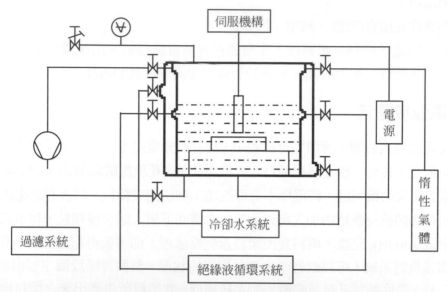

圖 3-25　電弧放電法設備裝置

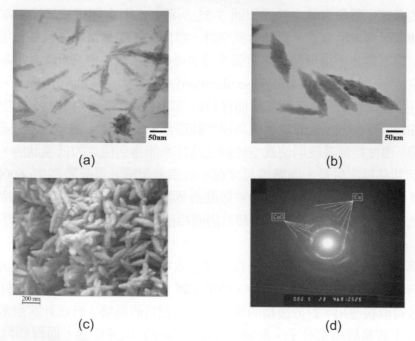

圖 3-26　(a)和(b)是針狀奈米氧化銅之 TEM 影像(c)SEM 影像(d)TEM 電子繞射圖

3-2-7　導體電爆炸法

　　當高密度脈衝電流通過金屬導體時所發生的導體爆炸性破壞現象稱為導體電爆炸。導體爆炸的產物是金屬蒸氣，這種金屬氣體在導體周圍的氣氛中高速飛濺，在分散過程中，爆炸產物被激冷並形成高分散粉體。導體電爆炸法適用於工業上連續生產奈米金屬、合金和金屬氧化物奈米粉體。其原理是將金屬絲固定在一個充滿惰性氣體($5×10^6$ Pa)的反應室中。絲兩端的接頭為兩個極，導體電爆炸可通過 LC 迴路設計實現。當施加 15 kV 的高壓，金屬絲在 500～800 kA 電流下進行加熱，一般來說電流密度超過 10^7～10^8 A/cm^2，融斷後在電流中斷的瞬間，在融斷處放電，使熔融的金屬在放電過程中進一步加熱變成蒸氣。並且在惰性氣體碰撞下形成奈米金屬或合金粒子沉澱在容器的底部。最簡單的電爆炸法裝置示意圖如圖 3-27 所示。

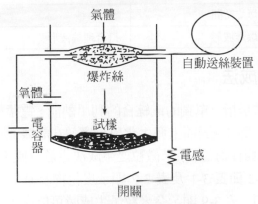

圖 3-27　電爆炸法裝置示意圖

　　利用電爆炸法亦可製作一些易氧化的金屬的氧化物奈米粉體，例如製作氧化鋁微粒，事先在惰性氣體中充入一些氧氣。得到的氧化鋁微粒其形狀為球形。若將已獲得的金屬奈米微粒進行水熱氧化，此時得到的氧化鋁為針狀。利用這兩種方法製作的奈米氧化物有時會呈現不同的形狀。研究發現，當爆炸能量 E>0.6～0.7 E_c(E_c 為金屬的昇華能)作用在導體上時，首先是液體金屬表面產生爆炸形成大小為 10 奈米左右的奈米顆粒(團簇聚集體)，顆粒的進一步長大取決於這些奈米顆粒的凝結和凝聚過程。不同的工作參數和不同的工作氣氛，電爆炸方法可以製備高純度、粒度分佈均勻的金屬奈米微粉，也可以製備奈米化合物粉體。表 3-8 為相關製程參數可供參考。

　　利用電爆炸方法原則上可以製備任何可製成絲的金屬奈米粉體。通過控制製備過程的各種參數可以得到平均顆粒度從 30～40 奈米到 500 奈米，比表面積從 2 m^2/g 到 50 m^2/g 的奈米金屬微粉。100～200 奈米的顆粒通常是由 10 奈米左右的顆粒組成，顆粒的結構是有缺陷的。通常的情況是，在金屬顆粒的表面會形成一層 2～10 奈米的薄膜，這層膜會與

顆粒內部有明顯的介面，但其厚度並不均勻，與顆粒內部相比這層膜的缺陷較多，也具有介穩結構。在顆粒的最外表面是幾個奈米厚的金屬氧化物層，一般是非晶相。平均顆粒度降低到 30～40 奈米時，其缺陷度也降低，X 光繞射顯示基本是單晶結構。

表 3-8　電爆炸法技術參考參數

參數	條件
工作電壓	$\geqq 35$ kV
爆炸能量	$\geqq 5$ 千焦耳
爆炸電流	$\geqq 60$ kA
電流密度	$\geqq 10^5$ A/mm^2
爆炸時間	$\leqq 10^{-5}$ 秒
爆炸波形	符合理論波形

3-2-8　化學氣相合成法

　　所謂化學氣相合成法是指以單獨的或綜合的利用熱能、電漿放電、紫外光照射等形式的能源，使氣態物質在固體的熱表面上發生化學反應並在該表面上沈積，形成穩定的固態物質的過程。以化學反應條件而言，奈米微粒之生成決定於反應系之平衡常數、析出溫度、反應物之組成選定等。3-2 節表 3-1 及表 3-2 顯示炭化物及氮化物可能形成之平衡常數及可能之奈米微粒形成機制。表 3-9 顯示奈米粒子生成時可能產生的化學反應。

　　化學氣相合成法生成之奈米微粒之性質，決定於反應物之物理化學特性、反應器之構造、加熱方法、與反應物之導入方式等。表 3-10 顯示氣相反應法生成奈米金屬、氧化物、氮化物、及碳化物微粒之反應條件及反應溫度。

　　以加熱方式來分類包括電氣爐加熱法、火焰燃燒法、微波電漿加熱法及雷射加熱法等。表 3-11 為氣相化學反應法製程之分類和特徵。其實驗特色分述如下。

表 3-9　粒子生成時產生的化學反應

M，M'：金屬元素　X，Y：非金屬之官能基　g：gas，s：solid，fp：微粒		
A：凝聚	$M(g) ------>$	$M(s，fp)$	PVD
B：分解	$MX(g) ----->$	$M(s，fp) + X(g)$	CVD
C：部分分解	$MXY(g) ------>$	$MX(s，fp) + Y(g)$	CVD
D：氧化	$M(g) + X(g) -----> $	$M(s，fp)$	CVD
E：還原	$MX(g) + Y(g) ---->$	$M(s，fp) + XY(g)$	CVD

表 3-9　粒子生成時產生的化學反應(續)

F：置換	$MX(g) + Y(g)$ ---->	$MY(s，fp) + X(g)$		CVD
G：交換	$MX(g) + M'Y(g)$ --->	$MY(s，fp) + M'X(g)$		CVD

代表

B：化合物熱分解

C：醇基金屬化合物分解

E：金屬鹽與氫還原

F：金屬鹽與氧反應

G：金屬鹽與水蒸氣反應

表 3-10　生成奈米微粒之氣相反應法

氣相反應	溫度	生成物
將氯化物，氧基氯化物以 NO_2 加以氧化	～400°C	Nb_2O_5，MoO_3，WO_3，B_2O_3，V_2O_5
	175～500°C	Al_2O_3，氯化氧化鋁
將氯化物以氧加以氧化	1000～1700°C	TiO_2，Al_2O_3，ZrO_2，SiO_2，ZnO，Cr_2O_3，Fe_2O_3，$NiFe_2O_4$，TiO_2 系複合氧化物
將氯化物，氧基氯化物以氧加以氧化	(>5000°K)(電漿)	α-Cr_2O_3，δ-Al_2O_3，Cr_2O_3-Al_2O_3 固溶體 TiO_2(anatase)
將揮發性金屬鹵化物加以水解	H_2-O_2 餤	SiO_2，Al_2O_3，ZrO_2-Al_2O_3
將金屬氧烷物蒸氣加以熱分解	320～450°C	TiO_2，ZrO_2，HfO_2，ThO_2，Y_2O_3，Dy_2O_3
將金屬烷化物燃燒		Yb_2O_3
金屬蒸氣的氧化	～1000 °C	Al_2O_3
碳化氫存在下將氯化物以氫加以還原	～3000°C(電漿)	ZnO，MgO TaC，TiC，NbC，SiC
氯化物和碳化氫反應	1200～1500°C	TiC
將 Silane 類加以熱分解	900～1500°C(電漿)	SiC SiC
利用甲烷還原氧化物	電漿)	SiC
揮發性氧化物和氨氣反應		BN
揮發性鹵化物和氨氣反應	1000～2000°C	AlN，Si_3N_4，BN，Zr_3N_4，TiN，VN，NbN，TaN
氮元素存在下將氯化物以氫加以還原	～3000°C	AlN，Si_3N_4，BN，Zr_3N_4，TiN，VN，NbN，TaN
將氯化物以氧加以還原	～800°C	Mo，W
將揮發性氟化物以氫加以還原	H_2-F_2 餤	W，Mo，W-Mo 合金，W-Re 合金

表 3-11　氣相化學反應法製程之分類和特徵

電熱爐加熱法	焦炭、矽、氧化物、氮化物、碳化物、金屬 一次粒子約 2～100 奈米 二次粒子聚集體可以製備 反應溫度<2000°K 反應時間約 1 ms～1 s 氣體滯留時間約 10 ms～10 s
燃燒法	焦炭、氧化物、金屬 一次粒子約 20～300 奈米 二次粒子為網狀聚集 1200°K<反應溫度<3000°K 反應時間約 1～10 ms 氣體滯留時間約 10 ms～1 s
電漿加熱法	炭化物、碳、氧化物、氮化物、金屬 一次粒子約 3～200 奈米 二次粒子輕微聚集 反應溫度>5000°K 反應時間約 1～100 μs 氣體滯留時間約 1～100 ms
雷射加熱法	矽、碳化物、氮化物、金屬 一次粒子約 2～200 奈米 二次粒子聚集型態不明 1400°K<反應溫度<1800°K 反應時間約 10 μs～1 ms 氣體滯留時間約 1～100 ms

　　電氣爐加熱法利用外部加熱爐控制反應管溫度，操作最簡單，反應控制容易，為實驗室規模設備。反應器之設計如圖 3-28，一般反應管為石英、陶瓷或碳材質。反應氣體導入方式將影響反應結果，如圖 3-28(a)，G_1 為反應氣體 1，G_2 為反應氣體 2，G_1 反應氣體導入在 A 或 B 部位主要不同在於起始反應溫度，在 A 區導入有較低反應起始溫度。因此，在 B 區導入氣體有較高有效反應溫度，將提高反應速率，在高平衡常數反應系統，核生成速度也大幅提升，增加奈米微粒之生成。反應管壁常會因為非均質成核，致使奈米微粒在管壁沉積，降低奈米微粒之產出。反應氣體在低溫區滯留時短(如導入 B 區)，將可以有效降低結晶在管壁析出，提升奈米微粒之產量。圖 3-28(b)是針對需要蒸發之液體或固體原料設計之反應器。原料金屬化合物置於 S 區，用電氣爐將原料蒸發，載氣則將原料氣體導入 C 區，達到最佳反應效果。

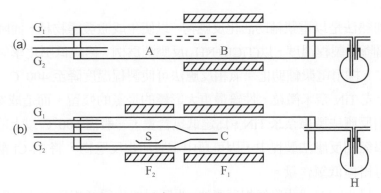

圖 3-28　奈米粉體化學氣相合成反應器

　　火焰燃燒法乃利用氫氧焰或乙炔氧焰等對系統供應的金屬化合物蒸氣加熱，並與其產生化學反應而生成奈米微粒，一般可合成粒徑 100 奈米以下的氧化物奈米粉體，如圖 3-29 所示。以載氣如氬氣等將可反應氣體與可燃氣體混合，均勻帶入平板燃燒噴嘴，產生均勻的平面燃燒火燄。可燃氣體一般為乙炔、甲烷或氫氣混合氧氣以產生燃燒火燄，反應室壓力控制在 100 到 500 Pa 之間。前驅金屬化合物在火燄高溫燃燒下熱裂解形成奈米微粒，而沉積在冷卻收集轉輪上，利用刮刀刮下收集。由於火焰加熱均勻度高，使形成奈米微粒之原料熱裂解溫度及作用時間相同，可得到粒徑分佈窄的奈米微粒。此製程由於火焰溫度遠高於這些氧化物的熔點，且在熔融狀態下蒸氣壓小，因此這些由熔融狀態生成的奈米粒子多為接近真圓的球狀體。合成例子如從 $SiCl_4$ 合成 SiO_2，將 $AlCl_3$ 燃燒生成 Al_2O_3，或由 $TiCl_4$ 合成 TiO_2 等。近年來，此製程可應用於奈米碳管的研製，已可成功利用金屬觸媒(Co、Cu、Ni)生成多層奈米碳管及利用擴散式火焰法生成單層奈米碳管。

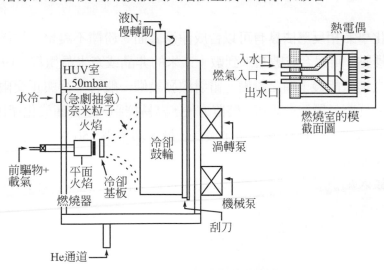

圖 3-29　化學氣相合成法之火焰燃燒法

　　微波電漿加熱法是以電漿輔助活化反應物，以使生成激發態物種，而降低反應所需活化能，故可大幅降低製程溫度，以$(TiCl_4+NH_3)$反應源為例，傳統低壓化學氣相沉積法製程溫度約在 600°C，採用電漿輔助化學氣相反應法可使製程溫度降至 400°C。而同樣是以四氯化鈦$(TiCl_4)$合成 TiN 奈米微粒，性質最重大影響的是氯的殘留，而造成電阻率的提升。在一般化學氣相反應法製備奈米 TiN，為達低氯含量，一般需 500°C 以上的製程溫度；而在電漿輔助化學氣相反應法製程中，因可藉由電漿活化反應物，將 Ti-Cl 解離，在 460°C 的製程溫度即可得極低氯含量。

　　雷射加熱法是光照射式化學氣相反應法，光照射式化學氣相反應法是屬於較新的化學氣相反應方式。方法為利用紫外線或雷射光照射反應物，使反應物活化之後，促使反應物質發生化學反應，合成奈米微粒。雷射激發化學氣相反應法中，實驗條件控制在雷射光功率及密度、氣氛種類、反應氣氛壓力、反應氣體比例、流速以及反應溫度等因素，條件改變結果也隨著改變，粒徑也跟著不同。舉例來說，SiH_4 在不同氣氛及 CO_2 雷射光(10.6 微米波長)下熱分解形成奈米微粒的機制如下：

$$SiH_{4(g)} \xrightarrow{CO_2雷射光\quad(10.6\mu m)} Si_{(s)}+2H_{2(g)} \dotfill (3.13)$$

$$3SiH_{4(g)}+4NH_{3(g)} \xrightarrow{CO_2雷射光\quad(10.6\mu m)} Si_3N_{4(s)}+12H_{2(g)} \dotfill (3.14)$$

$$SiH_{4(g)}+CH_{4(g)} \xrightarrow{CO_2雷射光\quad(10.6\mu m)} SiC_{(s)}+4H_{2(g)} \dotfill (3.15)$$

$$2SiH_{4(g)}+C_2H_{4(g)} \xrightarrow{CO_2雷射光\quad(10.6\mu m)} 2SiC_{(s)}+6H_{2(g)} \dotfill (3.16)$$

　　雷射激發化學氣相反應法具有可以合成淨潔表面、粉體不凝聚、粒徑容易控制及粒度分佈均勻等優點，可以合成數奈米到數十奈米的非晶或奈米晶微粒。1986 年美國麻省理工學院已建立年產能幾十噸之設備。雷射激發設備一般有平行與正交兩種型態，正交設備雷射光束與反應氣體流向垂直，裝置方便，容易控制，適合商業化產出，如圖 3-30。雷射源可採用 CO_2 雷射，具有 10.6 微米波長，最大功率為 150 W，聚焦下雷射光強度為 105 W/cm^2。反應氣體壓力在 8～101 Pa 之間，在雷射光激發下，反應氣體形成激發火燄，奈米微粒在激發火焰中形成，隨著載氣如氦氣或氫氣被帶到奈米微粒收集裝置。

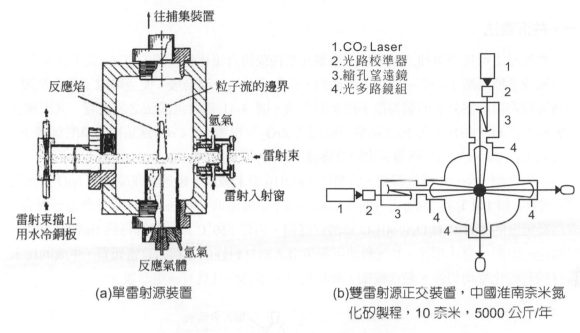

（a）單電射源裝置　　　　　　（b）雙雷射源正交裝置，中國淮南奈米氮
　　　　　　　　　　　　　　　　化矽製程，10 奈米，5000 公斤/年

圖 3-30　化學氣相合成法之雷射加熱法

3-3　液相法

3-3-1　沉澱法

　　以溶液狀態混合一定成分原子或分子，添加適當的分散劑及沉澱劑或加水分解使離子濃度超過其溶解度積，即當水溶液中的離子 A^+ 與 B^- 在離子積$[A^+][B^-]$超過其溶解度積時，溶液達到飽和而產生沉澱。沉澱物包括氫氧化合物、碳酸鹽、硫酸鹽等，將之煆燒後即可製成陶瓷奈米微粒，此為一般的沉澱法，溶液中的微粒沉澱物常藉過濾從溶液分離。此法為量產奈米陶瓷粉體的重要技術，目前由於液相法技術的突破，使新高性能奈米複合材料的製造漸能符合商業化成本的需求。此法中為避免粉體製備過程中團聚現象的發生，過程中往往加入冷凍乾燥、超臨界乾燥、共沸蒸餾等步驟，以改善此問題。沉澱法的優點為成本低、操作簡單、易於放大量產及可製備複雜的化合物；缺點則為團聚嚴重、易引進雜質等。

　　沉澱法主要包括共沉澱法、均勻沉澱法、多元醇為介質的沉澱法、沉澱轉化法等。

一、共沉澱法

共沉澱法可獲得單種或兩種以上金屬元素純或複合氧化物所用的方法。此方法是在含有單種或多種陽離子的溶液中加入沉澱劑,在各成分均一混合後,使金屬離子完全沉澱,得到沉澱物再經熱分解而製得微小粉體的方法。圖 3-31 為共沉澱法之設備圖。共沉澱法可製備 $BaTiO_3$、$PbTiO_3$ 等 PZT 系電子陶瓷及 ZrO_2 等粉體。以 CrO_2 為晶種的草酸沉澱法,可製備 La、Ca、Co、Cr 摻雜氧化物及摻雜 $BaTiO_3$ 等。以 $Ni(NO_3)_2 \cdot 6H_2O$ 溶液為原料、乙二胺為偶合劑,NaOH 為沉澱劑,將製得 $Ni(OH)_2$ 奈米微粒,經熱處理後得到 NiO 奈米微粒。另外,將 $BaCl_2$ 與 $TiCl_4$ 混合的水溶液中滴下草酸溶液,則 Ba 與 Ti 原子將進行混合,成為高純度的 $BaTiO(C_2O_4)_2 \cdot 4H_2O$ 草酸鹽沉澱,再經 550°C 以上熱解可為 $BaTiO_3$ 粉體。與傳統的固相反應法相比,共沉澱法可避免引入對材料性能不利的有害雜質,生成的粉末具有較高的化學均勻性,粒度較細,顆粒尺寸分佈較窄且具有一定形貌。

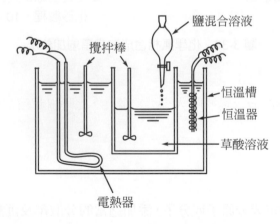

圖 3-31　共沉澱法之設備圖

二、均勻沉澱法

當從金屬溶液外圍添加沉澱劑時,一般會因沉澱劑造成局部濃度過高導致不純物析出的現象。在溶液中加入某種能緩慢生成沉澱劑的物質,使溶液中的沉澱均勻出現,稱為均勻沉澱法。此方法乃是克服由外部向溶液中直接加入沉澱劑而造成沉澱劑的局部不均勻性。本法多數在金屬鹽溶液中採用尿素熱分解生成沉澱劑 NH_4OH,促使沉澱均勻生成。製備的粉體有 Al、Zr、Fe、Sn 的氫氧化物及 $Nd_2(CO_3)_3$ 等。例如:尿素$(NH_2)_2CO$ 溶液加熱到 70°C 左右,會因加水分解而析出 NH_4OH,NH_4OH 本身又作為沉澱劑而被反應掉,因此 NH_4OH 的濃度會一直偏低,使生成與沉澱持續發生,直到$(NH_2)_2CO$ 完全反應完為止。

三、多元醇為介質的沉澱法

多元醇還原法已被發展於合成微細的金屬粒子，例如：Cu、Ni、Co、Pd、Ag。此技術主要利用金屬鹽可溶於或懸浮於乙二醇(EG)、一縮二乙二醇(DEG)等醇中，當加熱到醇的沸點時，與多元醇發生還原反應，生成金屬沉澱物，通過控制反應溫度或引入外界的成核劑，可得到奈米級微粒。以 $HAuCl_4$ 為原料，PVP 為高分子保護劑，可製得單一分散球形之 Au 微粒。另外，將 $Co(CH_3COO)_2 \cdot 4H_2O$、$Cu(CH_3COO)_2 \cdot H_2O$ 溶於或懸浮於定量乙二醇中，在 180～190°C 下回流 2 小時，可得 $Co_xCu_{100-x}(x=4～49)$高矯頑力磁性奈米微粉，在高密度磁性記錄上具有很大的應用前景。

四、沉澱轉化法

此方法乃依據化合物之間溶解度的不同，通過改變沉澱轉化劑的濃度、轉化溫度以及表面活性劑來控制顆粒生長和防止顆粒團聚。例如：以 $Cu(NO_3)_2 \cdot 3H_2O$、$Ni(NO_3)_2 \cdot 6H_2O$ 為原料，分別以 Na_2CO_3、NaC_2O_4 為沉澱劑，加入一定量表面活性劑，加熱攪拌，分別以 Na_2CO_3、NaOH 為沉澱轉化劑，可製得 CuO、$Ni(OH)_2$、NiO 奈米微粒。此技術的實驗流程短、操作簡便，但製備的化合物僅局限於少數金屬氧化物和氫氧化物。

3-3-2　噴霧法

噴霧法是將金屬鹽溶液以霧狀噴入高溫氣氛中，此時引起溶液的蒸發或金屬鹽的熱分解或水解的反應，因過飽和現象而析出固體的方法。此方法是以溶液為原料的物理微粒子合成最廣泛的合成方法，依照如何處理噴霧於氣相中的液滴可分成數種方法：把液滴乾燥而捕集，保持原來的狀態或以熱處理形成化合物粒子的噴霧乾燥法，在氣相中把液體加入水分解的噴霧加水分解法，以及浮游於氣相中進行乾燥熱處理的噴霧焙燒法等。這些方法是將溶液利用不同的物理方法進行霧化獲得奈米微粒的一種物理與化學相結合的方法。粒子的尺寸範圍取決於製備和噴霧的方法，根據霧化和凝聚過程分為噴霧乾燥、噴霧水解法、噴霧培燒、噴霧熱分解等方法。

一、噴霧乾燥法

噴霧乾燥法是將溶液或漿狀原料從噴嘴高速噴入乾燥室噴成霧狀獲得微粒。收集後進行焙燒成所需要成分的奈米微粒。軟鐵氧磁體奈米微粒合成用設備如圖 3-32 所示。具體的過程是將鎳、鐵、鋅的硫酸鹽的混合水溶液，作成 10～20 微米混合硫酸鹽組成的球狀粒子送往霧化器噴霧化。噴霧乾燥的鹽以旋風器收集後，經過800～1000°C 焙燒後，可形成所需的鎳鋅鐵氧磁體。該粒子是由 200 奈米的一次粒子所凝集而成。利用此裝置同樣可獲得鎂、錳鐵氧磁體，利用上述的這些奈米微粒，可應用於材料的高臨界磁場，其介電損失小。因此利用此方法作成的奈米微粒，不只粒徑小，其組成也非常的均勻。

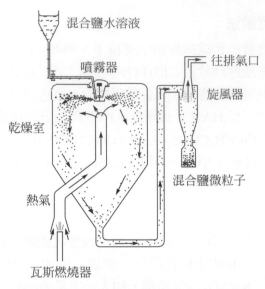

圖 3-32　軟鐵氧磁體奈米微粒合成設備

二、噴霧加水分解法

　　此方法是利用醇鹽的奈米微粒，將惰性氣體導入含有金屬醇鹽的蒸汽室，金屬醇鹽蒸汽會附著於奈米微粒的表面，與水蒸汽反應分解之後形成氫氧化物微粒，經煆燒後形成氧化物的奈米微粒。也可以利用物理方式把醇鹽汽溶膠化後，併用加水分解的物理和化學方法合成分散性的奈米微粒。利用此種方法獲得的奈米微粒純度高、尺寸可控制、分布窄，微粒的尺寸大小主要取決於醇鹽微粒的大小。合成 Al_2O_3 的過程是將載有氯化銀奈米微粒 $(868～923°K)$ 的氦氣通過鋁丁醇鹽之蒸汽中後冷卻，氦氣之流速為 $500～2000$ cm^3/min，鋁丁醇鹽蒸汽室的溫度約為 $395～428°K$、蒸汽壓 $\leqq 1133$ Pa 在蒸汽室裡形成以氯化銀、鋁丁醇鹽與氦氣所組成的飽和混合氣體。經冷凝器冷凝後，獲得氣態溶膠，此氣態溶膠由單分散一滴構成，與水蒸汽反應而加水分解，成為單分散氫氧化鋁粒子，在水分解器中與水反應分解成勃母石(boehmite)或水鋁石(diaspore)之微粒，經熱處理後可獲得 Al_2O_3 的奈米微粒。

三、噴霧焙燒法

　　此方法是液化金屬鹽溶液用壓縮空氣供給噴嘴部分，經壓縮空氣由窄小的噴嘴噴出後，霧化成小液滴，霧化室溫度較高，使金屬鹽小液滴熱解成了奈米微粒子。噴霧生成的液滴大小因噴嘴之嘴徑而異，液滴載於向下流的空氣流，通過外熱的石英管而被加熱成微粒，圖 3-33 為噴霧焙燒法裝置圖。把硝酸鎂和硝酸鋁的混合溶液噴霧焙燒，可合成鎂、鋁尖晶石，溶劑是水與甲醇的混合溶液，粒徑大小取決於鹽的濃度和溶劑濃度，鹽濃度愈低或溶媒的甲醇濃度愈高時粒徑愈小。

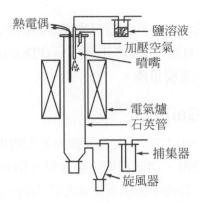

圖 3-33　為噴霧焙燒法裝置圖

四、噴霧熱分解法

　　噴霧熱分解法是一連續性操作的製程，首先將具熱分解性的前驅物(如 Ti(O-iC$_3$H$_7$)$_4$)溶質與溶劑(如酒精)液體混合，藉由噴霧技術(如超音波霧化)將溶液分散成可懸浮的霧滴，再將霧滴與載流氣體(如氮氣)一起送入加熱區中進行乾燥。此時，霧滴中的溶劑蒸發形成以前驅物為主的懸浮物微粒，再進入高溫分解區使前驅物達到熱分解溫度，形成微粒與氣相的副產物，最後再藉氣-固分離系統予以收集分離。因此控制製程參數(如；前驅物的物化性質、噴嘴的設計、氣體種類、霧滴在高溫區的運動等)的不同，可合成不同產物的形貌，如圖 3-34。此法因需要高溫，對設備和操作的要求較高，優點是製得的粉體分散性佳。

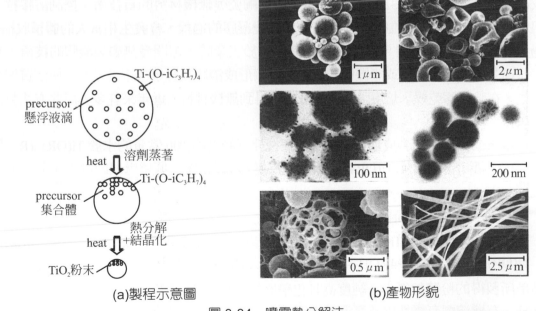

(a)製程示意圖　　　　　　　　(b)產物形貌

圖 3-34　噴霧熱分解法

噴霧熱分解法由於易藉溶液成分的調整而獲得所需晶粒的大小,及具有較低的分解溫度、操作方便及可產製潔淨、無團聚的微細粉體、可作摻雜(doped)等,而廣用於高純度陶瓷材料的製備,但目前尚未能規模量產。

3-3-3 溶膠-凝膠(Sol-Gel)法

溶膠-凝膠法是一種快速固化技術,因為製備的氧化物處於穩定狀態。是一種一次成形又可用來製備多孔胚體之技術,這個技術中包含聚合物的分解和金屬的氧化。溶膠-凝膠法技術在陶瓷基複合材料的製備中的前景是非常誘人的,因為它可以得到奈米結構,在理想情況下,結構上溶膠-凝膠是各向同性的、均一的。在溶膠變成凝膠之後可以嚴格複製裝有溶膠的容器的內部形狀。溶膠-凝膠法廣泛應用於金屬氧化物奈米微粒的製備,前驅物用金屬醇鹽或非醇鹽皆可。溶膠-凝膠法是將醇鹽溶解於有機溶劑中,再加入蒸餾水使醇鹽進行水解、縮合反應形成溶膠,而後隨著水的蒸發轉變為凝膠,再於低溫中乾燥得到疏鬆的乾凝膠,或進行高溫煆燒處理以得到奈米粉體或薄膜的方法。例如,Culliver 等利用醇鹽水解製備平均粒徑 2～3 奈米的 SnO_2 粒子。在製備氧化物時,複合醇鹽常被用作前驅物。在 Ti 或其他醇鹽的乙醇溶液中,以醇鹽或其他鹽引入第二種金屬離子(如 Ba、Pb、Al),可製得複合氧化物,如粒徑小於 15 奈米的 $BaTiO_3$,粒徑小於 100 奈米的 $PbTiO_3$、以及粒徑在 80～300 奈米的 $AlTiO_5$。

溶膠-凝膠法是利用液體般的溶膠流動性成形後,不喪失溶膠的高均質性,固體化後形成凝膠狀態。溶膠-凝膠法是一種製備玻璃、陶瓷等無機材料的新技術。控制溶膠粒子的組成和粒徑,可精密控制微細構造。在溶膠變凝膠的過程,會發生相當大的體積收縮,此過程易在凝膠發生龜裂。欲將溶膠-凝膠法用於工業時,需開發無龜裂凝膠的技術。其基本原理是:將金屬醇鹽或無機鹽類經水解直接形成溶膠或經解凝形成溶膠,使溶質聚合凝膠化,在將凝膠乾燥、焙燒除去有機成分,得到無機材料。近年來許多人用此方法製備奈米微粒。

以奈米二氧化鈦之合成為例,在環流與攪拌下滴下約 100 當量的水於 Ti(OR)$_4$(R:異丙基)的異丙醇溶液,可使 Ti(OR)$_4$ 進行如下反應,再經乾燥及煆燒處理即可生成奈米 TiO_2 粉體。

$$Ti(OR)_4+4H_2O \rightarrow Ti(OH)_4+4ROH \text{--------水解} \text{...} (3.17)$$

$$Ti(OH)_4+Ti(OH)_4 \rightarrow 2TiO_2+4H_2O \text{-------縮合} \text{...} (3.18)$$

$$Ti(OR)_4+H_2O \rightarrow TiO_2+4ROH \text{----------總反應} \text{...} (3.19)$$

優點是所製得的粉體粒徑小、純度高且化學均勻性良好;缺點則為前驅體(precursor)原料價格高、有機溶劑有毒性以及高溫熱處理下會使顆粒快速團聚等。

溶膠-凝膠法包含以下幾個過程：

1. 溶膠的製造方法：溶膠的製備有兩種方法，一是將部份或全部的成分利用適當的沉澱劑先沉澱出來。經解凝後，使原來團聚的沉澱的顆粒分散成原始顆粒。因這種原始顆粒的大小一般在溶膠體系中膠核的大小範圍，因而可製得溶膠。另一種方法是由同樣的鹽溶液，通過沉澱過程的控制，所形成的顆粒才不致團聚形成大顆粒沉澱，從而直接得到膠體溶膠。

2. 溶膠-凝膠凝膠化：溶膠中含有大量的水，凝膠化過程中，使膠體失去流動性，形成一開放的骨架結構。凝膠化有兩種途徑：一是化學法，通過控制溶膠中的電解濃度；二是物理法，促使膠粒間相互靠近，克服排斥力，進而膠凝化。溶膠的凝膠化是依下列方法得到：

   (1) 由溶膠去除溶媒。

   (2) 於溶膠內添加凝膠化劑。

   (3) 在溶液體系內進行化學反應。

   對溶膠內添加凝膠化劑常成陶瓷中的不純物殘留，目前常用的溶膠-凝膠法集中於有機金屬化合物，特別是以金屬醇鹽為原料的方法。

3. 凝膠的乾燥：將溶膠-凝膠法用於製造陶瓷，燒成前的前驅物必須為無龜裂的乾燥凝膠成形體，為無缺陷的凝膠乾燥體，技術的難易存於溶膠的種類、溶膠粒子的大小與形狀、凝膠的構造。在一定的條件下使溶劑蒸發得到粉體，乾燥過程中凝膠結構變化很大。獲得乾燥凝膠的最簡單的方法是在大氣中自然乾燥，利用此方法形成完全乾燥的凝膠時，在即將開始固化前要求極緩慢的乾燥，這會在乾燥凝膠表面發生正比於表面溶媒流速和試料厚度，反比於表面溶媒擴散係數的表面應力。通常溶膠-凝膠根據原料可分為有機和無機兩類。在有機中通常以金屬有機醇鹽為原料，通過水解與縮聚反應可製備得溶膠，經進一步縮聚可得凝膠。金屬醇鹽之一般式為 $M(OR)_n$，M 為價數 n 的金屬元素，R 為烷基，金屬醇鹽易與水反應而加水分解，加水分解反應常因加水分解生成物與金屬醇鹽或加水分解生成物相互反應而複雜化，金屬醇鹽之水解與縮聚反應可表示如下：

   加水分解反應：$-M-OR+HOH \rightarrow -M-OH+ROH$ ....(3.20)

   縮聚反應：$-M-OR+RO-M \rightarrow -M-O-M-+ROH$ ....(3.21)

   經加熱去除有機溶液可得到金屬氧化物奈米微粒。

   無機原料中一般為無機鹽，由於原料的不同，製備方法不同，沒有固定的技術。此一技術常用無機鹽作為原料，價格便宜比有機鹽之方法更有應用價值。

奈米科技導論

3-3-4　水熱法

　　水熱法製備奈米粉末的特色和成熟技術，已經廣泛應用於奈米金屬、氧化物、非金屬氧化物粉末的大量化生產。"水熱"一詞大約出現在 140 年前，原本用於地質學中描述地殼中的水在溫度和壓力聯合作用下的自然過程，以後越來越多的化學過程也廣泛使用此一辭彙。儘管拜耳法生產氧化鋁和水熱氫還原法生產鎳粉已被使用了幾十年，但一般將它們看作特殊的水熱過程。直到 20 世紀 70 年代，水熱法才成為一種製備陶瓷粉末的先進方法。簡單來說，水熱法是一種在密閉容器內完成的濕化學方法與溶膠凝膠法、共沉澱法等其他濕化學方法的主要區別在於溫度和壓力。

　　水熱法是指在一密封的壓力容器中，以水作為溶劑，製備奈米材料的一種方法。一般而言，在常溫-常壓環境中不易氧化的物質，會因水熱法中高溫-高壓的環境而進行快速的氧化反應。例如：金屬鐵和空氣中的水氧化反應非常緩慢，但如果在 98 MPa、400°C 的水熱條件下進行 1 小時反應則可完全氧化，可得 10～100 微米的磁鐵礦粉體。

　　水熱法製備的粉體一般具有：粒徑小、分佈均勻、顆粒團聚輕及可連續生產、原料便宜、易得到適合化學計量比的奈米氧化物粉體之優點。且無須進行高溫煅燒處理，可避免晶粒的長大及引入雜質、缺陷等困擾，其所製得的粉體一般具有高的燒結活性。如：水熱法製備的 ZrO_2 奈米粉體，粒徑可達 15 奈米，形成的球狀或短柱狀粉體於 1350～1400°C 溫度燒結下，理論密度可達 98.5%。此製程中又可分為水熱氧化、水熱沉澱、水熱晶化、水熱分解法以及新近發展的微波水熱法、超臨界水熱合成法等，皆為製備奈米氧化物陶瓷粉體的熱門方法。

　　水熱反應是高溫高壓下在水溶液或水蒸氣等流體中，進行有關化學反應的總稱。利用水熱反應製備奈米的方法已經引起研究者高度的興趣，其最小粒徑平均已經達到數奈米等級。歸納起來可分成幾總類型：

1. 水熱氧化法(Hydrothermal Oxidation)：將金屬、金屬間氧化物或合金、和高溫高壓的純水、水溶液、有機溶媒反應生成新的化合物，典型的反應可以下式表示：

   $$mM + nH_2O \rightarrow M_mO_n + H_2 \quad\text{...(3.20)}$$

   其中 M 為金屬，可為鐵及合金等。

   在常溫常壓的溶液中不易氧化的物質，也會因高溫高壓下進行快速的氧化反應。鐵與空氣中的水之氧化非常緩慢，但是，在水熱條件下反應非常快速。在一般條件下不能氧化的金屬鋯在水熱條件下也會氧化。圖 3-35 為水熱氧化裝置的示意圖。把鋯粉經過水熱氧化時，在 100 MPa、溫度從 250°C-700°C 時可得單一相的單斜晶氧化鋯，其粉體的粒徑約為 25 奈米。

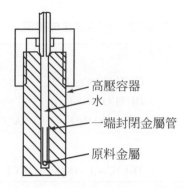

高壓容器
水
一端封閉金屬管
原料金屬

圖 3-35　水熱氧化裝置示意圖

2. 水熱沉澱法(Hydrothermal Precipitation)：在水熱條件下進行沉澱生成反應生成新的化合物，包括水熱均勻沉澱法(Hydrothermal Homogeneous Precipitation)及水熱共沉法(Hydrothermal Coprecipitation)兩種方法。

3. 水熱合成法(Hydrothermal Synthesis)：在水熱條件下使兩種以上原料反應生成化合物。

4. 水熱分解法(Hydrothermal Decomposition)：在水熱條件下分解化合物生成有用的化合物。

5. 水熱結晶法(Hydrothermal Crystallization)：在水熱條件下使 Sol-Gel 等非晶質物質結晶生成結晶質物質。

6. 水熱還原法(Hydrothermal Reduction)：在水熱條件下還原氧化物生成金屬。

　　與溶膠凝膠法和共沉澱法相比，水熱法最大優點是一般不需高溫燒結即可直接得到結晶粉末，從而省去了研磨及由此帶來的雜質。水熱法可以製備包括金屬、氧化物、和複合氧化物在內的 60 多種粉末，表 3-12 為可能合成之金屬、氧化物、和複合氧化物的實例。所得粉末的粒度範圍通常為 0.1 微米至幾微米，有些可以幾十奈米，且一般具有結晶好、團聚少、純度高、粒度分佈窄以及多數情況下形貌可控等特點。在奈米粉末的各種製備方法中，水熱法被認為是環境污染少、成本較低、易於商業化的一種具有較強競爭力的方法。

水熱法可合成之材料包括：

ZrO_2	Al_2O_3	HfO_2	Cr_2O_3	Fe_3O_4	CrO_2	Fe_2O_3
SiO_2	Nb_2O_5	TiO_2	ZnO	MnO_2	MoO_2	Mn_3O_4
GeO_2	UO_2	MnO	WO_3	SnO_2	$ZrO_2\text{-}HfO_2$	$UO_2\text{-}ThO_2$
$Al_2O_3\text{-}ZrO_3$	$SiO_2\text{-}ZrO_2$	$Al_2O_3\text{-}TiO_2$	$Al_2O_3\text{-}HfO_2$	$BaFe_{12}O_{19}$	$CaSiO_3$	$BaZrO_3$
$LaCrO_3$	$(La，Ca)CrO_3$	$AlPO_4$	NbP_5O_{14}	$NbPO_4$	$LaFeO_3$	$K_2Te_4O_9\,3H_2O$
$(Ca，Mn)SiO_3$	$(Mg，Mn)SiO_3$	$PbTiO_3$	KMF_3	$M=Co，Mn，Fe$	Ag	Cu

表 3-12　水熱法合成實例

水熱氧化法	
$Fe+H_2O \rightarrow Fe_3O_4+H_2$	$Cr+H_2O \rightarrow Cr_2O_3+H_2$
$Zr+H_2O \rightarrow ZrO_2+H_2$	$Hf+H_2O \rightarrow HfO_2+H_2$
$(Zr，Al)+H_2O \rightarrow (ZrO_2+Al_2O_3)$	$(Hf，Al)+H_2O \rightarrow (HfO_2+Al_2O_3)$
水熱沉澱法	
$3KF+MnCl_2 \rightarrow KMnF_3$	$3KF+CoCl_2 \rightarrow KCoF_3+2KCl$
水熱合成法	
$Nd_2O_3+H_3PO_4 \rightarrow NdP_5O_{14}$	$CaO \, nAl_2O_3+H_3PO_4 \rightarrow Ca_5(PO_4)_3OH$(氫氧磷酸鈣)$\rightarrow AlPO_4$
$La_2O_3+Fe_2O_3+SrCl_2 \rightarrow (La，Sr)FeO_3$	$FeTiO_3+KOH \rightarrow K_2O_nTiO_2$　n=4，6
水熱分解法	
$FeTiO_3 \rightarrow Fe\text{-}Oxide+TiO_2$	$ZrSiO_4+NaOH \rightarrow ZrO_2+Na_2SiO_3$
$FeTiO_3+KOH \rightarrow K_2O_nTiO_2$　n = 4，6	
水熱結晶法	
Hydrous ceria CeO_2	Hydrous Zirconia$\rightarrow M-ZrO_2 \rightarrow T-ZrO_2$
水熱還原法	
$Me_xO_y+yH_2 \rightarrow xMe+yH_2O$	其中 Me 可爲銅、銀等

3-3-5　輻射化學合成法

一、γ 射線輻射製備純金屬奈米微粒

　　利用 γ 輻射線在常溫下照射金屬鹽的溶液可以製備出奈米微粒。用此方法可以製得 Cu、Ag、Au、Pt、Ni、Cd、Sn、Pb、Co、Au-Cu、Ag-Cu、Cu_2O 奈米粉體以及奈米 Ag 非晶 SiO_2 複合材料。製備純金屬奈米粉體時，把蒸餾水和分析純試劑配製成金屬鹽的溶液，加入如十二烷基硫酸鈉$(C_{12}H_{25}NaSO_4)$表面活性劑，作爲金屬膠體的穩定劑。加入異丙醇〔$(CH_3)_2CHOH$〕作爲 OH 自由基消除劑，並且可加入適當的金屬離子耦合劑，調解溶液的 PH 值，在溶液中通入氮氣以消除溶液中溶解的氧。分離產物後利用氨水和蒸餾水洗滌數次，乾燥後即可得金屬奈米粉體。表 3-13 爲 γ 射線輻射製備純金屬奈米微粒的溶液配比、輻射計量和平均粒徑。

表 3-13　為 γ 射線輻射製備純金屬奈米微粒的溶液配比、輻射計量和平均粒徑

金屬產物	溶液種類	輻射劑量($10^4 G_y$)	平均粒徑(奈米)
Cu	0.01mol/L $CuSO_4$ + 0.1mol/L $C_{12}H_{25}NaSO_4$ + 0.01 mol/L $EDTA^*$ + 3.0mol/L $(CH_3)_2CHOH$	3.6	16
Ni	0.01mol/L $NiSO_4$ + 0.1mol/L NH_3H_2O + 0.01mol/L $C_{12}H_{25}NaSO_4$ + 2.0mol/L $(CH_3)_2CHOH$	6.0	8
Pd	0.01mol/L $PdCl_2$ + 0.05mol/L $C_{12}H_{25}NaSO_4$ + 3.0mol/L $(CH_3)_2CHOH$	8.8	10
Cd	0.01mol/L $CdSO_4$ + 0.01mol/L $(NH_4)_2SO_4$ + 1mol/L NH_3H_2O + 0.01mol/L $C_{12}H_{25}NaSO_4$ + 6.0mol/L $(CH_3)_2CHOH$	1.6	20
Au	0.01mol/L $HAuCl_4$ + 0.01mol/L $C_{12}H_{25}NaSO_4$	0.075	10
Pt	0.01mol/L H_2PtCl_6 + 0.01mol/L $C_{12}H_{25}NaSO_4$ + 2.0mol/L $(CH_3)_2CHOH$	0.18	4
Sn	0.01mol/L $SnCl_2$ + 0.5mol/L NaOH + 2.0mol/L $(CH_3)_2CHOH$	2.5	20
Pb	0.01mol/L $Pb(CH_3COO)_2$ + 0.05mol/L $C_{12}H_{25}NaSO_4$ + 2.0mol/L $(CH_3)_2CHOH$	1.2	45
Co	0.01mol/L $CoCl_2$ + 0.5mol/L NH_4Cl + 0.1mol/L NH_3H_2O + 2.0mol/L $(CH_3)_2CHOH$	2.56	22

*EDTA：Ethylenediaminetetraacetic Acid 乙二銨四乙酸

文獻報導對無機鹽水溶液的輻射化學研究主要集中於低濃度(約10^{-4} M)溶液中用脈衝輻射技術產生的金屬團簇的膠體。其基本原理為：

$$H_2O \xrightarrow{\gamma-Ray} (H_2O^+,e^-_{aq}) + (H^*,OH^*) + (H_2,O_2) + (H_2O^*,HO_2)$$

其中的 H 和 e^-_{aq} 活性粒子是還原性的，e^-_{aq} 的還原電位為 -2.77 eV，具有很強的還原能力，加入異丙醇等可清除氧化性自由基 OH。水溶液中的 e^-_{aq} 逐步把溶液中的金屬離子在室溫下還原為金屬原子或低價金屬離子。新生成的金屬原子聚集成核，生長成奈米微粒，從溶液中沉澱出來。如製備貴金屬 Ag(8 奈米)、Cu(16 奈米)、Pb(10 奈米)、Pt(5 奈米)、Au(10 奈米)等及合金 Ag-Cu，AuCu 奈米微粒，活性高的金屬奈米粉末 Ni(10 奈米)、Co(22 奈米)、Cd(20 奈米)、Sn(25 奈米)、Pb(45 奈米)、Bi(10 奈米)、Sb(8 奈米)和 In(12 奈米)等，還製備出非金屬如 Se、As 和 Te 等奈米微粒。用 γ 射線輻照法製備出 14 奈米 CuO 粉末。8 奈米 MnO_2 和 12 奈米 Mn_2O_2。奈米非晶 Cr_2O_3 奈米微粒。

將 γ 射線輻照與溶膠凝膠過程相結合成功地製備出奈米 Ag-非晶 SiO_2 及奈米 Ag/TiO_2 材料。利用 γ 射線輻照技術也成功地製成一系列金屬硫化物，如 CdS、ZnS 等奈米微粉。

二、微波輻射法

利用微波照射含極性分子(如水分子)的介質，由於水的偶極性隨電場正負方向的變化而振動，轉變爲熱而引起內部加熱作用，使體系的溫度迅速升高。微波加熱既快又均勻，有利於均勻微粒分散的形成。

將矽與碳粉混合在丙酮中，利用微波爐加熱，微粒成核與生長過程均勻進行，使反應時間可以縮短(4-5 分鐘)，在相對低的溫度($<1250°K$)可得到高純度的 β-SiC 相。在 pH=7.5 的 $CoSO_4 + NaH_2PO_4 + CO(NH_2)_2$ 系統中，微波輻射反應均勻進行，各處的 pH 值同步增加，發生"突然成核"，然後粒子均勻成長爲均分散膠體，得到 100 奈米左右的 $CO_3(PO_4)_2$ 粒子。在 $FeCl_3 + CO(NH_2)_2 + H_2O$ 體系中，微波加熱在極短時間內提供 Fe^{3+} 水解足夠的能量，加速 Fe^{3+} 水解從而在溶液中均勻的突發成核，製備 β-FeO(OH)超微粒子。在一定的濃度範圍內，FeO(OH)繼續水解，得到次微米 α-Fe_2O_3 粒子。微波加熱將 Bi^{3+} 迅速水解產生晶核，得到均分散的 80 奈米 $BiPO_4·5H_2O$ 粒子。

微波水熱法通過控制系統中 pH 值、溫度、壓力以及反應物濃度，可以製備出二元及多元氧化物。微波加速了反應過程，並使最終產物出現新相，如在 $Ba(NO_3)_2 + Sr(NO_3)_2 + TiCl_3 + KOH$ 系統中合成出 100 奈米的 $Ba_{0.5}Sr_{0.5}TiO_3$ 粒子。

三、紫外光輻射分解法

利用紫外光輻射源照射適當的前驅體溶液，也可製備奈米微粒。例如：用紫外輻射照射含有 $Ag_2Pd(C_2O_4)_2$ 和 PVP 的水溶液，製備出 Ag-Pd 合金微粉。用紫外光輻射照射含 $Ag_2Rh(C_2O_4)_2$、PVP、$NaBH_4$的水溶液製備出 Ag-Rh 合金微粉。

3-4　奈米碳管之合成技術

3-4-1　奈米碳管的特性

奈米碳管(carbon nanotube)是指以 SP^2 的方式鍵結成單層或多層的石墨層，捲曲成直徑 1 奈米至 50 奈米間的管狀中空的結構。奈米碳管的發現，最初是在是 1991 年由 Iijima 在富勒希實驗中所發現的。奈米碳管的種類，主要可分爲單層(SWNTs)與多層(MWNTs)兩種形式。奈米碳管具有金屬導體與半導體的特性，另外在機械性質的部分亦具有非凡的性質。

　　奈米碳管可看成由石墨原子平面捲起來的圓筒，如圖 3-36 所示。其原子排列方式可以用座標(n，m)來表示，$\bar{C} = n\bar{a}_1 + m\bar{a}_2$，（n, m）指數決定單層奈米碳管的電性，滿足 2n+m=3c（c 為整數）時，單壁奈米碳管皆為金屬性，其他（n, m）指數皆呈半導體特性。圖 3-37 顯示不同結構形態的奈米碳管。預測不同碳原子排列奈米碳管性質如表 3-14 所示。

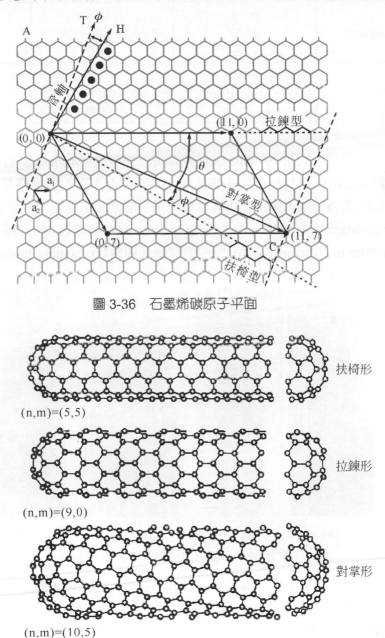

圖 3-36　石墨烯碳原子-平面

(n,m)=(5,5)　扶椅形

(n,m)=(9,0)　拉鍊形

(n,m)=(10,5)　對掌形

圖 3-37　奈米碳管的扶椅形(armchair)、拉鍊形(zigzag)、及對掌形(chiral)結構示意圖

奈米科技導論

表 3-14 奈米碳管原子排列之結構及性質

結構型態	奈米碳管指數(n，m)	電子特性	能隙($E_{gap}=2\gamma_o a_{c-c}/d$)
扶椅形 (armchair)	n = m	金屬	
拉鍊形 (zig-zag)	m = 0 n = 3c	金屬	
	n ≠ 3c	半導體	-0.5 eV
對掌形 (chiral)	n ≠ m n−m = 3c	金屬	
	n−m ≠ 3c	半導體	-0.5 eV

　　因此只要改變原子的排列結構，奈米碳管可以從導體變成半導體，所以可以應用在各種電晶體、導線或電子元件上。如何去鑑定製造出來的奈米碳管微結構是目前面臨的挑戰。

　　奈米碳管的顯微結構，需要以高解析度的電子顯微鏡來鑑定。高解析度穿透式電子顯微鏡(high resolution transmission electron microscope，HRTEM)，掃描式電子顯微鏡(scanning electron microscope，SEM)與掃描穿隧式顯微鏡(scanning tunneling microscope，STM)是鑑定奈米碳管強而有力的工具。

(a)　　　　　(b)　　　　　(c)　　　　　(d)

圖 3-38　多層奈米碳管末端之不同形態

　　多層奈米碳管一般是由同心圓的方式排列，碳管尾端開口有多種形態，利用 HRTEM 觀察到奈米碳管尾端可能是封閉的或是開口的，如圖 3-38 所示。目前 HRTEM 的解析度可達 0.1 奈米，足以解析原子大小，因此可用來鑑定單層奈米碳管碳原子的排列方式。場發射 SEM 觀察單層奈米碳管束如圖 3-39。

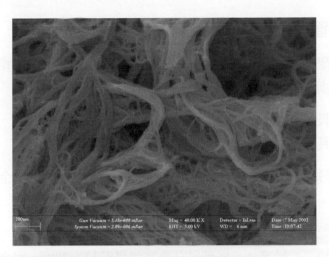

圖 3-39　SEM 單層奈米碳管束之形態

　　掃描穿隧式顯微鏡(scanning tunneling microscope，STM)是鑑定原子排列的另一種方式。其原理是以一金屬探針掃描樣品表面，藉由探針與樣品間產生之穿隧電流控制定高度表面掃描。探針每接近樣品 0.1 奈米時，穿隧電流強度增加約 10 倍。利用此敏感的特性，使得 STM 有原子級的解析度。因此利用 STM 掃描不同的奈米碳管表面可以清楚的辨識出扶椅形(armchair)、拉鍊形(zigzag)、及對掌形(chiral)結構，其結構圖如圖 3-40 所示。

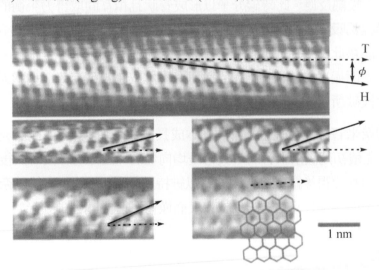

圖 3-40　以 STM 掃描奈米碳管之原子排列圖

　　上述的三種方法只能觀察奈米碳管結構或形貌，但對於各種結構所佔的比例很難得到準確的資料。拉曼光譜(Raman Spectra)對於碳管純化結果之鑑定相當有效。因此利用拉曼散射方法可以得到不同奈米碳管的結構與大小分佈之情形。

3-4-2 奈米碳管的成長機制

以有機氣體化學氣相沈積法而言,奈米碳管之成長機制可由觸媒顆粒與試片間是否存在相對運動而分為兩種類型:

(1) 抽出形成長。

(2) 頂端形成長。

由圖 3-41(a)可知奈米碳管製造之必要條件包括碳原子之供給、金屬觸媒之應用、以及成長溫度之控制。

通常多層奈米碳管其成長過程有下列三個步驟:

1. 有機氣體如乙炔、乙烯等分子經受熱在金屬觸媒顆粒上裂解,因金屬顆粒上存在許多不同取向的晶面,而每一個面對裂解的碳-氫分子之吸附與活化能力均不相同。當碳-氫分子(C_nH_m)與金屬觸媒表面接觸後即行斷鍵,此刻碳便向金屬顆粒之內部擴散而氫則由表面逸出。對不飽和的碳氫分子而言,這個過程為極強之放熱反應,因而快速的增加金屬觸媒表面吸附位置的溫度,同時增加金屬觸媒表面對碳分子的溶解度。

2. 經由表面擴散進入金屬觸媒顆粒中的碳超過飽和濃度時,即會由表面下以穩定的狀態析出,此為一吸熱反應。此時碳分子以形成管狀且相互間取得力平衡的方式析出,由於析出的過程為吸熱反應,於是碳在進入與析出的金屬觸媒顆粒中建立溫度梯度,使得後續的碳能藉此熱驅動力擴散穿越整顆金屬觸媒粒子。

3. 若觸媒粒子表面過度的積碳,使其擴散速率不足或超過碳奈米管成核及成長速率時,其表面即會被碳所封閉及堆積而停止後續的成長。

直立陣列碳奈米管與一般碳奈米管的基本成長機構是類似的。但由其成長形貌及直立的方式來看,在沈積初期碳奈米管的生長應是均向性的,但經過一段時間後只有向上成長的碳奈米管才能順利獲得後續碳分子的補充以維持其成長,其他方向的碳奈米管則因無法取得足夠的碳分子而逐漸停止生長,故試片表面僅留下直立陣列碳奈米管。當然若碳奈米管的成核密度高,成長過程中由於相互推擠,不易往側向成長,因此也有助於碳奈米管長成直立陣列的模式。

單層奈米碳管束之合成如圖 3-41(b)所示為頂端形成長模式,在低碳量及高碳原子動能下得以成長。單層奈米碳管成長核心之先形成許多類似半個C_{60}的半圓形蓋子,此核為觸媒表面所支撐。由不斷碳源之提供,單層奈米碳管成長成束狀探管。當碳源供給停止或觸媒表面失去活性,單層奈米碳管成長將不再繼續成長。

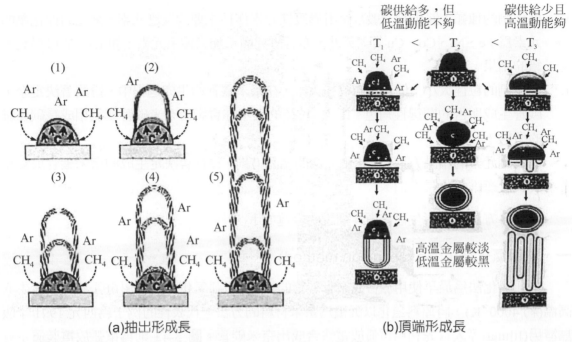

(a)抽出形成長　　　　　　　(b)頂端形成長

圖 3-41　奈米碳管之成長機制

3-4-3　奈米碳管之製備方法

碳奈米管的合成方式有許多種，大致可區分為幾種類型：

(1) 石墨電極直流電弧放電沉積法。

(2) 雷射蒸發沈積法。

(3) 化學氣相沈積法等。

每一種方法所生成的碳奈米管除品質形貌與數量均不盡相同外，成長機制也各異。催化劑對奈米碳管的生成具有決定性的影響，研究顯示包括催化劑的濃度、催化劑的前軀體、催化劑的種類、催化劑的粒徑大小或者是催化劑是否為合金都會影響奈米碳管的生成，以下就上述的因素分別敘述：

1. 催化劑的濃度：催化劑的濃度在奈米碳管的生長過程中是一項重要的製程參數。一般而言，隨著濃度的升高會獲得較高產率的奈米碳管，但根據之前研究顯示，催化劑濃度必須控制在一特定的範圍之內。

2. 催化劑的前軀體：催化劑前軀體選擇是影響製備催化劑的重要因素，不同的催化劑前軀體所生成的奈米碳管亦或氣相成長碳纖維，其產率(yield)、型態(morphology)，都會有所不同。

3. 催化劑的種類：催化劑一般常使用過渡性元素作爲主要的反應元素，常見的催化劑的元素爲 Fe、Ni、Co、Cu 等。另外，亦有研究顯示加入鑭系元素，如 La、Y 可得到不錯的結果。

4. 催化劑的粒徑大小：催化劑的粒徑大小，在奈米碳管的生成過程中，扮演著決定奈米碳管生成與否的關鍵性角色。其次，粒徑的大小亦會影響奈米碳管或氣相成長碳纖維的型態。

5. 催化劑元素的結晶方向：催化劑元素的結晶方向，往往會決定生成的奈米碳管或氣相成長碳纖維的生長方向。

對於各方法及其衍生之技術詳細說明分述如下。

一、電弧氣化法(arc-evaporation method)

電弧氣化法爲最早使用於合成奈米碳管的技術，電弧氣化法係利用電弧放電所產生的高溫(約 4000°K)，將原料氣化以沉積爲奈米材料的方法。代表性的例子爲西元 1991 年飯島澄男(Iijima)等人首先利用電弧放電法合成出奈米碳管。圖 3-42 則爲電弧放電裝置示意圖。在不鏽鋼製的真空室內，使用直徑 6 mm 的石墨碳棒爲陰極與直徑 9 mm 的碳棒當陽極，兩極的間距可調整。實驗時，首先添加過渡金屬元素(如：Fe、Co、Ni、Fe/Ni、Co/Ni 等催化劑)於陽極石墨碳棒中，並將反應腔體抽真空，再通入流動的惰性氣體(如：氦氣或氬氣等)，並維持穩定的腔體內壓力(如：450 torr)。因陰極的冷卻效果對奈米碳管的品質具有很大的影響，故陰-陽極間須通以冷卻水之後，再啓動直流電壓源，調整電壓至約 30～35 V，然後以等速度緩慢地將陽極石墨棒往固定的陰極石墨棒端移動，當兩電極距離足夠小時(約＜1 mm)，兩電極間產生穩定的電弧。通常，此時生成的電流與電極間間距、氣體的壓力以及電極棒的尺寸等均有關，一般電流約控制在 50～100 A 左右；這時，陽極石墨棒尖端會因瞬間電弧放電所產生的高溫而氣化，氣化之碳在惰性氣體(Ar，He)的氣氛下分解生成七角碳環或五角碳環的結構，再組合奈米碳管，而在陰極石墨端沉積。

研究指出，本製程中影響碳管品質最重要的因素爲氦氣的壓力。1992 年 Ebbesen 等人發現 500 torr 的氦氣壓力會比 20 torr 時有更高的奈米碳管產率，而過高的電流會使碳管燒結在一起，故操作時應控制在可產生穩定電弧下的最低操作電流。通常，反應腔之陰極石墨棒上所沉積的奈米碳管，可觀察到非晶質(amorphous)碳、石墨微粒及煤灰等雜質，因而常需後續的純化處理。圖 3-43 爲工研院材料所產製的奈米碳管。

在電極中加入其他物種如鑭或釔，並以電弧氣化法進行製程，科學家們發現可長出單壁奈米碳管。IBM 的科學家們在電極中加入鐵、鈷、鎳等金屬，同樣以電弧氣化法合成奈米碳管，發現也具有相同的現象。其中兩碳棒電極之直徑約 1 cm，直流電弧在 Ar 氣氛、壓力 100 tor 下放電，電壓為 30 V，電流為 200 A，持續 5 分鐘，可在陰極碳棒上有單壁奈米碳管沈積。日本的科學家在電極中加入鐵，再以電弧法於 Ar 及甲烷的氣氛下氣化，發現可長出單壁碳管，這些碳管的端部是封閉的，但是在奈米碳管上卻找不到金屬觸媒的跡象。除了鐵、鈷、鎳以外，稀有元素如碳化鉻、鑭、釔元素等均可在電弧氣化法中當為觸媒，助長單壁碳管的長度。後續的研究也發現碳管的直徑也受到觸媒的影響，如將硫加入鈷中，或單是將硫加入電極中，如同添加鉍及鉛一樣，均能長出較大直徑的單壁奈米碳管。

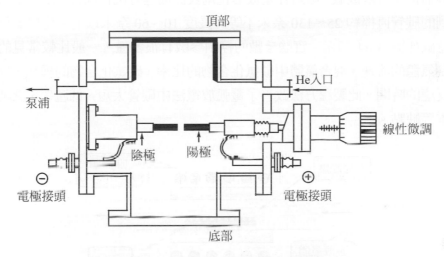

圖 3-42　電弧放電法裝置示意圖

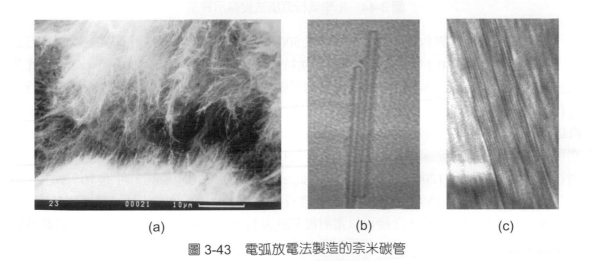

(a) (b) (c)

圖 3-43　電弧放電法製造的奈米碳管

二、化學氣相沉積法

化學氣相沉積法(CVD)是目前製備單層奈米碳管最有效率的方法，此法可應用於大表面積的生產或擁有多種產物型態的特質。而此法最早是被用來製作碳纖維。

1. 電爐加熱法：以化學氣相沉積法成長奈米碳管是目前最主要的方法之一，首先在基板上以離子束濺鍍沉積、熱蒸鍍或液相塗佈等方法鍍覆過渡金屬催化劑，並在高溫爐中退火或還原，使其成為奈米級的金屬顆粒，再將 CH_4、C_2H_2、C_2H_4、C_6H_6 等碳氫化合物的反應氣體通入高溫的石英管爐中反應(約 1000～1200°C)，碳氫化合物的氣體會因高溫而催化分解成碳，吸附在基板催化劑表面而進行沉積成長。由化學氣相沉積法所得到的碳管直徑約 25～130 奈米不等，長度 10～60 奈米以上。化學氣相沉積法設備示意圖如圖 3-44 所示。實驗參數的控制參數有很多種，一般比較常見的控制參數為控制氣體的流速、混合氣體中碳氫化合物的比率、碳氫化合物的種類、反應的溫度以及反應的時間。此製程方法改善了電弧放電法中碳管太短、低產率、低純度及高製作成本等缺點。

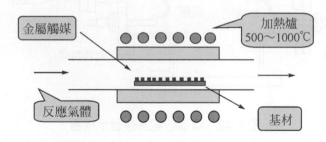

圖 3-44　化學氣相沉積法設備示意圖

以高純度的氧化鋰板為基材，先使之在 500°C 氮的氣氛下煅燒 3 小時，並以酸洗方法做表面處理，再置於 0.2 M 的草酸中於 40 伏特的電壓下做陽極處理 30 小時。之後，此基板再置於磷酸及鉻酸中做處理。以上過程均是做前置處理，這些過程會導致六角形平行直立孔洞的排列。接下來再用電化學方法的鈷觸媒沉積到每一直立孔洞的底部，達此步驟後將這基板放於 600°C 的管爐中通 CO 氣體 5 小時，即可長出奈米碳管。另外，以雷射方法亦可做前處理以成長奈米碳管，先以脈衝雷射打在混有鈷鎳的石墨靶材上，再將此靶材放到石英管中，加熱到 1200°C，並通入 Ar，此法的最大優點是產率高，可達 70～90%。類似此種方法，利用 Nd：YAG 脈衝雷射照於含有觸媒的靶材上，並將此材料濺鍍於基板上，以形成含有觸媒層的基板，之後再以雷射蝕刻此基板，刻出所要的模式出來。再將此基板置於化學氣相沉積的爐中成長，獲得較佳的奈米碳管。

　　台灣馬廣仁教授實驗室利用化學氣相沉積法，合成直立陣列碳奈米管獲得一些初步成果。在 45 mm 的石英管內以化學氣相沉積技術，合成長度 55 μm、面積約 4 cm² 均勻的直立陣列碳奈米管。化學氣相沉積法之成長溫度、時間、氣體流量等都對陣列碳奈米管成長形貌有決定性的影響，圖 3-45～3-47 顯示其差異性。

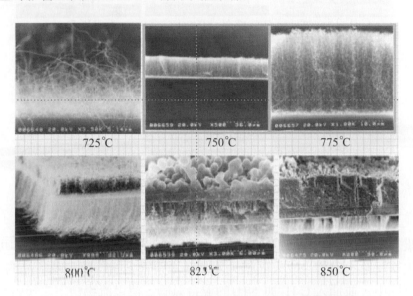

圖 3-45　溫度效應對碳奈米管成長形貌的影響
(Ar：100sccm，C_2H_2：2.5sccm，$Fe(NO_3)_3$：0.02M，10min)

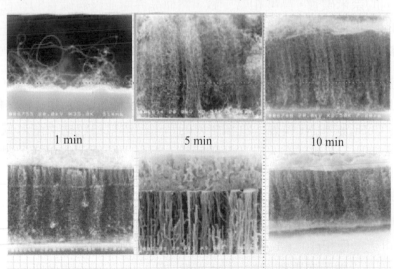

圖 3-46　反應時間對碳奈米管成長形貌的影響
(775°C，Ar：100 sccm，C_2H_2：2.5 sccm，$Fe(NO_3)_3$：0.02M)

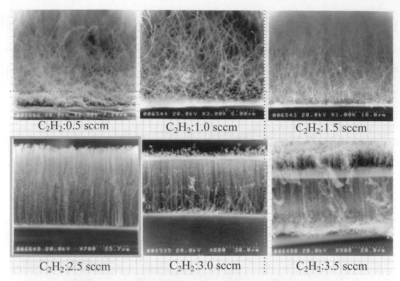

| C₂H₂:0.5 sccm | C₂H₂:1.0 sccm | C₂H₂:1.5 sccm |

C_2H_2:0.5 sccm　　C_2H_2:1.0 sccm　　C_2H_2:1.5 sccm

C_2H_2:2.5 sccm　　C_2H_2:3.0 sccm　　C_2H_2:3.5 sccm

圖 3-47　氣體流量對碳奈米管成長形貌的影響
(775ºC，Ar：100 sccm，$Fe(NO_3)_3$：0.02M，5.0 min.)

2. 微波電漿加熱法：微波電漿加熱法是利用微波電漿激發替代電爐加熱，可提供較均勻有效之化學反應，適合合成大面積列陣狀奈米碳管。如將單晶及多晶的 Ni 板當基板置於反應爐中，並通入 C_2H_2 與 NH_3 的混合氣體，待電流場穩定之後啟動電漿功率，製程時間則視所需奈米碳管之長度而定。由圖 3-48 可以看到，於多晶 Ni 基板上，長出整齊排列的奈米碳管，高度相當一致，然而晶界處並沒有碳管的存在，可能是由於沒有足夠的鎳當作催化劑。該研究也發現電漿的強度增加，碳管尺寸有相當程度的減少，其可能原因是電漿的作用減少了催化劑 Ni 顆粒的尺寸，而導致碳管尺寸的減少。

此外，以微波電漿輔助電子迴旋共振化學氣相沉積法(ECR-CVD)利用 CH_4 及 H_2 為反應氣源，成功地合成大面積(4 吋直徑)且具定向性的奈米碳管。使用的觸媒材料包括 Fe、Ni、Co 顆粒及 $CoSi_x$ 膜和 Ni 膜等。沉積生成的奈米結構材料包括：奈米碳管、藤蔓狀碳管、海草狀奈米碳片、花瓣狀奈米碳片及碳膜等。製程之關鍵因素包括：觸媒的種類及其施加方式、基材的偏壓和溫度、沉積的時間以及反應氣體中氫氣的含量等。而生成的奈米碳管直徑與觸媒顆粒的大小則有密切的關係，直徑一般可在 20～80 奈米左右；管長則與沈積時間有關，約在 1～3 微米間；管數密度由觸媒濃度及施加方式所控制，其每平方公分的管數最高可近一億根(10^8 tubes/cm²)，且是垂直於基板成長，長度也相當一致。圖 3-49(a)及(b)為本製程成長之典型奈米碳管的 SEM 影像；圖 3-49(c)及(d)則為典型海草狀奈米碳片的 SEM 影像；圖 3-49(e)及(f)則分別為以鈷及鎳觸媒顆粒成長的奈米碳管 TEM 影像。在場效電子發射特性方面，目前此製程最佳者為以 Co 觸媒成長的奈米碳管，此碳管在

5.3 V/μm 電場下，場效發射電流密度可達 32 mA/cm^2，臨限電場 E_{th} 為 4.2 V/μm 遠低於目前鉬或鎢(50～100　V/μm)等傳統場發射材料，另也優於鑽石材料(8～40　V/μm)。

　　本製程一般之實驗條件及生成碳管之特性可歸納如下：

1. 利用 CH_4、C_2H_2、或 C_2H_4 及 H_2 或 NH_3 為反應氣源。

2. 使用觸媒材料：Fe、Ni、Co 顆粒及 $CoSi_x$ 膜和 Ni 膜。

3. 奈米結構材料：奈米碳管、藤蔓狀碳管、海藻狀碳片、花瓣狀碳片及碳膜。

4. 製程關鍵因素：觸媒種類及施加方式、基材的偏壓和溫度、沉積時間及反應氣體氫氣的含量。

5. 生成的奈米碳管直徑與觸媒顆粒的大小有密切之關係。

6. 直徑：20～80 奈米。

7. 管長(與沉積時間有關)：1～3 微米。

圖 3-48　多晶 Ni 基板上長出垂直排列之奈米碳管

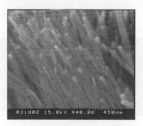
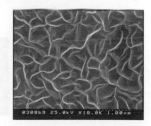

(a)奈米碳管(頂視圖)　　　　(b)奈米碳管(側視圖)　　　　(c)海草狀奈米碳片(頂視圖)

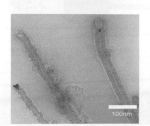
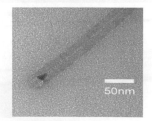

(d)海草狀奈米碳片(側視圖)　　(e)鈷觸媒成長的奈米碳管　　(f)鎳觸媒成長的奈米碳管
　　之 SEM 影像　　　　　　　　　　　　　　　　　　　　之 TEM 影像

圖 3-49　ECR-CVD 成長的典型碳奈米結構形貌

三、雷射蒸發法(Laser Vaporization)

其主要原理和電弧法相似,最大的不同是以高能雷射取代電弧放電,將含觸媒的石墨棒瞬間氣化後,再冷卻而得到單壁奈米碳管,設備如圖 3-50 所示。利用金屬(如鈷與鎳)與石墨合成靶材,再以高能雷射(Nd YAG Laser)轟擊之,在 500 Torr 的氬氣下進行對焦蒸發,並保持反應管之溫度約在 1200°C,隨著爐管中高溫區域惰性氣體的快速流動,蒸發的碳隨即被帶往爐體外末端的圓錐型水冷銅上沉積,沉積物再經萃取精鍊後可得單壁奈米碳管。此技術可得到生成率高且直徑均勻的單壁奈米碳管,研究也發現使用兩部雷射較一部雷射有較佳的氣化效果。

以雷射轟擊不同成分的靶材($C_xNi_yCO_y$,C_xNi_y,C_xCo_z)發現 $C_xNi_yCo_z$ 的靶材所生成的單壁奈米碳管較大也較均勻,同時也發現 Ni 從 C_xNi_y 靶材激發較 NiCo 從 $C_xNi_yCo_z$ 靶材激發或 Co 從 C_xCo_z 靶材激發較具效率。在室溫下以 CO_2 雷射轟擊 C_xCo/Ni 靶材,發現單壁奈米碳管的長度及束狀結構受到脈衝雷射所持的時間影響($l\sim20$ ms)。類似的研究也發現,雷射脈衝強度也影響單壁奈米碳管的直徑。雷射法的另一優點是較不會產生電弧放電法常會生成的非晶質碳或其他結構碳材,其生成物較一般電弧法純度高、雜質少,並可由雷射蒸發純碳及純金屬的結構推論單壁奈米碳管之生長機制。通常,此法最大的優點在於可產製大於 70%以上的單層奈米碳管,所得的奈米碳管直徑分佈在 5～20 奈米,管長可達 10 微米。

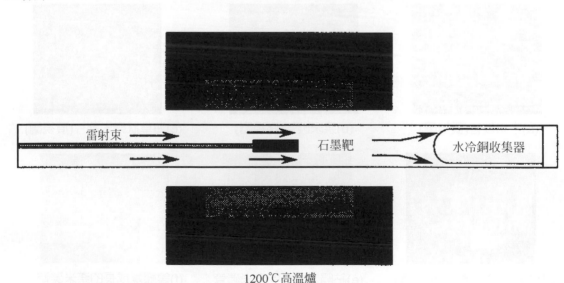

圖 3-50　雷射氣化法設備示意圖

四、觸媒熱裂解法(Catalytic Pyrolysis)

1. 多壁奈米碳管(MWNTs)之合成：以電弧放電法或是雷射蒸發法合成奈米碳管都有一些不可避免的缺點，就是以物理的方法目前還無法有效控制奈米碳管生成的管徑、長度、排列問題等等。因此於 1994 年有人發表以觸媒熱裂解合成奈米碳管，到了 1997 年 R.Sen 等人發表以 C60 進行高溫裂解以合成排列奈米管束。另外也有將鐵蒸鍍在多孔性基材上，形成自我排列的奈米碳管。主要是取一方形的矽基板，並將其在酸液中進行前處理使其形成薄薄的奈米微孔層，在將鐵薄片以電子束將其蒸發，透過光罩之方式將鐵蒸鍍到所設計的位置，並在空氣氣氛下以 300°C 鍛燒長時間，使表面物質氧化。在將熱處理過的基材放入管形爐中通入氫氣，加熱至 700°C，並以 1000 cm³/min 之速率通入 C_2H_2 氣體 15 至 60 分鐘，再降至室溫即可。

2. 單壁奈米碳管(SWNTs)之合成：以熱裂解合成單壁奈米碳管主要有兩種方法：

    (1) 碳氫化合物以觸媒熱裂解成長單壁奈米碳管：主要的改進方式是將進料及反應溫度提高到 1200°C，且加入硫茂(thiophene)當作促進劑。設備流程圖如圖 3-51 所示。以氫當作載氣，$(C_5H_5)_2Fe$ (ferrocene)當作觸媒，並添加少量硫化物。反應時氫氣通入苯中並帶出碳氫化合物後通過$(C_5H_5)_2Fe$ 昇華器，進入反應器中，可在反應器尾端得到單壁奈米碳管。

    (2) 從 CO 中以氣相觸媒成長單壁奈米碳管：是在 CO 中以氣相觸媒成長單壁奈米碳管之方法，設備如圖 3-52 所示。此反應中之觸媒主要是 $Fe(CO)_5$，原料 CO 是碳管的成長來源，由 CO 自身氧化還原反應所生成的碳，$CO_{(g)} + CO_{(g)} \rightarrow C_{(s)} + CO_{2(g)}$。當反應中 CO 壓力增加時，會導致 CO 自身氧化還原速率加快，產生更多的碳原子供給生長所需，另外較多的碳原子聚集在 Fe 粒子周圍使得單壁奈米碳管更易生成，而使管徑變小。圖 3-53 以此技術經純化後得到之單壁奈米碳管。

    雖然截至目前為止，奈米碳管的發展仍處於研究的階段，但在國外已有許多的公司已經將奈米碳管的合成與應用進行商業化，如應用奈米技術公司(Applied Nanotechnologies，Inc.)、Piezomax Technologies、Carbon Nanotechnologies Inc.與 NanoLab，Inc.等，皆已經將奈米碳管的生產與用途進行商業化。以對於生產陣列式的奈米碳管而言，應用奈米技術公司也提出相關的產品，圖 3-54 為應用奈米技術公司在四吋矽基板上成長之不規則排列之單壁奈米碳管膜及垂直排列之多層奈米碳管，為可提供商品化產品實例。

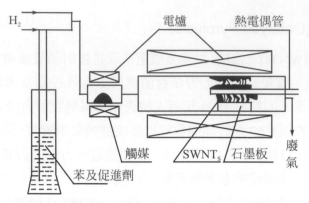

圖 3-51　觸媒熱裂解成長單壁奈米碳管設備流程

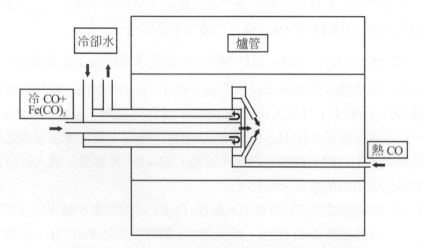

圖 3-52　CO 中以氣相觸媒成長單壁奈米碳管設備

圖 3-53　在 CO 中以氣相觸媒成長之單壁奈米碳管

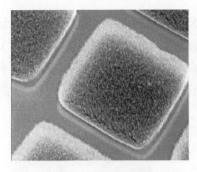

(a)不規則排列之單壁奈米碳管膜　　　(b)垂直排列之多層奈米碳管

圖 3-54　在四吋矽基板上成長

3-4-4　奈米碳管之純化技術

1. 以氧化法純化多壁奈米碳管：以氧化法純化多壁奈米碳管的想法乃基於一個事實，即結構上具有大量缺陷的奈米級顆粒比結構完整的奈米碳管更能被氧化，因此奈米碳管可被氧氣選擇性侵蝕，但經過實驗結果，科學家們發現將實驗所得的碳材(含奈米碳管及奈米碳粉)氧化，當 85%的奈米碳材被氧化之後，並無大量奈米碳管被發現；當 95%的奈米碳材被氧化後，在殘留物中有含有 10-20%奈米級顆粒；在 99%的奈米碳材被氧化後，方可獲得非常高純度多壁奈米碳管。由此結果，得到一個結論即"奈米碳管與奈米級顆粒對氧化的活性相似"。因此，此方法並不是一個有效可行的方法做奈米碳管的純化，尤其是對單壁奈米碳管，這種方法過於激烈。

2. 以嵌入觸媒後進行氧化：奈米級顆粒及其他石墨類材料，具有較開放的結構，因此比具有端蓋的奈米碳管易被異質插入，以二氯化銅及氧化鉀之混合溶液插入碳層間，再將之還原成金屬銅，以銅做為氧化觸媒，奈米級顆粒將優先被氧化。以此法純化的結果發現，陰極上的煤煙幾乎全部是奈米碳管，但使用此法會使得部分的奈米碳管失去。實驗結果發現最終奈米碳管產物包含有殘餘的插入物。研究同時也發現，溴的插入亦可當氧化觸媒之用。

2002 年的研究中指出，藉由溴的插入及多次純化的步驟來獲的高純度的奈米碳管。其步驟如下所示：

(1) 生成之後的初生奈米碳管以超音波震盪器震盪並以熱處理初步分離雜質。

(2) 於 90°C 下浸泡在溴水中 3 小時。

(3) 殘存的雜質於空氣下升溫至 520°C 熱處理 45 分鐘氧化清除。

(4) 最後，再以去離子水清洗得到純化過的奈米碳管。

　　圖 3-55 為經不同純化步驟下奈米碳管的 TEM 圖，圖 3-55(a)為初生的奈米碳管擁有相當多量的雜質，包括催化劑金屬粒子、非晶質碳或許多的奈米碳黑微粒，圖 3-55(b)只經過超音波震盪的奈米碳管，與圖 3-55(c)經溴水清洗的奈米碳管比較，其仍具有相當多的雜質，而圖 3-55(c)的雜質則較少；圖 3-55(d)則顯示經溴水清洗過後的奈米碳管的 TEM 圖，可以清楚的見到其雜質已經減少很多。

(a)為初生的奈米碳管擁有相當多量的雜質

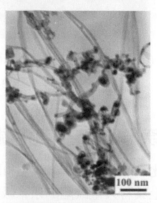

(b)只經過超音波震盪的奈米碳管

(c)經溴水清洗的奈米碳管

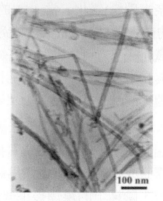

(d)顯示經溴水清洗過後的奈米碳管
其雜質已經減少很多

圖 3-55　經不同純化步驟下奈米碳管的 TEM 圖

3.　以離心、過濾及色層析法純化多層型奈米碳管：此法是先以表面活化劑製備含有奈米碳管的懸浮液，隨後加入凝聚劑，使奈米級顆粒留在懸浮液中，而讓奈米碳管得以凝集，隨後移出凝聚沉積物，讓凝聚過程得以繼續進行，此法不僅可以分離奈米碳管及奈米粉末，也可以用以分離不同長度奈米碳管。另外也有研究者利用生化分子的分離方法(size exclusion chromatograph)分離不同長度奈米碳管。

4.　純化單壁奈米碳管：單壁奈米碳管和非晶碳、C_{60}、多層奈米管、類石墨奈米粒子及催化金屬奈米粒子會同時出現於金屬石墨電極之電弧蒸發凝結物中。因此，單壁奈米碳管之隔離及純化是單壁奈米碳管生產過程中重要之過程，它有時是最費時的一個環節。目前已對單壁奈米碳管之隔離及純化發展出數種技術，包括酸處理、氣體氧化、過濾及色層分析等。以酸處理將金屬粒子及非晶碳由金屬石墨電極的蒸發物中移除。文獻中出現不同的處理時間、溫度、濃度及酸的成分。而通常樣本會在 HNO_3、鹽酸、H_2SO_4 中以迴流蒸餾塔煮沸。

　　為移除非晶碳，在高溫(300～550°C)中以氧氣或空氣氧化。氧化之溫度決定於金屬奈米粒子的數量。文獻中已有關於利用鹽酸、Cl_2 及水混合物處理來移除非晶煤煙及金屬粒子的資料。然而此法至今尚未被用於大量單壁奈米碳管之生產。

　　交互利用酸處理及在空氣中逐漸增溫之熱氧化是最有前景的。其原因如下：金屬奈米粒子外表經常披覆有碳層，並且在初步的酸處理過程中並未被移除。當在空氣中被氧化時，在金屬粒子上的碳層會最先被氧化，然後這些粒子會被酸所腐蝕。氧化的階段必須在更高的溫度中進行，如此可以移除其他金屬粒子上更穩定的碳層。金屬粒子在之後酸的沖洗中溶解。這些步驟重複多次之後，可以保留並隔離大部分的單壁奈米碳管。在大約 500°C 時，金屬奈米粒子碳層的氧化率會接近奈米碳的非催化氧化率，因此進一步提高溫度是沒有效率的，它可能導致單壁奈米碳管的耗損。

　　奈米管在以氧氣及酸氧化後，會在管壁側面的缺陷或管子兩端產生碳氧基群。它們可以藉由在真空中的熱處理來移除，如此多半會產生有開口的奈米管。有關針對包含單壁奈米碳管之煤煙進行漸次氧化的過程在文獻中有深入之研究。初始材料是使用 Ni-Co 催化劑並利用雷射法產生的。單壁奈米碳管利用濃縮的鹽酸處理過，而氣體氧化是利用 5% O_2/Ar 混合物，在 1 大氣壓下經過 1 小時完成的。一般而言，在超音波下以酸處理十分鐘，再以酸於迴流冷凝裝置中煮沸樣品，並於 300 及 500°C 利用二階段氣相氧化，相信就足以產生純化的單壁奈米碳管。

　　另外成功的處理方法是將未做任何處理的煤煙(soot)置於蒸餾水下回流清洗一段時間後，再予以過濾及乾燥處理，此階段的處理可以除去部分石墨顆粒及非晶質碳，之後再以甲苯洗去 C_{60} 系列產物，並於 470°C 空氣下熱處理煤煙，將非晶質碳氧化掉，再以濃鹽酸溶解作為觸媒之用的金屬顆粒，大部分的不純物可由此法去除。另外，亦有研究者以微過濾法純化單壁奈米碳管，此法乃是在溶液中將奈米碳管及衍生物懸浮分散，同時用超音波震盪以保持過濾時的懸浮狀態，再以薄膜過濾奈米碳管，此法使得 150 毫克的煤煙於處理三到六小時後，可得到含 90%以上單壁奈米碳管，另外，如前所述的尺寸分離色層析法亦

奈米科技導論

可用於純化單壁奈米碳管。

遺憾的是，至今尚未有可靠的單壁奈米碳管純度之量測法。一般會結合如電子顯微鏡 (SEM，TEM)、元素分析、熱分析、拉曼光譜儀、紫外光/可見光/近紅外線分析儀等量測法。

3-5 結語

隨著膠體化學的建立，早於 1861 年科學家已開始對直徑 1～100 奈米的微粒子之合成進行研究。真正有關奈米粒子的研究則可追溯到 1930 年代的日本，當時為了軍事需要而進行"沉煙試驗"，但受到實驗技術和條件限制，雖用真空蒸發法合成世界上第一批奈米微鉛粉，但光吸收特性很不穩定。直到 1960 年代才開始對不同材料的奈米粒子進行研究。1963 年，Uyeda 用氣凝合成法製得金屬奈米微粒，對其形貌和晶體結構進行電子顯微鏡和電子繞射分析研究。直到 1984 年，德國的 H. Gleiter 等人利用氣凝合成技術得到的奈米鐵粒子，才使奈米材料成為歐美材料科學研究的風潮。

國際上先進國家對奈米材料研究領域極為重視，日本自 1982 年以來已進行了二個奈米材料的七年研究計畫，形成二個奈米材料研究製備中心。德國也在 Ausburg 建立奈米材料製備中心，發展奈米複合材料和金屬氧化物奈米材料。1992 年，美國將奈米材料列入"先進材料與加工總統計畫"，將用於此專案的研究經費增加 10%，增加資金 1.63 億美元。並促使美國伊利諾大學與奈米技術公司合作建立奈米材料合成技術平台。

目前奈米材料的製備方法，以物料狀態來分可歸納為固相法，液相法和氣相法三大類。固相法中熱分解法製備的產物易固結，需再次粉碎，成本較高。物理粉碎法及機械合金化法工藝簡單，產量高，但製備過程中易引入雜質。氣相法可製備出純度高，顆粒分散性好，粒徑分佈窄而細的奈米微粒。1980 年代以來，隨著對材料性能與結構關係的理解，開始採用化學途徑對性能進行"剪裁"。並顯示出優越和廣泛的應用前景。液相法是實現化學"剪裁"的主要途徑。這是因為依據化學手段，往往不需要複雜的儀器，僅通過簡單的溶液過程就可對性能進行"剪裁"。

本章僅對氣相法與液相法有較深入之說明，對於固相法並未提及。主要由於氣相法與液相法為目前奈米微粒材料最主要合成方法，也最能符合奈米材料之應用特性及需求。另外，下列幾點亦為未來奈米材料合成技術之重要展望。

1. 如何發展新的製備技術。
2. 新的製備方法將會擴大奈米微粒的應用範圍和改進其性能。預期對奈米材料製備科學發展趨勢的探索能使產物顆粒粒徑更小，大小更均勻，形貌更均一，粒徑和形貌均可調控，且可成本降低，並推向產業化。

3. 利用奈米微粒來實現不互溶合金的製備是另一個值得注意的發展方向。利用小尺寸效應已製備出性能優異的奈米微晶軟磁、永磁材料及高密度磁記錄用奈米磁性粉，並已進入工業化生產。

4. 量子點的研究是近年來的熱門課題。在分子束技術中利用自組裝方法製備出 InAs 量子點列陣，並展現雷射發光，是十分引人注意的新發展。而利用簡單的化學技術如膠體化學法可製備尺寸基本相同的量子點列陣，現已用此法製備成功 CdS 和 CdSe 量子點超晶格，其光學和電學性質很引人注目。其他如金屬(如 Au)量子點列陣的製備，在國際上也引起了重視。此外，以精巧的化學方法或物理與化學相結合的方法，來製備能在室溫工作的光電子器件，涉及的尺度一般在 5 奈米以下。這些都是奈米材料領域十分富有挑戰和機遇的研究方向，必將推動奈米材料研究的進一步深入發展。

世界工業發達國家，如美國、日本等一些奈米材料的生產已具有商業規模。如美國伊利諾州 Nanophase Technologic Corp 公司生產單相氧化物陶瓷如氧化鋁、氧化鋯等奈米材料，所用生產方法為氣凝合成法。該公司的每個裝置每小時可生產 50-100 克。另一家位於新澤西州的 Nanodyne 公司用噴塗轉化法生產鈷碳化鎢奈米複合材料，用於製造切削工具和其他耐磨裝置。

俄羅斯在奈米微粉的生產和應用上也居世界先進水平。例如，克拉斯諾亞爾斯克國立技術大學利用爆炸反應法製備的奈米鑽石粉末粒度在 2-14 奈米範圍，平均粒徑 4 奈米，比表面積為 $250\sim350$ m^2/g。該奈米鑽石微粉熱穩定性好。用這種奈米鑽石粉末製作各種工具、表面塗層，可提高塗層硬度 $1.5\sim3$ 倍，提高耐磨性 $1.5\sim8$ 倍。俄羅斯原子能部還開發出製備 Ni、Cu、Al、Ag、Fe、Sn、Mg、Mn、Pt、Au、Mo、W、V 及稀土金屬等奈米微粉的生產技術。

中國大陸奈米材料的合成研究很多，其中合成奈米微粉最為普遍。目前在研製奈米微粉的大約有 100 家，根據不完全統計，中國大陸目前已能製備出近 50 種奈米材料，主要是奈米微粉。然整體來看，中國大陸大部分合成研究與工業化規模生產還有相當的距離。

合成和發展奈米微粉體材料，為滿足當今高科技對結構和功能材料之需要，是當今奈米材料科學的重要組成部分。相信不久的將來在奈米微粉的量產技術上有所突破，得以廣泛應用在工業生產中，使奈米微粉的優異特性得以造福人類。

習 題

1. 奈米材料之定義為何？由哪些分類？

2. 如何決定奈米顆粒材料之品質？以合成技術簡述其差異性在哪裡？

3. 列述奈米微粒合成技術之分類為何？簡述其差異性？

4. 說明氣相合成法合成奈米微粒之原理？以氣凝合成法之實驗條件為例，如溫度、氣氛總類、壓力、收集溫度等，闡述如何控制這些因數得到不同粒徑之奈米粉體。

5. 溶液合成法種類有哪些，其優缺點為何？

6. 試述控制溶膠凝膠法之反應因素有那些？其主要反應為何？

7. 比較奈米碳管之不同合成方法？其一般使用之催化劑為何？同時比較不同合成方法得到奈米碳管特性之差異性。

8. 奈米管或柱之重要性在哪裡？給你(10，10) armchair 結構，試問其管直徑為何？假設 C-C 鍵長為 a。

9. 何為自組裝(self-assembly)方法？其重要性為何？

參考文獻

1. Kubo，J. Phys. Soc. Japan，17，(1962) 975.

2. H. Gleiter，etc.，Phys. Rev. Lett.，102A(1984)365.

3. R. Birringen，Materials Science and Engineering，A117，(1989)33～43.

4. B. H. Kear，Navel Research Review，Four 1994，pp. 4-14.

5. 林鴻明、林中魁，"奈米科技應用研究與展望"，工業材料 179 期，90 年 11 月，84～91。

6. Iijima S，Helical Microtubules of Graphite Carbon，Nature，354 (1991) 56～58.

7. Huang Zeng，Ling Zhu，Guangning Hao，Rongsheng Sheng，Carbon Vol 36，259-261.

8. Zujin Shi，Yongfu Lian，Fu Hui Liao，Xihuang Zhou，Zhennan Gu，Y，Zhang，S. Iijima，Hongdong Li，Kwok To Yue，Shu-Lin Zhang，Journal of Physiscs and Chemistry of Solids 61 (2000) 1031～1036.

9. Masako Yudasaka，Minfang Zhang，Sumio Iijima，Chemical Physics Letter 323 (2000) 549～553.

10. Shen Zhu，Ching-Hua Su，J.C. Cochrance，S. Lehoczky，I. Muntele，D. Ila，Diamond and Related Materials 10 (2001)1190～1194.

11. Young Chui Choi，Dong Jae Bae，Young Hee Lee，Byung Soo Lee，In Taek，Won Bong Choi，Nae Sung Lee，Jong Min Kim，Synthetic Metals 108 (2000) 159～163.

12. Cheol Jin Lee，Jeunghee Park，Jae Myung Kim，Yoon Huh，Jeong Yong Lee，Kwang Soo No，Chemical Physics Letters 327 (2000) 277～283.

13. R. Ma，Y. Bando，T. Sato，Chemical Physics Letter 337 (2001) 61～64.

14. Qing Zhang，S.F. Yoon，J. Ahn，B. Gan，Rusli，M.-B. Yu，Journal of Physics and Chemistry of Solids 61 (2000) 1179～1183.

15. Hamada N，Sawada A，Nishyama A，Phys Rev Lett 68 (1992) 1579～1581.

16. Saito R，Fujita M，Dresselhaus G，Dresselhaus MS，Appl Phys Lett 60 (1992) 2204～2206.

17. Tanaka K，Okahara K，Okada M，Yamabe T，Chem Phys Lett 191 (1992) 469～472.

18. Ebbesen TW，Lezec HJ，Hiura H，Bennett Jw，Ghaemi HF，Thio T，Nature 382 (1997) 54～56.

19. Wildoerm J W G，Venema L C，Rinzler A G，Smalley RE，Dekker C，Nature，391 (1998) 59～62.

20. Odom T W，Huang JL，Kim P，Lieber CM，Nature 391 (1998) 62～64.

21. Treacy MMJ，Ebbesen TW，Gibson JM，Nature 381 (1996) 678～680.

22. Yahachi Saito，Sashiro Uemura，Carbon 38 (2000) 169～182.

23. Masaaki Hirakawa，Saki Sonoda，Chiaki Tanaka，Hirohiko Murakami，Hiroyuki Yamakawa，Applied Surface Science 169-170 (2001) 662～665.

24. U. Hubler，P. Jess，H.P. Lang，H-J Güntherodt，J-P Salventat，L. Forro，Carbon Vol 36 (1998) 697～700.

25. Dai H，Hafner J. H，Rinzler A.G，Colbert Dt，Smalley RE，Nature 384 (1996) 147～150.

26. R. Strobel，L. Jorissen，T. Schliermann，V. Trapp，W. Schutz，K. Bohmhammel，G. Wolf，J. Gr\arche，Journal of Power Sources84 (1999) 221～224.

27. Seung MI Lee，Ki Soo Park，Young Chul Chai，Young Soo Park，Jin Moon Bok，Dong Jae Bae，Kee Suk Nahm，Yong Gak Choi，Soo Chang Yu，Nam-gyun Kim，Thomas Frauenheim，Young Hee Lee，Synthetic Metals 113 (2000) 209～216.

28. Ralph T. Yang，Carbon 38 (2000) 623～641.

29. V. Badri，A.M. Hermann，International of Hydrogen Energy 25 (2000) 249～253.

30. Niu C，Sichel EK，Hoch R，Moy D，Tennent H，Appl Phys Lett 70 (1997) 1480～1480.

31. A.C. Dillon，K.M. Jones，T.A. Bekkedahl，C.H. Kiang，D.S. Bethune，M.J. Heben，Nature 386 (1997) 337.

32. G.E. Gadd，M. Blackford，S. Moricca，N. Webb，P.J. Evans，A.M. Smith，G. Jacobsen，S. Leung，A. Day，Q. Hua，Science 277 (1997) 933.

33. H. R. Khan，K. Petrikowski，Journal of Magnetism and Magnetic Materials 215～216 (2000) 526～528.

34. G. Dumpich，T. P. Krome，B. Hausmanns，J. of Magnetism and Magnetic Materials 248 (2002) 241～247.

35. S. Valizadeh，J. M. George，P. Leisner，L. Hultman，Thin Solid Films 402 (2002) 262-271.

36. Y.W. Wang，L.D. Zhang，G.Z. Wang，X.S. Peng，Z.Q. Chu，C.H. Liang，Journal of Crystal Growth 234 (2002) 171～175.

37. Nathalie Sanz，Patrice L. Baldeck，Jean-François Nicoud，Yvette Le Fur，Alain Ibanez，Solid State Sciences 3 (2001) 867～875.

38. C. Lafuente，C. Mingotaud，P. Delhaes，Chemical Physics Letters 302 (1999) 523～527。

39. J. Lee and T. Tsakalakos，Nanostructure Materials，8 (1997) 381.

40. R. L. Vander Wal，Chemical Physics Letters，324 (2000) 217.

41. 賴明雄，奈米微粒子的製造方法簡介，粉末冶金會刊第 19 卷第 4 期，(1994) pp. 247 ～256.

42. 蘇品書編譯，「超微粒子材料技術」，復漢出版社印行，台南(1989)。

43. Ryozi Uyeda，"Studies of Ultrafine Particles in Japan：Crystallography. Methods of Preparation and Technological Applications"，Progress in Materials Science，Vol. 35，1991，1～96.

44. 宇田廣雅，日本金屬學會會報，22，(1983)412.

45. 小石眞純 編輯，「超微粒子開發應用」(1989)，Science Forum.

46. 外山茂樹 等編輯，「超微粒子應用技術」，(社)日本粉體工業技術學會編，昭和六十一年。

47. 林鴻明，「奈米材料未來的發展趨勢」，科技發展政策報導，SR9109，2002 年 9 月，648～666。

48. 林鴻明，「台灣奈米結構材料與技術之研究現況」，化工科技與商情，No. 32，2002 年 5 月，26～28。

49. R. F. Strickland-Constable，“Kinetic and Mechanism of Crystallization”，Academic Press，(1968) 44.

50. 超微粒子－科學の應用，日本化學會，化學總說 No. 48，23，1985。

51. 加藤昭夫：セラミックス，19(1984)478.

52. 光井彰，加藤昭夫：窯協誌，93(1986)105.

53. R. Kubo，J. Phys. Soc. Japan，17，(1962) 975.

54. K. Kusaka，N. Wada and A. Tasaki，Japan J. Appl. Phys.，8，(1969) 599.

55. A.Tasaki，S. Tomiyama，S. Iida，N. Wada and R. Uyeda，Japan J. Appl. Phys，4(1965)707.

56. T. Tanaka and N. Tamagawa，Japan J. Appl. Phys.，6，(1967) 1096.

57. T. Fujita，K. Ohshima，N. Wada and T. Sakskibara，J. Phys. Soc. Japan，29，(1970) 797.

58. N. Wada，*Japan J. Appl. Phys.*，7(10)，(1968) 1287.

59. K. Kimoto，I. Nishida，*Japan J. Appl. Phys.*，6(9)，(1967)1047.

60. K. Kimoto，Y. Kamiya，M. Nonoyama and R. Uyeda，*Japan J. Appl. Phys.*，2，(1963) 702.

61. N. Wada，*Japan J. Appl. Phys.*，6，(1967) 553.

62. N. Wada，*Japan J. Appl. Phys.*，8，(1969) 551.

63. S. Yatsuya，S. Kasukabe and R. Uyeda，*Japan J. Appl. Phys.*，12，(1973) 1675.

64. 大同大學材料工程學系林鴻明教授奈米材料實驗室氣凝合成設備圖。

65. Hong-Ming Lin，Wen-Li Tsai，Shah-Jye Tzeng，Y. Hwu，Wen-An Chiou and Michael Coy，*Engineering Chemistry & Metallurgy*，Vol. 20 Supplement，Oct. 1999，462~467.

66. Chi-Ming Hsu，Hong-Ming Lin，Kuen-Rong Tsai，and Pee-Yew Lee，*J. Appl. Phys.*，76(8)，1994，pp. 4793~4799.

67. S.Yatsuya，S. Kasukabe，and R. Uyeda，Jpn. J. Appl. Phys，12，(1973)1675.

68. 高正雄，電漿化學，復漢出版社，民國 73 年 8 月。

69. 賴耿陽，電漿工學的基礎，復文書局，民國 79 年 2 月。

70. Tadashi Koizumi，S. Yokota，S，Matsumura，Y. Inoue，Nov. 21，1989，US Patent 4881722.

71. 蒙台北科技大學機械工程系蘇程裕教授提供其開發之設計圖。

72. 蘇程裕工業技術研究院　工業材料研究所　特殊維修實驗室。

73. Ryozi Uyeda，“Studies of Ultrafine Particles in Japan：Crystallography. Methods of Preparation and Technological Applications”，Progress in Materials Science，Vol. 35，1991，1~96.

74. M. Oda，Dissertation(in Japanese)Nagoya Univeristy(1986)；H.U.T. (Mita) pp.115-132.

75. 超微粒子材料技術 莊萬發編撰 復漢出版社印行 1995 年。

76. 張立德、牟季美著,「納米材料和納米結構」,應用物理學叢書,科學出版社 ,北京,(2001),114。

77. D. Karl, Production and characterization of dry lubricant coating for tools on the base of carbon, I. J. R. Met. & H. Mate.,20(2002)121-127.

78. S. Yatsuya,Y. Tsukasaki,K. Mihama,and R. Uyeda,J. Cryst. Growth,45 (1978) 490～494.

79. I. Nakatani,T. Furubayashi,T. Takahashi,and H. Hanaoka,J. Magnetism and Magnetic Materials,65(1987)261～264.

80. M. Uda,Kaiho(Bulletin),Metal. Soc. Jap. 22,(1981)412～420(in Japanese).

81. G.,J. L.,S.N.,E.,Si-C-N nanometric powder produced in square-wave modulated RF glow discharges,D. R. Mater. 7 (1998) 407～411.

82. T. Yoshida,E. Endo,K. Saito,and K. Akashi,J. Appl. Phys. 54(1983)95-101.

83. T. Yoshida,The Future of Thermal Plasma Processing,Materials Transactions JIM[J],31(1),(1990)1～11.

84. 戴遐明,王加龍,中國粉體技術,第五卷第六期,1999 年 12 月,31～35。

85. 上田良二,日本金屬學會報,17,15(1978)403。

86. Wei-Lun Lee,Hong-Ming Lin,Tsing-Tshih Tsung,Ho Chang,Chung-Kwei Lin,「Synthesis of CuO Nanoparticles by ASNSS Technologies」,Proceeding of the 2002 Annual Conference of the Chinese Soc. for Materials Science,Nov. 22～23,2002,Taipei,Taiwan.

87. 羅志宏、鍾清枝、林鴻明,「眞空潛弧製造系統製備奈米流體之特性研究」,Proceeding of the 2002 Annual Conference of the Chinese Soc. for Materials Science,Nov. 22-23,2002,Taipei,Taiwan.

88. Therald Moeller et al," Chemistry with Inorganic Qualitative Analysis,1st ed. & 2nd ed.,Academic Press,New York,1980 & 1984.

89. NBS Technical Note (1968),270-4 (1969),250-5 (1971),270-7 (1973) and NBS Circular 500 (1952).

90. D. Vollater,"Aerosol Methods and Advanced Techniques for Nanoparticle Science and Nanopowder Technology",Proceeding of the ESF Exploratory Workshop,Duisburg,Germany,(1993)15.

91. 月館隆明、津久間孝次，陶瓷(日文)，17，(1982)816.

92. 加藤昭夫、森滿由紀子，日化，23，(1984)800.

93. 李道火，化工冶金增刊，20 卷(1999)457.

94. 奧山喜久夫、增田弘昭、諸岡成治共著，新體系化學工學-微粒子工學，日本，1992，ISBN4-274-12900-4。

95. F.Fievet，J. P. Lagier et al.，Solid State Ionics，1989，32/33：198.

96. M. R. De Guire，et al.，J. Mater. Res.，1993，8(9)：2327-2335.

97. K. N. Clson and R. L. Cook，J. Am. Ccram. Soc.，1959，38：499.

98. J. L. Shi et al.，J. Mater. Sci.，30(1995)5508，Lu Chang-Wei，Shi Jian-Lin et. al. Thermochimica Acta 232(1994)77.

99. M. Fievet，J. P. Lagier et al.，MRS Bull，1989，14：29.

100. C. Ducamp-Sanguesa，et al.，Solid State. Ionics，1993，25：63～65.

101. C. Ducamp-Sanguesa，et al.，J. Solid State. Chem.，1992，100：272.

102. G. L. Messing，S.C. Zhang and G. V. Jayanthi，J. Am. Ceram. Soc.，76 (1993) 2707.

103. Culliver F. A. J. Am. Ceram. Soc.，74(5); (1991) 20.

104. Blum J. B. et al.，J. Mater. Sci，(1985)4479.

105. Mazdiyasni K. S. et. al.，J. Am. Ceram. Soc.，52(10) (1969)523～6.

106. Mazdiyasni K. S. et. al.，Ceram. Buletin.，63(4)，(1984)591～4.

107. 錢逸華，朱英杰，張曼維，微米納米科學與技術，1(1)，(1995)27。

108. http：//www.casnano.net.cn/gb/kepu/cailiao/cl001_02.html.

109. Zhu Yingjie，Qian Yitai et. al.，Mater. Lett.，17(1993)314-318.

110. Zhu Yingjie，Qian Yitai et. al.，Mater. Sci.Eng. B，23 (1994)116.

111. Zhu Yingjie，Qian Yitai et. al.，J. Alloys. and Compounds，221 (1995)L4～L5.

112. Zhu Yingjie，Qian Yitai et. al.，J. Mater. Sci. Lett.，13(1994).

113. Zhu Yingjie，Qian Yitai Mater. Trans. JIM 36(1995)80.

114. Zhu Yingjie，Qian Yitai，et. al. Nano-Structure Mater. 4/8(1994)915.

115. Y. P. Liu，Y. T. Qian et. al.，Mater. Lett.，26(1996)81-83.

116. Zhu Yingjie，Qian Yitai et. al.，Mater. Lett.，28(1996)119～122.

117. Zhu Yingjie，Qian Yitai et. al.，Mater. Sci. Lett.，15(1996)1700～1701.

118. Zhu Yingjie，Qian Yitai et. al.，Mater. Res. Bull. 29(1994)377-383.

119. Y.Liu，Y.Qian et. al.，Mater. Res. Bull.(1996)1029-1033.

奈米科技導論

120. Zhu Yingjie，Qian Yitai et. al.，Mater. Chem. 4(1994)1619.

121. 朱英傑，錢逸泰等，科學通報，39(1994)1440。

122. P. D. Ramesh et. al.，J. Mater. Res. 9(1994)3025-3027.

123. 張文敏等，科學通報，41(1996)32-35。

124. Dong Daichuan et. al.，Mater. Res. Bull. 30(1995)537～541.

125. Dong Daichuan et. al.，Mater. Res. Bull. 30(1995)531～535.

126. Tanaka Kikinzoku Kogyo K.K，Japanese Appl. 7/24，(1995)318.

127. S. Iijima，Nature，354，(1991)56.

128. Dresselhaus，M.S.; Dresselhaus，G.; Eklund，P.C. *Fullerenes and Carbon Nanotubes*，Academic，San Diego，1996.

129. Jourent，C.; Maser，W.K.; Bernier，P.; Loiseau，A.; de la Chapelle，M. L.; Lefrant，S.; Deniard，P.; Lee，R.; Fischer，J.E. *Nature 388*，1997，756.

130. 奈米科技專刊，財團法人工業技術研究院化學工業研究所出版，2002 年 11 月，62～67。

131. Ren，Z. F. et al.，*Science 282*，1998，1105.

132. Rao，A. M. et al.，*Science 275*，1997，187.

133. P. M. Ajayan，O. Stephan，C. Colliex，D. Trauth，Science，265，1212 (1994).

134. S. B. Sinnott，R. Andrews.，D. Qian.，A. M. Rao.，Mao Z，E. C. Dickey and F. Derbyshire，"Model of carbon nanotube growth through chemical vapor deposition"，Chemical Physics Letters，315，25-30 (1999).

135. S. Amelinckx，X. B. Zhang，D. Bernaerts，X. F. Zhang，V. Ivanov and J. B. Nagy，"A formation mechanism for catalytically grown helix-shaped graphite nanotubes"，Science，265，635-639 (1994).

136. A. Fonseca，K. Hernadi，J. B. Nagy，Ph. Lambin and A. A. Lucas，"Model structure of perfectly graphitizable coiled carbon nanotubes"，Carbon 33，1759～1775 (1995).

137. A. Fonseca，K. Hernadi，J. B. Nagy，Ph. Lambin and A. A. Lucas，"Growth mechanism of coiled carbon nanotubes"，Synthetic Metals，77，235～242 (1996).

138. S. Fan，G. Chapline Michael，R. Franklin Nathan，W. Tombler Thomas，M. Cassell Alan and H. G. Dai，"Self-oriented regular arrays of carbon nanotubes and their field emission properties"，Science，283，512～514 (1999).

139. D. S. Bethune，C. H. Kiang，M. S. de Vries，G. Gorman，R. Savoy，J.vazquez，R. Beyers，Nature，363，605～609 (1993).

140. J. Kong，M. Cassell and H. G. Dai，"Chemical vapor deposition of methane for single-walled carbon nanotubes"，Chemical Physics Letters，292，567～574 (1998).

141. A. C. Dillon，P. A. Parilla，J. L. Alleman，J. D. Perkins and M. J. Heben，"Controlling single-wall nanotube diameters with variation in laser pulse power"，Chemical Physics Letters，316，13～18 (2000).

142. Z. W. Pan，S. S. Xie，B. H. Chang，L. F. Sun，W. Y. Zhou and G. Wang，"Direct growth of aligned open carbon nanotubes by chemical vapor deposition"，Chemical Physics Letters，299，97～102 (1999).

143. Jiao，S. Seraphin，Journal of Physics and Chemistry of Solids，61，1055-1067 (2000).

144. S. Subramoney，"Novel Nano Carbons-Structure，Properties，and Potential Applications"，Advanced Materials，1(15)，(1157～1171) 1998.

145. A. Rao，"Nanostuctured From of Carbon-An Overview"，International School of Solid State Physics-18ᵗʰ course：the three faucets Nanostructured Carbon for Advanced Applications (NATO-ASI)，2000，Italy.

146. "Carbon Nanotubes –preparation and properties"，ed. By Thomas W. Ebbesen，CRC Press，Boca Raton，New York，London，Tokyo，1997.

147. "Carbon Nanotubes and Related Structures-new materials for twenty-first century"，ed. By Peter J. F. Harris，Cambridge University Press，1999.

148. T. W. Ebbesen and P. M. Ajayan，Nature，358(1992)220.

149. 林景正，工業技術研究院 工業材料研究所 精細金屬實驗室。

150. S. lijima and T. Ichihashi，"Single-shell carbon nanotubes of l-nm diameter". Nature，363，(1993) 603.

151. Y. Saito，M. Okuda，M. Tomita and T. Havashi，"Extrusion of. single-wall carbon nanotubes via formation of small particles condensed near an arc evaporation source"，Chem. Phys.Lett.，236，(1995) 419.

152. M. S Dresselhaus，G. Dresselhaus，Ph. Avouris，"Carbon Nanotubes Synthesis，Structure，Properties，and Applications"，80 Topics in Applied Physics，32.

153. J. Li，C. Papadopoulos and J. M. Xu，"Highly-ordered carbon. nanotube arrays for electronics applications"，Appl. Phys. Lett.，75，(1999) 367.

154. J. S. Suh and J. S. Lee，"Highly ordered two-dimensional carbon. nanotube arrays"，Appl. Phys. Lett.，75，(1999) 2047.

155. 馬廣仁，材料會訊，第八卷第 4 期，2001 年 9 月，61～71。

156. Z. P. Huang，J. W. Xu，Z. F. Ren，J. H. Wang，M. P. Siegal and P. N.. Provencio，"Growth of highly oriented carbon nanotubes by plasma-enhanced hot filament chemical vapor deposition"，Appl. Phys. Lett.，73，3845 (1998).

157. 林兆焄，工業技術研究院 工業材料研究所 精密蝕刻實驗室。

158. R. Saito，G. Dresselhaus，M. S. Dresselhaus，"Physical Properties of Carbon Nanotubes"，Imperial College Press，1998，75.

159. C. Journet，P. Bernier，Appl. Phys. A，67(1998)1.

160. M. Yudasaka etc.，"Mechanism of the effect of NiCo，Ni and Co catalysts on the yield of single-wall carbon nanotubes fored by pulsed Nd：YAG laser ablation"，J. Phys. Chem. B，l03，(1999) 6224.

161. F. Kokai etc.，"Synthesis of single-wall carbon nanotubes by millisecond-pulsed C02 laser vaporization at room temperature"，Chemical Physics Letters，332，(2000) 449.

162. A.C. Dillon etc.，"Controlling single-wall nanotube diameters witli variation in laser pulse power". Chemical Physics Letters，316，(2000) 13.

163. Ivanov，V. ，Nagy，J. B. et al. Chem. Phys. Lett. 223 (1994) 329.

164. R. Sen，A. Govindaraj and C. N. R. Rao，Chem. Phys. Lett. 267 (1997)276.

165. 黃建良，"奈米碳管的合成"，奈米科技專刊，工業技術研究院化學工業研究所，2002 年 11 月，51～61。

166. H.M. Cheng，F. Li，G. Su，H.Y. Pan，L.L. He，X. Sun ans S. Dresselhaus，Appl. Phys. Lett.，72，(1998)3282.

167. I.W. Chiang，B.E. Brinson，A.Y. Huang，etc.，"Purification and Characterization of Single-wall Nanotubes (SWNTs) Obtained from the Gas-phase Decomposition of CO (HiPco Process)"，J. Phys. Chem. B，105 (2001) 8297～8301.

168. Applied Nanotechnologies，Inc. http：//www.applied-nanotech.com.

169. T. W. Ebbesen，P. M. Ajayan，H. Hiura and K. Tanigaki，"Purification. of carbon nanotubes". Nature，367，(1994) 519.

170. F. lkazaki，S. Ohshima，K. Uchida，Y. Kuriki，H. Hayakawa，M. Yumura，K. Takahashi and K. Tojima，"Chemical purification of carbon nanotubes by the use of graphite intercalation compounds". Carbon，32，(1994) 1539.

171. P.X.Hou，S.Bai，Q.H.Yang，C.Liu，H.M.Cheng carbon 40(2002) 81-85.

172. J.-M. Bonard，T. Stora，J.-P. Salvetat，F. Maier，T，Stockli，C. Duschi，L. Forro，W. A. de Heer and A. Chatelain，"Purification and size-selection of carbon nanotubes". Advanced Materials 9，(1997) 827.

173. V.I.Trefilov，D.V.Schur，B.P.Tarasov，Yu.M.Shul'ga，A.V.Chernogorenko，V.K.Pishuk，S.Yu.Zaginaichenko. «Fullerenes is a basis of materials for future». Kiev，2001，p.148.

174. E.G.Rakov. Uzpekhi Khim.，2000，V. 69，N 1，41.

175. Terrones M.，Hsu W.K.，Kroto H.W.，Walter D.R. Top. Curr. Chem.，199，(1999)189.

176. Journet C.，Bernier P. Appl. Phys. A：Mater. Sci. Process，A67(1)，(1998)1.

177. Ajayan P.M.. Chem. Rev.，(1999)1787.

178. S. Ijima，; Ichihashi，T. Nature，363，(1993)603.

179. Shclimov，K.B.; Escnaliev，R.O.; Rinzler，A.G.; Huffman，C. B.; Smalley，R.E. Chem. Phys. Lctt.，282，(1998)429.

180. Z. Shi，Y. Lian，F. Liao，X. Zhou，Z. Gu，Y. Zhang，S. Iijima. Solid State Communications，112，(1999) 35～37.

181. Ducsberg，G.S.; Burghard，M.; Muster，J.; Philipp，J.; Roth，S. Chem. Commun.，1998，(1998)435.

182. Y.M. Shulga，B.P.Tarasov，E.P.Krinichnaya，V.E.Muradyan，et.al. // Collection of papers "Fullerenes and fullerene-like compounds"，Minsk，BGU，2000，41～48.

183. Dillon A.，Gennett T.，Jones K.，Alleman J.，Parilla P.，Heben，M. Adv. Mater. 16，(1999)1354.

184. Bandow，S.; Zhao，X.; Ando，Y. Appl. Phys. A 67，(1999) 23.

185. Rinzler A.，Liu J.，Dai H.，Nikolaev P.，Huffman C.，Rodrigues-Macias F.，Boul P.，Lu A.，Heymann D.，Colbert D.T.，Lee R.S.，Finscher J.，Rao A.，Eklund P.C.，Smalley R.E. Appl. Phys. A，67，(1998)29.

186. Zimmerman，J.L.; Bradley，R. K.; Huffman，C.B.; Hauge，R.H.; Margrave，J.L. Chem. Mater.，12，(2000)1361.

奈米科技導論

187. I. W. Chiang，B. E. Brinson，R. E. Smalley，J. L. Margrave，R. H. Hauge. J. Phys. Chem. B，105，(2001)1157～1161.

188. K. Tohji，T. Goto，H. Takahashi，Y. Shinoda，N. Shimizu，B. Jeyadevan，1. Matsuoka，Y. Saito，A. Kasuya，T. Ohsuna，H. Hiraga and Y. Nishina，"Purifying single-walled nanotubes". Nature，383，(1996) 679.

189. K. B. Shelirnov，R. O. Esenaliev，A. G. Rinzier，C. B. Huffman and. R. E. Smalley，"Purification of single-wall nanotubes by ultrasonically assisted filtration"，Chem. Phys. Lett.，282，(1998) 429.

190. G. S. Duesberg，J. Muster，V. Krstic，M. Burghard and S. Roth，"Chromatographic size separation of single-wall carbon nanotubes"，Appl. Phys. A，67，(1998) 117.

Chapter 4

奈米加工技術

4-1 掃描探針顯微加工術
(Scanning Probe Microscopic manipulation)

　　掃描探針顯微術中掃描式穿隧電流顯微術(STM)和原子力顯微術(AFM)不僅可得到高解析度的表面形態影像,更是操縱單原子進行奈米加工的利器,探針掃描如圖 4-1。

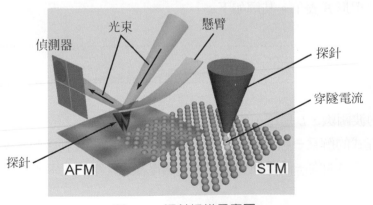

圖 4-1　探針掃描示意圖

4-1-1 掃描穿隧顯微術(Scanning Tunneling Microscopy)

　　掃描穿隧顯微術(scanning tunneling microscopy，簡稱 STM)是 1980 年代初期 IBM 的蘇黎世實驗室所發展出來的一種新技術。STM 能提供物體表面原子結構的影像，使組成微觀世界中的原子或分子個別地呈現出來。STM 的操作方式，迥異於光學及電子顯微鏡，並未使用鏡片，而是用一支極細的金屬針，沿材料表面的高低起伏掃描，藉掃描時導致的穿隧電流變化原理成像。此技術的發明將對物理、化學、生物、及材料等領域產生重大的影響，故 1986 年，發明者即因此獲頒諾貝爾物理獎的桂冠。

　　相較於掃瞄式電子顯微鏡(scanning electron microscopy，簡稱 SEM)，STM 則不具破壞性，樣品也通常不需事先處理，更可在眞空、空氣、水溶液等各種環境下操作，限制很少；再加上其造價低於 SEM，體積小、設計彈性又很高，因此易與其它系統整合；若與光學顯微鏡結合，將可使影像做到「鉅細靡遺」。當然，STM 發展目前仍有些缺點，例如電絕緣體之樣品或表面高度落差過大的材料就不適用。另外，STM 掃描速度仍相當慢，產品成熟度及穩定性也還不夠；這些主要是因 STM 技術發展時間尚短，商業化產品近幾年才出現。

　　STM 操作原理是利用電極間「量子穿隧效應」(quantum tunneling effect)爲主。電子穿隧現象乃量子物理的重要內涵之一。在古典力學中，一個處於能量較低的粒子根本不可能躍過 $\overline{V_0}$ 能量障礙到達另一邊(如圖 4-2(a))，但以量子物理的觀點來看，卻有此可能性。所謂的「穿隧效應」就是指粒子可穿過比本身總能高的能量障礙。STM 結構中，探針和待測試片間形成兩個電極，位於這兩電極中的眞空區域，對兩極電子而言是一個能障(potential barrier)。根據量子理論，電子可能穿透這個能障，其穿透機率與能障的高度和寬度有關。在一維的情況下，若一個高度是 V 的能障，從薛丁格方程式(Schroedinger's equation)中可其解以一簡單形式表示。其解如下：

$$\Psi = e^{-KZ} \quad\text{..(4.1)}$$

$$K = \frac{\sqrt{2m(V-E)}}{\hbar} \quad\text{..(4.2)}$$

其中 Ψ 是電子的波函數，E 是電子的能量。

　　薛丁格方程式的解爲一種波動，是描述粒子穿隧機率之波動函數。故當兩個電極的距離很接近時，電子便能從一個電極穿透到另一個電極，其穿透機率或是穿隧電流爲下列方程式表示：

$$I(d) \propto |\Psi|^2 = e^{2Kd} \quad\text{...(4.3)}$$

其中 d 是兩電極間距，I 為穿隧電流。

　　從上式可知，穿隧的機率和距離有關；距離愈近，穿隧的機率愈大。當兩個電極相距在幾個原子大小的範圍時，電子已能從一電極穿隧到另一電極。穿隧的機率是和兩極的間距成指數反比的關係。對一般金屬而言(功函數約 4～5 eV)，1 埃的間距差可導致穿隧電流 10 倍的增減(如圖 4-2(b))。所以，藉偵測穿隧電流，可很容易地得知兩電極間距的變化達 0.1 埃的程度。至於在水平方向的解析度，則受限於針尖的大小，一般約為 1～2 埃。

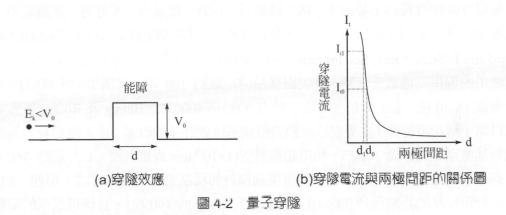

(a)穿隧效應　　　　　(b)穿隧電流與兩極間距的關係圖

圖 4-2　量子穿隧

　　掃描穿隧顯微術即利用這種電子穿隧特性而發展。如果上述兩電極中的一極為金屬探針(一般為鎢針)，另一極為導電樣品，當它們相距很近，並在其間加上微小電壓，則探針所在的位置便有穿隧電流產生。藉探針在樣品表面上來回掃描，並記錄在每一取像點(pixel)上的高度值，便能構成一幅二維圖像(如圖 4-3 所示)。該圖像之解析度取決於探針結構，如果探針尖端只含幾顆原子，則表面原子排列情形便能獲知。因此，掃描穿隧顯微鏡是研究導電樣品表面原子性質的有利工具。關於 STM 檢測方式將於下一章中詳細介紹。

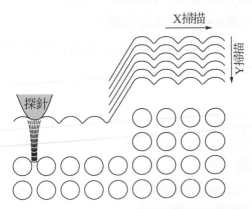

圖 4-3　STM 中，針尖電極與樣品間保持一定距離的在表面掃描，而描繪出表面的形貌
(D.A.Bonnell，Scanning Tunneling Microscopy and Spectroscopy VCH Publishers，1993.)

STM 能精準地控制探針的上下及左右掃描，應歸功於一種特殊材料：壓電陶瓷(piezoelectric ceramic)，壓電陶瓷是一種會隨著電壓變化而改變長度(或厚度)的材質，STM的掃描系統即使用壓電陶瓷建構，其分別控制 x、y、z 三個互相垂直的軸，而金屬針就位於 z 軸上。掃描進行時，可藉由分別施加電壓在 x、y 軸，驅動金屬針在樣品表面連續來回掃描；當施加電壓於 z 軸時，隨著回饋電路大小調整兩極間距 d，當穿隧電流高於設定值，z 軸後縮使穿隧電流減少；若低於設定值則伸長。

掃描穿隧顯微鏡的主要組成包括：掃描頭、探針、樣品台、步進器、避震裝置、回饋電路控制系統，如圖 4-4 所示。其實，早在 1970 年代初期美國的 Young 等人(R.Young，J. Ward and F. Scire，Rev. Sci. Instrum.，43，999(1972))便製作出類似此架構的儀器，只是他們使用的偏壓高達數千伏特，針尖跟樣品的距離約 100 埃，此儀器的垂直解析度(即 z 軸方向)約為 30 埃，水平解析度(x 及 y 軸方向)約為 4000 埃。Binnig 及 Rohrer 等人之所以能取得原子解析度影像，主要在於他們將整個系統做許多的改進：首先他們有效隔離外在環境對基座產生的振動；第二、利用超高真空(1×10^{-9} torr 或更低壓，1 大氣壓=760 torr)氣氛得到非常乾淨的表面；第三、發展出控制探針與樣品表面間距的方法；第四、STM 掃描時將針跟樣品的距離保持在約 10 埃(遠低於 Young 的 100 埃)，且使用很低的偏壓；這些改進終於使 STM 偵測並建構出原子影像。在生活周遭環境中，振動主要來自建築物(或地面)及聲波等。量子穿隧進行時，探針需與樣品表面保持一微小固定的距離，外界振動如未有效地隔離，將嚴重地影響影像的讀取。此外，將探針移至穿隧的距離而不使探針撞擊到樣品表面是另一關鍵的技術；在超高真空中操作，主要是因為在此環境較容易處理出乾淨的表面，空氣中的氧及水分子等極容易吸附到樣品表面，甚至引起化學反應而破壞平整、規律有序的表面原子結構，故大部分漂亮的原子影像取自於超高真空系統中；在空氣中只有少數具層狀結構(如石墨)的材料可獲取原子影像。

STM 各主要組成(參考圖 4-4)和原理說明如下：

1. 掃描頭(scanner)：壓電材料(piezoelectric materials)不僅結構堅硬，用普通電壓源即可提供小於 1 埃的精確度，所以幾乎所有的掃描頭均以此材料製成。目前最普遍的模式是以壓電陶瓷管鍍上金屬，然後在外壁均分為四極做平行於樣品表面(x 和 y 方向)的掃描；內壁相對於外壁做探針及樣品間距(z 方向)的調變。掃描的範圍是由陶瓷管的長度、管壁的厚度、管徑及所加電壓的大小來決定，一般都可達幾個微米(μm)。掃描頭前端可接探針或樣品。

2. 探針(tip)：一般都是用 0.5 mm 的鎢(W)絲，以電化學的方法，在 KOH 或 NaOH 溶液中腐蝕；或將 0.25 mm 的鉑銥合金(PtIr)絲拉剪而成，針尖的直徑大都在幾百個埃的範圍。具高解析度的探針常可在掃描過程中以瞬時強電場來促使針尖結構的改變而獲得。

3. 樣品台(sample stage)：由於樣品經常更換，並且尺寸不一致。因此，樣品台的設計必須考慮到牢靠、方便及對樣品的包容性；另外，若是與其它系統結合，也需考慮其間的轉換機制。

4. 步進器(stepper)：由於穿隧電流是在原子尺寸的間距下才能發生，欲將探針和樣品帶到這樣的距離，故其位移精度需小於 1000 埃，並且步進頻率必須能夠調節到 1kHz，以免影響效率。依其驅動的方式可分為齒輪式(stepper motor)、尺蠖(inchworm)式及滑動(slip-stick)式等。

5. 避震裝置(vibration isolation)：為了維持穩定的電子穿隧間距，不同頻率的震動都必須儘量避免或消除。常用的避震材料為金屬彈簧或橡皮墊(viton)，並配合阻尼裝置來使用。較為週全的設計可使系統的共振頻率降至 2～3 Hz，已可屏蔽大部分的環境震動干擾。但對於極低頻的震動，唯有靠探針及樣品間堅固的結構組合來克服。

6. 前置放大器(pre-amplifier)：探針與樣品間作為回饋信號之穿隧電流很小(約 1nA)，所以需先將其放大至一定值。一個簡單的低雜訊運算放大器(operational amplifier)加上精準電阻便能擔負這部分的工作。在此階段，對雜訊屏蔽的要求很高，儘量縮短信號線並以正確的接地保護，通常即可達到目的。

7. 電子控制系統(electronics and controller)：該部分含回饋電路及電腦介面。回饋電路的主要目的是以差分放大器(differential amplifier)驅動接在掃描頭上之 z 軸電壓源，用於調節在掃描過程中的電子穿隧間距。電腦介面主要是以多個數位／類比(D/A)及類比／數位(A/D)轉換器，連通電腦用於控制操作的流程。因為電腦功能的增強，控制系統有愈趨數位化的傾向，使儀器的操作更簡單，後續的影像儲存及處理更方便。

8. 電腦(computer)：電腦的功能在執行控制、協調、運算和即時顯像等；其後續之功能則在影像儲存、分析、及處理方面。

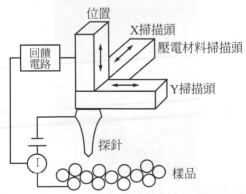

圖 4-4　掃描穿隧顯微鏡的主要組成包括：掃描頭、探針、樣品台、步進器、避震裝置、回饋電路控制系統

4-1-2　STM 原子操縱術

　　STM 的應用，除了能幫助我們瞭解物質表面的幾何結構外，在奈米加工領域，更可直接利用 STM 針尖進行原子操縱術(atomic manipulation)。原子操縱術可說是 STM 的專長，在此之前，沒有其他技術具備此等微小、精密的操控能力。1990 年美國 IBM 的一群研究人員，首度將一顆顆氙原子在鎳表面上拖曳，逐顆原子排成 "IBM" 三個英文字母(M.Eigler and E.K.Schweizer，Nature，344，524(1990).)，如圖 4-5 所示。此一結果相當引人注目，被當時世界各國媒體爭相報導。後來，同一個實驗室又在銅表面搬移近百顆鐵原子形成中文「原子」二字，如圖 4-6 所示。

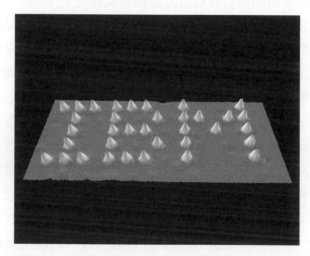

圖 4-5　IBM 研究人員，首度將一顆顆氙原子在(110)平面之鎳表面上拖曳，逐顆原子排成 "IBM" 三個英文字母(http://www.almaden.ibm.com/vis/stm/gallery.html)

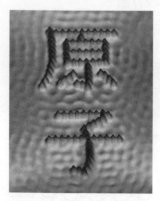

圖 4-6　近百顆鐵原子在(111)平面銅表面形成之中文「原子」二字
(http://www.almaden.ibm.com/vis/stm/gallery.html)

　　STM 原子操控原理為，當 STM 的針尖與樣品表面的距離很近(約 10 埃)，而發生電子穿隧時，針尖跟表面的偏壓雖不大，但此時將產生一定的電場強度(偏壓/距離)。原子的搬動機制示意圖，如圖 4-7 所示，首先將針尖拉近樣品表面，依序為圖 4-7(a)所示，將針尖移至一個氙(Xe)原子上方；圖 4-7(b)，調高穿隧電流以便將針尖拉近氙原子，並進一步利用電場的吸引而將其拉離表面；圖 4-7(c)，將氙原子沿表面拖曳至另一點位置；圖 4-7(d)，降低穿隧電流以使針尖和氙原子距離拉大，氙原子即停在該處；圖 4-7(e)，針尖移開氙原子位置。此實驗需在極低溫(約液態氦的溫度，$5°K = -268°C$)進行，否則氙原子會有太大的熱動能而到處移動。基本上，如果是帶電的離子的控制，技術上問題比較簡單，但是欲控制中性不帶電的原子的運動，有其困難性。1997 年諾貝爾物理獎得主，華裔科學家朱隸文、Claude Cohen-Tannoudji 與 William D. Phillips 利用雷射冷卻和捕捉原子技術可有效將原子控制，再配合 STM 操控可精確移動原子。其原理如圖 4-8(a)所示，假設原子朝著雷射光束的方向運動而被一個能量剛好的光子打到，這個原子就吸收了光子的動量。由於二者動量方向相反，吸收光子後的原子動量必然變小，也就是說此時原子的速度已經變慢。當然，再經過大約十億分之幾秒這個原子還是會把吸收的光子放出來，不過這回放出的方向就不一定是原來的方向，因此原子不見得就會拿得回原來的動量。事實上這個方向是隨機的，因此平均說起來原子放出光子所能得到的動量是零。如此經過幾次，原子的動量勢必越來越小。這種冷凍技術就稱為都卜勒冷凍，它比傳統的冷凍更快就能達到相當低的溫度。圖 4-8(b)是一個「磁光阱」(magneto-optical trap)的設計裝置，圖中抽高真空的石英管外面，在 x、y、z 軸上各放一組 Hemholtz 線圈，各平行線圈都加反向電流，則各軸的反 Hemholtz 磁場都有磁場梯度，中心點磁場為零，是磁光阱中心，三軸都有一對相向的雷射光束指向中心。一價金屬原子的蒸汽，被抽通過磁光阱區時，若原子偏離中心，則磁場梯度作用之磁力指向中心，使原子對中心來回振盪，而雷射光束使原子減速，則振動振幅會一直減小，最後被控制在磁光阱中心。處在磁場的原子會受日曼效應(Zeeman effect)分裂能階，因此磁光阱除了可抓住原子外，更可精確量測原子精細光譜和激態電子的壽命。

奈米科技導論

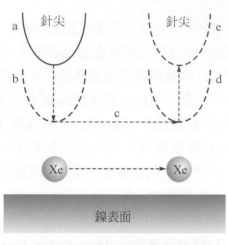

圖 4-7　STM 操控原子示意圖

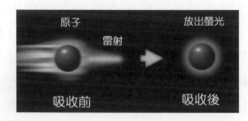

(a)雷射冷卻原子機構示意圖(http://vm.nthu.edu.tw/science/shows/1997nobelphy/index.html)

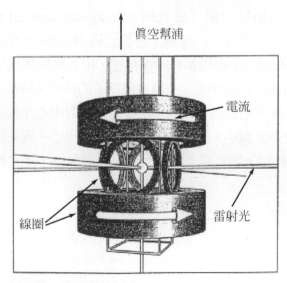

(b)磁光阱裝置示意圖(Anderson et al. 1995)

圖 4-8　以磁光阱冷卻和捕捉氣體原子

4-1-3　表面原子蒸發操縱術

　　表面原子蒸發的操縱原子方法(S. Chang，W. B. Su，and T. T. Tsong，Phys. Rev. Lett.，72，574(1994).)是相對容易的另一種方式，其原理如下說明：當 STM 在偏壓上施加一電脈衝(electrical pulse)，於是針尖跟針尖底下的表面原子瞬間有一很大的電場出現，造成針尖上的原子被蒸發到表面上形成一原子團；或是表面的原子或原子團被拉出，在表面形成空位(vacancy)或更大的坑洞(hole)，使得樣品表面原子可被拔出和種下針尖原子。但有些表面結構不是很強固，或是表面溫度較高，也會伴隨一連串的表面結構變化。故此種原子操控較難精確控制單顆原子位置。圖 4-9(a)為中央研究院利用場蒸發(field evaporation)的原理，外加電脈衝於金針，使針尖上的金原子團落在金表面上所形成的台灣島型圖(T. T. Tsong，and S. Chang ，Jpn. J. Appl. Phys.30，3309(1995))。圖 4-9(b)則是在矽(111)平面上所製作的一幅台灣地圖，其重構機制乃在針尖施加電脈衝繪出台灣的外型，電脈衝所加的位置，係原子會被剝離而形成此圖。

(a)金表面所製造的台灣外型圖，此乃施加短　　　　　(b)矽(111)平面重構所作的台灣外型圖
　　的電脈衝於針尖上，造成針尖原子團落在
　　選定點上所形成

圖 4-9　場蒸發原子操控術

　　原子操縱術最主要的應用是奈米級或原子級結構的製造，在這方面一個直接的用途是記憶體的製造與讀取，前面所述 IBM 科學家展示搬移氙原子的能力，就可視為原子級記憶體的製造與讀取，每個有原子的位置相當於一個位元(bit)的 1，沒有原子的位置相當於 0。這樣的記憶體密度可是前所未有的，遠遠超過現今半導體及磁碟的記憶密度；而且 STM 可輕易地取得這些原子影像，相當於原子級位元資料的讀取，此讀取密度也是其它技術所無法比擬，但是這個搬移氙原子的實驗是在超高真空且極低溫下進行，所費不貲。用電脈

波或輕撞表面則可在空氣中、室溫下輕易得到奈米級的原子團或坑洞,其密度亦遠高於現今微米級的工業技術。不過以 STM 來做記憶體的製造與讀取仍未被工業界採用,主要是因成本太高且速度又過慢。另外,有人想利用 STM 的技術於半導體的蝕刻,目前已展現出線的寬度(線徑)可低於現今電子束和X光的蝕刻技術,不過也是成本及速度因素導致無法商業化。

4-1-4　原子力顯微儀

STM 發明迄今約二十年,技術不斷地精進,除此之外,又衍生出許多其它技術,其中最重要的是原子力顯微儀(atomic force microscope,簡稱 AFM)。它是由 STM 發明人之一 Binnig、美國史丹福大學教授 Quate、及 IBM 的 Gerber 率先發展[13],主要動機是希望有類似 STM 的空間解析能力,但不必受限於可導電的材料。AFM 的原理是利用針尖原子與樣品表面原子間的微弱作用力來作為回饋,以維持針尖能在樣品上方以固定高度掃描,從而得知樣品表面的高低起伏。AFM 的空間解析能力僅略遜於 STM,在某些情況下亦可解析出原子結構,但不像 STM 必須受限於導體樣品,使它的用途明顯地大於 STM。同時 AFM 使用環境不需在真空中,可在大氣或液相中操作。

一、基本原理

AFM 基本架構與 STM 相似。其最大不同點是用一個對微弱力極為敏感的懸臂樑(cantilever)針尖代替 STM 的針尖,並以探測懸臂的偏折位移代替 STM 中的穿隧電流。針尖與樣品間之作用力與距離關係如圖 4-10 所示,其中長程力包括:重力、磁力、靜電力等;短程力包括:凡得瓦爾力、毛細作用力、鍵結力等作用力。探針在試片表面平衡點 a_0 處受力為零,距離大於 a_0,則兩者非接觸相互有凡得瓦爾吸力,若距離小於 a_0,則兩者有斥力,位能正值後則兩者接觸,間歇式拍打試片,則探針受吸力與斥力週期性變化。圖 4-11 為 AFM 的基本構造,探針長度只有幾微米長,直徑 20～100 nm,探針是置放於一長為 100～200 nm 之彈性懸臂樑末端,探針一般由成分矽(Si)、氧化矽(SiO$_2$)、氮化矽(Si$_3$N$_4$)或奈米碳管(CNT)等所組成。當探針尖端和樣品表面非常接近時,兩者之間會產生一股作用力,其作用力的大小值會隨著與樣品距離的不同而變化,如圖 4-10 所示。當作用力產生變化,將進而影響懸臂樑彎曲或偏斜程度,此時以低功率雷射照射於懸臂樑末端,利用一組感光二極體偵測器(photo detector)測量低功率雷射光反射角度的變化,其基本架構與控制系統如圖 4-11 所示。當探針掃瞄過樣品表面時,由於反射的雷射光角度的變化,感光二極體之二極體電流也隨之不同,藉由量測電流的變化,可推算出懸臂樑彎曲或歪斜的程度,輸入電腦計算即可產生樣品表面三圍空間的影像。

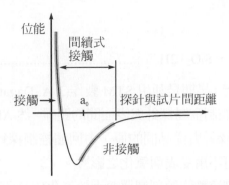

圖 4-10　AFM 針尖與樣品間之作用力與距離關係

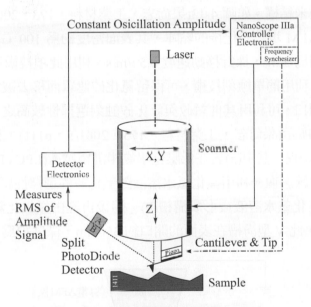

圖 4-11　AFM 基本架構與控制系統

4-1-5　掃瞄探針微影術(Scanning Probe Lithography，SPL)

掃瞄探針微影術乃利用微小的探針尖端靠近材料表面以產生局部的強電場或低能電子束來改變表面特性的技術。圖 4-12 是利用 AFM 探針做場致氧化的簡圖(果尚志，工業材料，173，2001/5，p111)。陽極樣品為矽基板表面鍍上一層具有氮化矽介電薄膜，在大氣環境下，表面吸附一層水蒸氣薄膜，當樣品對接地探針加入一正偏壓(bias)時，將會於兩極間產生反應。其反應將藉由毛細作用(capillarity)，使探針(陰極)與吸附於樣品表面(陽極)上的水膜形成一道水橋，故提供其電解作用所需的陰離子(主要為 OH⁻離子)。同時所加的樣品正偏壓亦提供一強電場(強度約為 10^7 V/cm 之數量級)使粒子擴散進入樣品內。其中

矽基板反應如下：

$$Si + 4h^+(hole) + 2OH^- \rightarrow SiO_2 + 2H^+ \quad\text{..(4.4)}$$

掃瞄探針氧化作用研究，早期是利用 STM 製作(J. A. Dagata，Science，1995，p270.)，STM 利用穿隧電流的大小控制金屬探針與表面間的距離。然 AFM 因可使用半導體製成之導電矽懸臂樑/探針，利用探針與樣品間的原子力回饋控制探針與樣品間距，且在導體與非導體表面上皆能操作，可不用受表面氧化之影響。

因為氮化矽在許多蝕刻溶劑的蝕刻選擇率大於氧化矽及矽基板，因此氮化矽薄膜上被氧化的圖形可作為蝕刻遮罩。故利用 AFM 氧化作用製作之奈米級氧化結構，在配合蝕刻技術，即可製作出奈米結構。如圖 4-13(果尚志，工業材料，173，2001/5，p111)顯示在氮化矽表面上，利用 AFM 場致氧化後的點陣，其表面密度約為 100 Gbits/in^2，其所使用的電壓為 9 V 持續時間為 5 ms，探針移動速度 0.5 μm/s。利用此項技術可應用於超高密度的數據記錄碟片。另外利用簡單蝕刻技術，可保留氮化矽遮罩而移去被氧化的部分，那些暴露出之矽基板遮罩開口，可利用其他對矽與氮化矽蝕刻選擇性較高之蝕刻溶劑，製作出奈米結構。如圖 4-14 所示(果尚志，工業材料，173，2001/5，p111)，利用上述技術製作矽的 V 型溝槽結構的過程。其中(a)表在低壓化學氣相沉積技術(LPCVD)製作之氮化矽薄膜上的 AFM 場致氧化線影像。利用氟化氫水溶液對氧化矽的選擇性腐蝕(相對於氮化矽)，造成氧化線在浸泡氟化氫水溶液後形成溝槽(b)。隨後再經由氫氧化鉀蝕刻後形成矽表面的 V 型溝槽結構(c)。此 V 型溝槽在表面的開口約 350 nm，深度約為 150 nm。

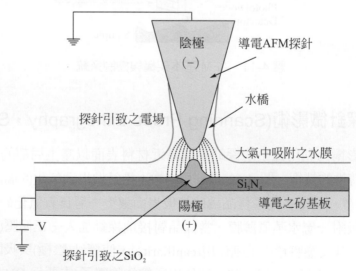

圖 4-12　AFM 導電探針在接近矽基板表面時，當外加於基板上之正偏壓大於臨界電壓時，探針與基板間的水膜會構成一水橋，使樣品產生陽極氧化反應

圖 4-13　在氮化矽表面上，利用 AFM 場致氧化後的點陣，其表面密度約為 100 Gbits/in^2，其所使用的電壓為 9 V 持續時間為 5 ms

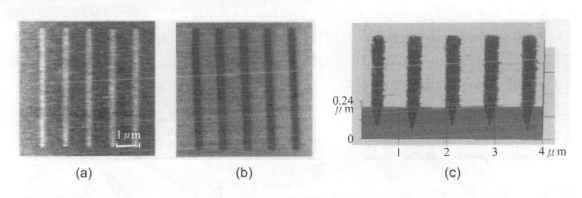

（a）　　　　　　　　　　（b）　　　　　　　　　　（c）

圖 4-14　製作 V 型溝槽結構的過程

4-1-6　熱機械式原子力顯微術

　　利用 AFM 場致氧化技術只能製作唯讀記憶體，如果欲做到可重複讀寫的儲存，此種技術將力有未逮。熱機械式原子力顯微術是一可行方法(G. Binning，M. Despont，U. Drechsier，W. Haberle，M. Lutwyche，P. Vettiger，H. J. Mamin，B. W. Chui，and T. W. Kenney，Appl. Phys. Letter，74(9)，1329(1999))。其主要原理為在基板上鋪設一層 PMMA(poly-methyl methacrylate)，作為讀寫材料，PMMA 受熱後熔化變形。熱機械式原子力顯微探針可加熱(圖 4-15)，當探針接觸 PMMA 時，通入電流即可在探針產生熱，將 PMMA 熔化，此時即可在表面「寫」出一個探針形狀的凹洞；若要把凹洞擦掉，僅需將基板加熱，使 PMMA 重熔，回復到平整的形狀。如此就可以當作可重複讀寫的儲存機制。

奈米科技導論

熱機械式原子力顯微鏡微影技術應用於高密度數據儲存時，為克服書寫速度困難(寫一點的時間約在 0.01 毫秒等級，速度只有 100 kbit/s)，目前已開發平行探針(parallel tips)技術。所謂平行探針是指在二支以上的探針在同一個探針座(holder)上，可以平行操作，因此有幾支平行探針，它的讀寫速度就會增加為幾倍。配合平行探針在偵測與系統控制的問題，採用壓電感測器(圖 4-15(b))可大幅簡化其系統控制。所謂壓電感測器是在探針的懸臂上鍍一層壓電材料，當探針接近表面造成彎曲時，將相應產生一應力在懸臂樑上使得壓電材料的電阻值改變，於是可以利用此電阻值來控制探針的位置。運用積體電路製程的方法，可將平行探針做在同一個晶片裡，每一隻探針有個別的控制線路，所以所有的探針可以平行操作。IBM 位於蘇黎世實驗室和史丹佛大學已經成功地在同一個晶片做出 1024 支平行探針在 PMMA 材料操作，如圖 4-16 所示。圖 4-16(a)顯示二維(2D)排列的懸臂樑晶片，藉由兩組多畫素驅動器(multiplex driver)分別控制 x，y 方向之方位，使平行探針可以同時記錄燒製儲存訊號。圖 4-16(b)為 IBM 實際做出之平行探針陣列晶片之電子顯微鏡圖。原則上，紀錄密度達 400 Gbit/in^2，且它的讀寫速度可以提高一千倍，超過 1 Mbit/s，已經接近實用階段。

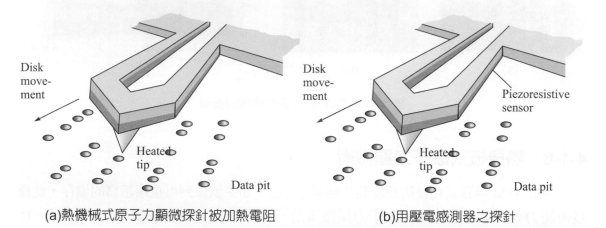

(a)熱機械式原子力顯微探針被加熱電阻　　　　(b)用壓電感測器之探針

圖 4-15　(Chui，B.W.，Stowe，T.D.，Ju，Y.S.，Goodson，K.E.，Kenny，T.W.，Mamin，H.J.，Terris，B.D.，Ried，R.P.，and Rugar，D.，1998，"Low-Stiffness Silicon Cantilevers with Integrated Heaters and Piezoresistive Sensors for High-Density AFM Thermomechanical Data Storage," *ASME/IEEE Journal of MicroElectroMechnical Systems*，Vol. 7，pp. 69-78.)

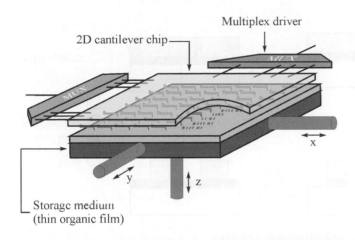

(a)為二維(2D)排列的懸臂樑晶片，藉由兩組多畫素驅
動器(multiplex driver)分別控制 x，y 方向之方位，使
平行探針可以同時記錄燒製儲存訊號

(b)為 IBM 實際做出之平行探針陣列晶
片之電子顯微鏡圖

圖 4-16　運用積體電路製程的方法，在一晶片內製作之平行探針與控制線路

4-2　微影製版術(lithography)

　　微影與蝕刻是製作功能性薄膜元件的重要加工技術，其主要優點是複製精度高，並且
可以大量製造以降低成本。以個人電腦中的電子電路製作為例，印刷電路板(PCB)的製作，
就是利用毫米尺度(mm，10^{-3} m)的微影蝕刻技術，依據事先設計的線路配置，在薄銅板上
以蝕刻出電極與電路，以連接各個積體電路(integrated circuits，IC)晶片與電阻、電容等電
路元件。而個人電腦功能核心所在的 IC 晶片，則是利用微米尺度(μm，10^{-6} m)的微影蝕
刻技術，利用成長於矽晶圓(silicon wafer)上的導體與半導體薄膜，製作出電容器、電阻器、
電晶體等微米級電子元件。此外，儲存數位資料的個人電腦光碟片，也是先利用微米及次
微米(submicron)的微影蝕刻技術製作光碟母模，然後大量複製。微影蝕刻技術已是電子資
訊工業的關鍵製造技術，目前其加工的解析度已達到 0.1 μm (即 100 nm)以下。

　　圖 4-17 為微影與蝕刻的主要過程。首先將光阻劑(photoresist)塗佈在鍍有薄膜的基板
上，藉光罩選擇性地把光阻層曝光，再以顯影液將曝光過的光阻層溶解，使未被曝光的光
阻留下，成為擬製作之薄膜元件的形狀。接著再以蝕刻液、離子束或電漿將薄膜加以蝕刻，
然後移除光阻，即完成薄膜元件的微影與蝕刻製程。

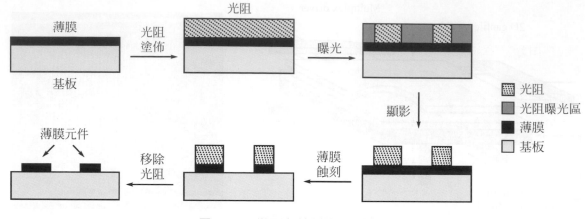

圖 4-17　微影與蝕刻的主要過程

奈米尺度(nm，10^{-9} m)的微影蝕刻技術也是大量製造功能性奈米元件的重要技術。相較於毫米及微米尺度的微影技術，奈米尺度微影蝕刻有許多不同處。奈米級微影蝕刻與微米級微影蝕刻的各項問題的異同，本章將針對微影曝光技術、光阻材料性質、以及蝕刻方法等方面分別加以討論。

4-2-1　微影技術(lithography)

微影技術的目的在於將所設計的圖案轉印到塗佈於晶片上的光阻劑(或罩遮層，masking layer)，以便利用後續的蝕刻方法將圖案進一步轉印至基板上的薄膜。圖案轉印原理均是利用光波(或粒子束)的直進性，其方法可區分為投影式與掃描式的微影技術。投影式的微影技術，是利用事先做好的光罩，將光罩的圖案投影到已塗佈光阻劑的晶片上。此方法較適合大量製造，例如目前半導體積體線路製造所採用紫外線曝光技術即為典型的例子。至於掃描式的微影技術，則是將光束(或粒子束)聚焦成一點，在已塗佈光阻劑的晶片上將所設計圖案逐點而成。此方法較適合於製作光罩或母模，以及需要經常更改線路設計的研究用途，例如雷射步進機(Laser-beam stepper)、電子束微影(E-beam writer)等微影系統，即為製作光罩的常用工具。要達成次微米與奈米級的圖案轉印，可利用紫外光、X 光等光波，或電子、氫離子(即質子)等粒子束作為「光源」來進行投影式或掃描式的微影。不同的光源的成本與技術難易度不同，在應用上需就實際需求加以評估，以決定合適的加工方法。至今，各項微影技術均尚在研發之中，其加工的精度亦不斷地提昇，其技術的最終極限為何尚無定論。本節將對發展至今之光學微影(photolithography)與電子束微影(e-beam lithography)技術的特性與限制加以探討。

一、光學微影技術

　　利用類似照相曝光的方法，將光波透過光罩投影，可製作與光罩尺寸相同或更小的圖案於光阻劑上。但是由於光波在障礙物(相當於光罩)邊緣的繞射(diffraction)行為，無論是採用等倍率或縮小倍率的投影法，其所能製作的最小尺寸約為入射光波的波長，與縮小的倍率無關。光波在半平面障物附近的繞射情形如圖 4-18。依據幾何光學，在屏幕(相當於光阻)上可以形成明顯的光影對比(圖 4-18a)，但由於光的波動性，光在障礙物邊緣會依惠更斯原理發散(圖 4-18b)，產生繞射圖案，使屏幕上的光影對比模糊化[1-3]。要克服光的繞射問題，叮使光罩與光阻之距離儘量減小、或者使用波長更短的入射光[4]。

　　雖然紫外光與 X 光在本質上均是電磁波，由於兩者的光源與光學元件特性差異很大，使其光學微影系統在設計上有不同的考慮因素。以下將分別對紫外光與 X 光微影技術加以探討。

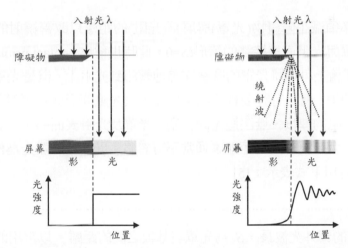

(a)依照幾何光學所產生的光與影　　(b)依照物理光學所產生的光與影(繞射圖案)

圖 4-18　同調光入射至半平面障礙物時，在障礙物後方屏幕上情形

1. 紫外光微影技術(ultra violet lithography)：紫外光微影技術是目前半導體積體電路製程所採用的方法。依曝光系統的架構，紫外光微影可概分為接近式曝光微影(proximity printing)[2-3]與投影式曝光微影(projection printing)[5-6]兩種，如圖 4-19。接近式曝光採用平行光束，可將光罩圖案以相同的大小投影至光阻上，而投影式曝光則是利用透鏡使平行光束會聚，使光罩圖案縮小投影至光阻上。由於投影式曝光的光罩與光阻完全是非接觸的，可以加上步進微動機構來確保每次曝光的解析度，曝光後晶片動到下一位置，重複聚焦與曝光的動作，大面積曝光不受晶片平坦度影響，此種方法稱為步進投影式曝光微影(step-and-repeat projection printing)[7-8]。

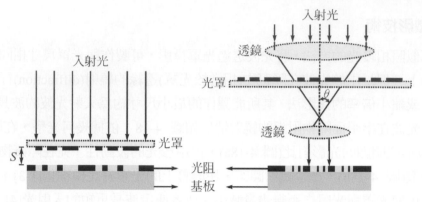

(a)接近式曝光微影技術(proximity printing)　(b)投影式曝光微影技術(projection printing)。投
　　　　　　　　　　　　　　　　　　　　影式曝光可以加上步進機構，成為步進投影式
　　　　　　　　　　　　　　　　　　　　曝光微影(step-and-repeat projection printing)

圖 4-19　須使用光罩的曝光微影技術

　　接近式曝光必須減小障礙物(光罩)與屏幕(光阻)的距離以改善繞射的發散。最理想的接近式曝光為光罩與光阻直接接觸的情形(S=0，此時也稱為 contact printing)。在光罩與光阻直接接觸時，理論上可以將光罩的圖案完美地轉印到光阻上。但是光罩與光阻的直接接觸將導致光阻的裂損，而且有許多實際因素使光罩與光阻間形成不可避免的間距，如光罩上鉻膜的形狀、光阻的厚度、無法避免的灰塵、光罩及光阻表面的不平整等等。因此，接近式曝光時，光罩與基板之間的距離 S 通常不可忽略。以接近式曝光為例，其所能轉印圖案的最小線寬 w 可用下式表示：[5]

$$w \approx \sqrt{S\lambda} \quad\quad\quad\quad\quad\quad\quad\quad\quad\quad\quad\quad\quad\quad\quad\quad\quad\quad\quad\quad\quad\quad\quad\quad\quad\quad\quad\quad\quad\quad\quad\quad\quad\quad (4.5)$$

其中λ為用於曝光的紫外光波長，S 為光罩與基板之間的距離。以常用的紫外光光源汞燈為例，其所發出的特徵紫外光之波長為 365 nm，如果要使最小線寬小於 1μm，則光罩與基板的間距 S 至少要小於 1.6 μm。此外，由 4.5 式可知，若 S 不變，當所使用的光波長λ減少 n 倍，其圖案轉印的線寬將減小為 $1/\sqrt{n}$。除了上述物理光學的限制以外，在光罩與晶片上已有圖案對準時，光罩及晶片之間必須保持相當的距離以避免接觸，待對準後光罩與晶片才能接近。在此過程中，由於顯微鏡的景深限制及接近時晶片的移動或轉動，引起位置的誤差，這也限制了接近式曝光的有效解析度。

　　投影式曝光的解析度也是受限於繞射的極限，相關的參數除了入射光的波長λ以外，還有透鏡系統的聚光角度θ (如圖 4-19)。步進投影式曝光的解析度 w 為[5-6]：

$$w \approx \frac{k\lambda}{NA} \quad\quad\quad\quad\quad\quad\quad\quad\quad\quad\quad\quad\quad\quad\quad\quad\quad\quad\quad\quad\quad\quad\quad\quad\quad\quad\quad\quad\quad\quad\quad\quad\quad\quad\quad\quad (4.6)$$

其中 $NA = n\sin\theta$ 稱爲透鏡系統的 numerical aperture [1]，n 是光學透鏡周遭環境介質(如空氣)的折射率，$k \approx 0.6 \sim 0.8$ 爲與光阻有關的常數。以常用的紫外光光源汞燈爲例，其所發出的特徵紫外光之波長爲 365 nm，若光學系統的 $NA = 0.5$，且 $k \approx 0.6$，則可得之的最小線寬 w 約爲 0.4 μm 這個值恰好大約爲光波的波長。由於光罩與光阻沒有直接的接觸，步進投影式曝光微影還有下列的優點：

(1) 最小線寬(解析度)不受光罩與光阻之間距離的影響。

(2) 步進式的曝光機構，對大面積的曝光不受晶片平坦度影響。

(3) 光罩不易損壞，適合於大量製造。

根據以上的分析，不論是接近式曝光或投影式曝光，其曝光的解析度(所能製作的最小線寬 w)約爲光的波長。這個結果是以一般的穿透光罩(transmission mask)來作分析而得到的。如果採用相移光罩(phase-shifting mask)，曝光的解析度可以進一步提高[9-10]。圖 4-20 爲一般的穿透光罩與相移光罩的比較。穿透光罩是吸收層對光波的吸收，使通過與未通過吸收層的光構成照度的對比。相移光罩則是在吸收層上再加上相位移層，使光波在相位移層的邊緣兩側的相位差 180°，而在相位移層的邊緣電磁場正負交替處將出現零電磁場。由於照度是電磁場值的平方，零電磁場處的照度也是零，於是形成極高的明暗對比。利用相位移光罩的技術，可以將曝光的解析度提高至比光的波長小一個數量級。

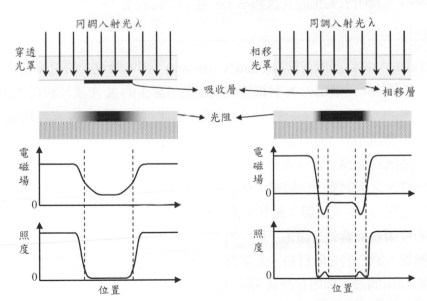

(a) 一般的穿透光罩(transmission mask)，曝光的解析度極限約為光的波長 λ

(b) 相移光罩(phase-shifting mask)，曝光的解析度極限小於光的波長 λ

圖 4-20　利用光罩作投影式曝光時，在光阻上的照度分佈

2. X 光微影技術(X-ray lithography)：由於光波的繞射極限，使得利用紫外光的微影技術受限在微米(至次微米)的解析度。因此，使用波長更短的光波是提高微影解析度的可行方法。由於 X 光的波長較紫外光更短，若能利用 X 光來作為微影的光源，必然較紫外光能達到更高的曝光解析度。圖 4-21 為可見光範圍附近的各種光波的波長範圍。圖中所示的紅外光、可見光、及紫外光之間的分界線，是根據人眼所能偵測的光波(可見光)範圍而決定，至於 X 光的定義與紫外光的分界線，則是依照傳統上產生 X 光的方法(X 光管)所能發生的光波起始範圍而定。至於 γ 射線起始波長的定義，波長是依照 γ 射線源所能產生波長的方法而決定的，(放射性原子核如鈷 60、銫 137、銥 192、銩 170 等衰變所產生)。X 光的波長起至 30 nm，最小至 0.1 nm 以下，而 γ 射線的波長則起至 0.1 nm 以下；在 0.1 nm 以下，波長相同的 X 光和 γ 射線，除了其產生來源不同以外，本質上並無區別。

一般的白熾燈泡，係利用黑體輻射的原理發光，其發光的波段與燈絲的溫度有關，所發射光約在紅外光至可見光的範圍內。汞燈則是利用電弧放電激發汞原子的電子能階躍遷而發光，其所能發出的光約在可見光至紫外光的範圍內。至於 X 光，由於其光子的能量太高，並無法利用白熾燈泡或汞燈的原理來作為光源。傳統上 X 光的光源是利用 X 光管來產生 X 光，其原理是利用電子高速撞擊金屬靶時，激發金屬原子的內層電子，當電子重新補回內層時，其所放射出的光波頻率 f 與電子的能階差 ΔE 成正比：[11]

$$\Delta E = hf \dots\dots\dots\dots\dots\dots\dots\dots\dots\dots\dots\dots\dots\dots\dots\dots\dots\dots\dots\dots\dots\dots\dots\dots\dots\dots\dots\dots\dots\dots(4.7)$$

其中 $h = 6.63 \times 10^{-34}$ J·s 為蒲朗克常數(Plank's constant)。因內層電子的束縛能很大，使得光波的頻率高、波長短。一般用於 X 射線管的金屬靶所產生的 X 光波長約在 2 nm 至 0.4 nm 左右，比紫外光的波長(～100 nm)約小了 10^2 倍！由此可知，利用 X 光作為微影光源，可以將光繞射的影響減小到 1 nm 以下。

X 光微影系統的架構與紫外光微影大致相同，也有近接式與投影式兩種主要的微影方法。由於光學零件之折射率、反射率、及透明度和光波長有關，使得紫外光微影的光學系統並不能直接應用於 X 光微影；此外，由於機械與光學系統解析度的限制，在曝光前進行光罩對準的技術也與紫外光微影不同。換言之，X 光的微影目前仍面臨缺乏部份關鍵技術的困難，例如：適合的光阻材料、光罩材料、X 光透鏡、以及光罩對準系統等。除此之外，X 光微影技術的最大問題在於實用的光源。能用作奈米微影的 X 光光源，除了波長短以外，其照度必須相當地強，以減小對光阻感光度的需求。雖然高強度 X 光光源自 1980 年發展至今已有很大的進步，但光源成本太高仍然是最主要的問題，故目前的 X 光微影實驗仍多採用昂貴但強度高的同步輻射光源來進行。雖然如此，可以預期當紫外光微影技術所採用之光波長(如極紫外光)漸漸推展至接近 X 光波長的程度時，兩種微影系統將有合流的可能性。

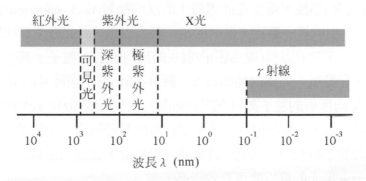

圖 4-21　可見光、紅外光、紫外光、X 光、及 γ 射線的波長範圍

二、電子束微影術(E-beam lithography)

　　當掃描式電子顯微鏡(Scanning Electron Microscope，SEM)在 1960 年初發明以來，電子束微影便成為突破光學微影極限的另一可行方案。電子的運動可以利用電場和磁場控制其速度與方向，使得電子束很容易聚焦為微小的「光點」。當電子束入射至光阻劑時，也會引起光阻劑內的化學鍵結裂解或結合，而使光阻劑「曝光」，換言之，將電子束在光阻劑上「掃描」(類似印表機以逐點掃描方式將圖案列印)，可直接將所設計的圖案轉印在塗佈於晶片的光阻薄膜上。

　　雖然電子運動時也會表現出波動性，但高能量電子束的波動繞射行為可以忽略。電子的波動性質可以用 1924 年德布洛意(Maurice de Broglie，1875～1960)所提出物質波來描述[11]，其波長為：

$$\lambda = \frac{h}{p} = \frac{h}{\sqrt{2me\text{V}}} \quad\text{...(4.8)}$$

h 是普朗克常數，m 是電子質量，eV 是電子動能。

(4.8)式稱為德布洛意關係式。以動能為 1 keV 的電子為例，依方程式(4.8)可求得其物質波波長約為 1.2 nm，約相當於 X 光的波長範圍，而且，當電子的動能增加 n 倍時，其波長還會減為 $1/\sqrt{n}$ 倍！因此，利用動能足夠大的電子束作為微影的「光源」時，其物質波的繞射行為可以忽略。

　　掃描式電子束微影技術的最小解析度限制雖然不受限於波的繞射，卻會受電子在物質中所發生彈性及非彈性散射所造成的光點擴大所影響。圖 4-22(a)為電子束入射至塗有光

阻的基板時,電子束散射的情形。在光阻內電子大多集中於入射點中心附近,散射對光阻曝光精度的主要影響來自於電子在光阻內所發生的前向散射(forward-scattered)。當電子透過光阻進入基板(或薄膜)後,電子在此處發生的反向散射(back-scattered)會影響光阻的曝光。在光阻內前向散射的電子數比未散射的電子數少得多,因此發生前向散射後會影響曝光的橫向範圍很小。至於在基板(或薄膜)內發生的反向散射的電子,其在各角度的數目分佈較平均,因此會影響曝光的橫向範圍較大。圖 4-22(b)為不同能量的電子束入射至光阻/基板內發生前向/反向散射的粒子數目空間分佈圖。比較低能量(10 keV)與高能量(25 keV)電子束的散射分佈發現,前向散射的分佈範圍在低能量時較寬、高能量時變窄,而反向散射的分佈範圍在低能量時較窄、高能量時變寬、但是電子數目明顯減少。因此,電子束的能量增加時,電子束曝光的解析度可有效提高。

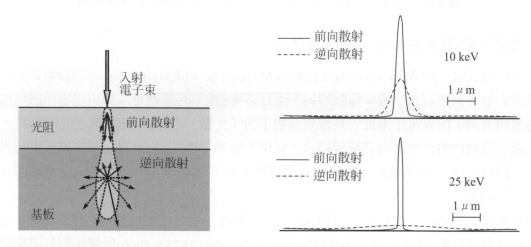

(a)電子束在光阻及基板(或薄膜)內的散射　　(b)不同的電子動能之下前向與逆向散射的變化

圖 4-22　能量越高,則前向散射的分佈範圍越小、電子束微影的解析度越高。("Introduction to Microlithography", 2nd edition, edited by Larry F. Thompson, C. Grant Willson, and J. Bowden, ACS Profesional Reference Book. (1994); *Fig. 54*, *59*. 參考資料[7])

掃描式電子束微影有以下的優點:

(1) 最大優點為可依據所設計圖案的數位檔案直接列印至晶片上,不需事先製作的光罩,故極適合需要經常修改圖案的研究者。

(2) 曝光參數可透過電磁場的數值控制加以精確掌握。

(3) 電子微影系統同時具備電子顯微鏡的功能,可直接做晶片的對準,並可任意選擇曝光區域。不過,掃描式電子束微影的產量太低,無法直接用於大量製造。要大量製造奈米元件,可能的解決方案是利用掃描式電子束微影來製作奈米元件的母模(或光罩)，然後利用 X 光微影、投影式電子微影[12-13]、或奈米壓印術[14]量產。

三、奈米壓印術(Nano-imprint lithography，NIL)

　　奈米壓印術係利用電子束微影將耐磨損的薄膜製成母模，再將母模圖案壓印複製。圖 4-23 為奈米壓印術的過程示意圖[14]。奈米壓印術的主要過程如下：首先以機械方法將母模的奈米圖案壓印在塗有光阻(或熱融性膠膜)的基板上，卸模後，光阻上將留有母模的奈米圖案，然後以氧離子反應式蝕刻將光阻上的圖案深刻，使基板露出。此一奈米壓印過程的結果，相當於將光阻曝光後顯影，而形成光阻的奈米圖案。所完成的光阻奈米圖案，可再以濕式或乾式蝕刻加工的方式將圖案轉印至基板上。奈米壓印術的解析度可達 10 nm，相較於同等解析度的 X 光微影或投影式電子微影的高設備成本，其最大優點為大量製造的成本極低。奈米壓印術的主要成本為母模的製作，為減少磨損以降低成本，較佳的母模材質為 SiO_2、Si_3N_4 或鑽石薄膜等。

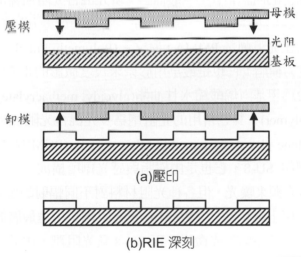

圖 4-23　奈米壓印術的過程(Stephen Y. Chou，Peter R. Krauss，Preston J. Renstrom，"Imprint Lithography with 25-Nanometer Resolution"，Science 272，85 (1996); *Fig. 1.* 參考資料[14])

四、光阻劑(photoresist)

　　在微影蝕刻的過程中，光阻劑是用以複製圖案時的媒介物。光阻劑須具備可成膜性(film-forming)以及感光性(photoactive)兩個基本特質。此外，為滿足曝光、顯影及蝕刻等圖案轉印製程的要求，優良的光阻須有很好的附著性(adhesion)、耐熱性(thermal stability)、

抗酸性(chemical stability)等特質。光阻劑主要成份(成膜物質)爲有機物，在微影製程完成後通常可以利用氧電漿蝕刻或者有機溶劑加以移除。

　　光阻劑依曝光顯影的過程的不同，可區分爲正光阻劑及負光阻劑。正光阻劑被曝光部份的聚合物鏈會被打斷，使其易被顯影劑所溶解，而負光阻劑則是被曝光部份會形成聚合鏈的交連(cross-link)，使得曝光部份不易被顯影劑溶解。以光罩近接式曝光的紫外光微影爲例，如果採用圖 4-17 的製程，正光阻劑可以將光罩上不能透光部份的形狀複製到薄膜上，而負光阻劑則是將光罩上透光部份的形狀印到薄膜上。

　　就成份來看，光阻劑可以區分爲純聚合物光阻以及多元混合光阻兩類。聚合物光阻的組成物可以爲單一聚合物，或者是多種聚合物的共聚物，其組成物除具備成膜性等物理性質以外，並須能因光、電子、離子等輻射而引致化學鍵的崩解或錯結，使曝光與未曝光部份對顯影液的可溶解度能形成明顯的差異。而多元混合光阻則是以具備優良成膜性的聚合物爲主體，在其中加入感光化學物質而形成化學增強(chemically amplified)之混合物。感光化學物質能釋放出活性離子，使混合物中成膜物質(聚合物)對顯影液的可溶解度改變，而造成曝光與未曝光的部份的明顯對比。一般而言，多元混合光阻所需的曝光輻射劑量較純聚合物光阻爲低。

　　最有名的純聚合物正光阻劑是 PMMA，原文名(Polymethyl methacrylate)，即聚甲基丙烯酸甲酯，爲一種壓克力樹脂；它也是最早用於奈米尺度微影的正光阻劑。純聚合物負阻劑例如 COP，其成份爲甲基丙烯酸縮水甘油酯(glycidyl methacrylate)和丙烯酸乙酯(ethyl acrylate)的共聚物(copolymer)。其它常用的光阻劑爲多元混合光阻，例如 AZ1500 正光阻劑，其成份主要 propylene glycol monomethyl ether acetate (PGMEA)樹脂與感光劑的混合物。多元混合負光阻劑如 SU-8，它也是由樹脂與感光劑所構成。大部份的光阻劑均能以光、電子或離子等輻射光源來曝光，但各種光阻材料對不同輻射的感光度不同，或其成膜時的厚度不同，其在使用上略有區分。PMMA 正光阻劑是用途最廣的光阻劑，可用於電子束微影、X 光微影、以及深紫外光微影。而 SU-8 負光阻劑，由於其允許輻射穿透的膜厚大(可至 50 微米厚)，且成膜硬化後的耐熱性極佳(高至 200°C)，故極適於微電鑄製造，或作爲功能性元件製作的材料。其它如 AZ1500 正光阻劑，雖然其允許輻射(紫外光)穿透的膜厚僅約數微米，但感光度佳，適於微小線寬圖案的製作。

4-2-2　蝕刻技術(Etching Techniques)

　　微影與蝕刻技術是利用薄膜製作奈米功能元件的主要方法。微影技術可以製作奈米級的光阻圖案，而蝕刻技術則可以將光阻圖案轉移至各類材質的薄膜或基板之上。奈米蝕刻技術可採用液相的化學侵蝕(濕式蝕刻，wet etching)或離子或電漿蝕刻(乾式蝕刻，dry etching)來作加工。為將光阻的圖案正確地轉移，所選用的蝕刻方法必須考慮其對光阻的蝕刻速率以及對加工材料的蝕刻方向性。侵蝕的速率及方向性會影響所製作圖案的精確性，如果光阻被蝕刻速率不可忽略，被加工薄膜上須先鍍上罩遮層(masking layer)作為圖案轉移的中間媒介。本節將針對等向性及非等向性的濕式及乾式蝕刻法的特色及其適用情形加以討論。

一、濕式蝕刻(wet etching)

濕式蝕刻是指利用水溶液中的化學物質對薄膜或基板侵蝕的加工技術，其最大的優點是操作方法簡單且加工成本低。當蝕刻液對不同材料的反應速率差異很大時，濕式蝕刻會具有方向性。依侵蝕的方向性之差異，濕式蝕刻可概分為等向性蝕刻(isotropic etching)與非等性蝕刻(anisotropic etching)兩類。圖 4-24 為等向性與非等性蝕刻對薄膜被加工處的形狀變化。等向性蝕刻對各方向的速率相同，因此會對薄膜材料作正面及側面的侵蝕，蝕刻的形狀與罩遮層圖案不同，會使罩遮層形成懸臂結構。當蝕刻液對薄膜或基板法線方向的蝕刻速率較其他方向大很多時，即為非等向性蝕刻，此時薄膜被加工邊界可以具有接近垂直的形狀。在微米以上尺寸的加工方法中，非晶或多晶的材料可視為均質，其內部的微結構與晶粒(grain)可以被忽略；而對於奈米尺寸的加工而言，多晶材料之晶粒尺寸可能與擬製作的元件大小接近，而使得非等性蝕刻的效應影響元件加工的結果。以下分別對等向與非等性蝕刻在微奈米結構製作的特點與限制加以討論。

1.　等向性蝕刻：對無晶的材料而言，蝕刻液之化學反應沒有方向性差異，故蝕刻作用均為等向蝕刻。對於特定晶軸方向的材料而言，單一化合物之蝕刻液在不同的晶軸方向的蝕刻速率通常也不相同。雖然如此，多種化合物組成的蝕刻液仍可以達成等向性蝕刻的結果。以常用矽基板材料為例，利用氫氟酸、硝酸、醋酸的混合物(hydrofluoric acid，nitric acid，及 acetic acid，簡稱 HNA)即可作等向性蝕刻。HNA 對矽的作用方式為：硝酸將矽氧化，所產生的矽氧化層則被氫氟酸作用而侵蝕；而醋酸則是減緩氫氟酸對矽氧化層侵蝕速率的化學緩衝劑(chemical buffer)。HNA 對矽的蝕刻很快，為使加工結果正確並避免罩遮層被侵蝕，合適的蝕刻速率應控制在 10 μm/min 以下，即氫氟酸、硝酸、醋酸的比例約為 1：3：8。此外，由於 HNA 會破壞多數的光阻，故在上述蝕刻過程中需將光阻圖案先行轉移至對 HNA 反應較慢的 Si_3N_4 薄膜，再以 Si_3N_4 薄膜作為等向蝕刻的罩遮層[15]。

奈米科技導論

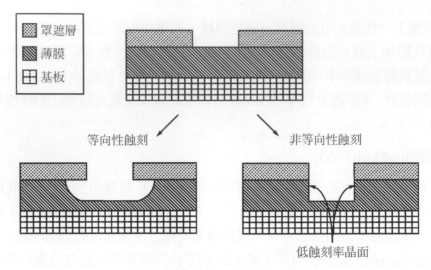

等向性蝕刻　　　　　　　　　非等向性蝕刻

低蝕刻率晶面

圖 4-24　等向性與非等向性蝕刻

2. 非等向性蝕刻：化學作用的反應速率，除了與物質的化學組成有關以外，和物質的微結構與結晶性質有關。對於有特定晶格方向的單晶材料而言，化學蝕刻液在不同的晶面之反應速率均不相同。若某晶面的反應速率遠小於其它晶面，則可以利用此低蝕刻率晶面作為蝕刻停止面(etch stop surface)，而達到非等向蝕刻的結果。以矽單晶材料的蝕刻為例，50%的氫氧化鉀(KOH)對矽晶的<100>與<110>晶面之侵蝕速率，約為其對<111>晶面的數百倍，故可利用<111>晶面作為蝕刻停止面。利用此種蝕刻法，可以製作出深寬比 100：1 以上的微米與奈米結構。製作微米結構時，理想的蝕刻速率約為 1 μm/min，而製作奈米結構時，蝕刻速率應控制在 0.1 μm/min 以下，蝕刻速率可用 KOH 溶液的濃度及溫度來控制。由於蝕刻反應速率與溫度大約成指數的關係，故精確的溫度控制是決定加工精度的重要關鍵之一。

非等向性蝕刻可將光阻圖案正確地轉移至薄膜上。但為配合以特定的晶面作為蝕刻停止面的要求，擬製作的元件圖案須考慮被蝕刻材料(矽晶片)之的晶軸方向的安排，以便在所需的方向上作非等向性蝕刻。若元件圖案的配置無法配合蝕刻停止面的方向，則需考慮以其它加工法來進行非等向蝕刻的元件加工。

二、乾式蝕刻(dry etching)

濕式蝕刻所使用的化學物質，如 HNA、KOH 水溶液等，均是強酸或強鹼化合物，故如何對不擬加工處作保護，以及如何在清洗蝕刻液時不破壞已製作的結構，會造成濕式蝕刻在製程設計上的困難。對於這些問題，乾式蝕刻具有相對的優點。乾式蝕刻使用離子或電漿來加工，加工後的副產物即離開被加工物之表面，故不須作清洗的程序。另外，乾式蝕刻的蝕刻速率與溫度的相關性小，而是與離子或電漿的成份、能量及粒子密度等參數有關，這些參數比溫度易於控制。此外，乾式蝕刻所具有的非等向性，決定於反應粒子對被加工材料撞擊的方向，以及粒子與被加工材料的化學作用過程，可以作出很大深寬比的細線結構，而且不需考慮被加工材料的晶軸方向與加工方向配合的問題。因此，乾式蝕刻在許多方面優於濕式蝕刻法。當然，乾式蝕刻也有其缺點：首先，相對於濕式蝕刻設備低成本的優點，乾式蝕刻設備可謂複雜而昂貴。再者，乾式蝕刻設備不易作大面積的蝕刻，這對濕式蝕刻設備而言卻是相當容易。

　　乾式蝕刻依蝕刻媒介可區分為電漿蝕刻及離子蝕刻兩類。電漿蝕刻係利用電漿對被加工物撞擊並發生化學作用，所生產物揮發而使被加工物變薄。離子蝕刻則是以高能量的離子撞擊被加工物，使其表面材料飛濺離開而變薄。以下部份將針對電漿蝕刻與離子蝕刻這兩類常見的乾式蝕刻分別加以討論。

1.　電漿蝕刻(plasma etching)：電漿的原始定義是指物質在極高的溫度下形成電子與原子分離的狀態，與物質的三態(固、液、氣態)並列，物質的第四態。在物質的溫度不高時，利用高能量的電磁波也可以將氣體分子的電子游離，形成離子、電子、及自由基與氣體分子的混合物，此種物質也稱為電漿。氣體分子能否被電磁波游離成為電漿，與電磁波的能量有關，而電磁波的能量與其頻率成正比，關係如 4.7 式。此種電漿中氣體分子的溫度不高(約為室溫至攝氏數百度)，而電子溫度因電場的加速作用可達攝氏 10^4 至 10^5 度左右，故此種電漿係處於溫度不平衡的狀態。由於未游離分子的溫度不高，不具有侵蝕作用，故電漿中自由基(radicals)與離子(ions)的數目多寡是決定蝕刻速率的關鍵。提高電磁波的總功率可以增加電漿中自由基(radicals)與離子(ions)的數目。

　　電漿蝕刻的作用過程包括化學作用與機械式加工作用。化學作用是電漿中的自由基與被加工材料作用並產生揮發性化合物的過程，而機械式加工作用是電漿中的離子被電場加速後直接撞擊在被加工物上而使其表面材料飛濺離開的過程。化學蝕刻作用中，自由基對被加工材料的侵蝕為均向性的，而離子撞擊的加工方式是非均向性的。由於離子撞擊很容易使被加工物表面產生缺陷，故電漿蝕刻通常採用可產生化學作用的電漿。電漿對被加工材料的化學作用過程可以區分為：游離、吸附、化學作用、釋放及擴散等四個過程。以四氟化碳(CF_4)氣體對矽晶體的電漿蝕刻為例，中性的 CF_4 對矽沒有作用，但是若 CF_4 被電場游離而形成自由的 F 原子且吸附到矽晶表面上，F 會與矽晶作用而形成 SiF_4。所產生的 SiF_4 會因揮發而自矽晶表面釋放，並擴散至低壓空間中。蝕刻的化學作用對可蝕刻材料有很高的選擇性(selectivity)，即只對需加工的部份有侵蝕作用，這對於微影蝕刻製程而言是一個

優點。以 CF_4 對矽的例子來說,由於 Si_3N_4 與 CF_4 的作用速率比矽要慢,故可用作轉移光阻圖案的中間罩遮層。

自由基和離子在電漿蝕刻中的重要性與其密度有關。以 CF_4 電漿為例,典型粒子密度約為中性分子 10^{16} cm^{-3},自由基 10^{14} cm^{-3},電子及離子 10^8 cm^{-3}。相對於自由基密度而言,離子密度極低,故蝕刻作用以化學反應為主,機械加工作用幾可忽略,故此種乾式蝕刻法也稱為化學電漿蝕刻(chemical plasma etching)。若在蝕刻氣體中加入容易游離的惰性氣體,並提高電功率使離子的密度提高,增加離子撞擊造成的缺陷,催化自由基與被蝕刻材料的化學反應。以利用 XeF_2 氣體對矽晶蝕刻以例,XeF_2 與 Ar 混合氣電漿對矽的蝕刻速率,是純 XeF_2 或純 Ar 電漿之蝕刻速率的 10 倍以上[16];此種以離子撞擊加速電漿化學作用的蝕刻方式,稱為反應式離子蝕刻(ion-assisted etching 或者 reactive ion etching)。若蝕刻氣體無法產生活性自由基以供化學蝕刻反應,則蝕刻作用需依靠離子撞擊的機械式加工作用,此種電漿蝕刻法,與離子濺鍍法中靶材被蝕刻的方式相同,故也稱為濺鍍蝕刻(sputtering etching)。濺鍍蝕刻須使用較大的電漿功率,才能達到足夠的蝕刻速率。例如以純氬氣作為蝕刻氣體時,由於氬氣被游離時不會產生可供化學反應的自由基,故需用較大的蝕刻功率以產生更多的離子,以增強氬離子的撞擊次數,提高蝕刻速率。在合適的工作壓力方面,以化學電漿蝕刻為最高,通常在 100 m Torr 以上;反應式離子蝕刻的壓力則約為 100 mTorr 以下;濺鍍蝕刻的工作壓力最低,通常在 50 m Torr 以下。

典型的電漿蝕刻設備可依其蝕刻作用方式區分為化學電漿反應器與離子電漿反應器兩類。傳統上最常見的化學電漿反應器為桶狀反應器(barrel rector),其結構如圖 4-25(a)。此反應器中的電漿產生區域在石英腔體所包覆的多孔鋁管對外接地,被加工物放置於多孔鋁中,可以保護其免受電漿中之離子撞擊而形成表面缺陷。此種反應器幾乎沒有離子蝕刻的作用,故其反應速率較慢,而且為均向性蝕刻。傳統上最常見的離子電漿反應器為平板電極反應器(parallel-plate reactor),其結構如圖 4-25(b)。此種反應器的電漿產生於兩平板電極之間,被加工物放在給偏壓的平板電極上,另一平板電極接地。由於電極的偏壓對離子有加速作用,化學蝕刻作用會因離子撞擊而加快,故其蝕刻速率較高,而且在離子撞擊的方向上蝕刻速率較快,故為非均向性的蝕刻;此類反應器為常用的反應式離子電漿蝕刻反應器(RIE reactor)。

上述之傳統電漿反應器各有其缺點,桶狀反應器的主要缺點為蝕刻速率較慢,且無法作非均向性蝕刻;平板電極反應器則會因離子撞擊而在材料表面產生缺陷。這些缺點在新世代的電漿反應器問世後已逐漸克服。新世代的電漿反應器以 1985 年發展迄今的電子迴旋共振電漿反應器(electron cyclotron resonance plasma reactor 或 ECR plasma reactor),以及1991 年發展迄今的電感耦合電漿反應器(inductively coupled plasma reactor 或 ICP reactor)

最爲有名，其結構如圖 4-25(c)及(d)。這些新型電漿反應器的主要改進處在於採用獨立的電漿源產生高密度電漿，並使撞擊被蝕刻物的離子數量得以控制，因此，蝕刻作用得以在可控制的離子催化之下，在以更多自由基進行化學蝕刻作用。離子撞擊被蝕刻物的能量可以利用偏壓電極的電壓加以控制，用以調控蝕刻速率、減少離子輻射缺陷、以及調整均向與非均向性蝕刻的程度。由於 ICP 設備的架構較 ECR 更爲簡單，且參數控制較容易，目前 ICP 反應器已漸成爲 RIE 蝕刻技術的主流。

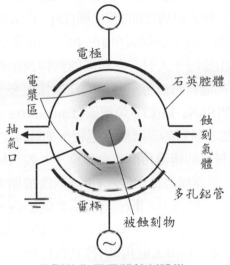

(a)典型的化學電漿蝕刻設備－
桶狀反應器(barrel rector)

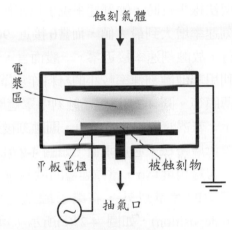

(b)典型的離子電漿蝕刻設備－
平板電極反應器(parallel-plate reactor)

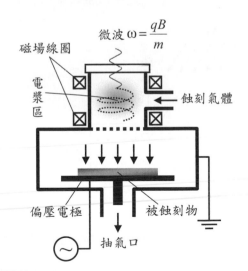

(c)電子迴旋共振電漿反應器(ECR plasma reactor)

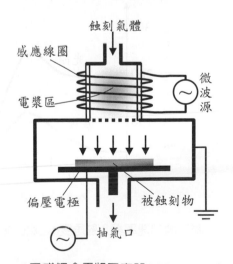

(d)電感耦合電漿反應器(ICP reactor)

圖 4-25　電漿蝕刻裝置

2.　離子蝕刻(ion beam etching)：將離子以電場加速後，直接撞擊在薄膜上將薄膜的材料磨蝕的方法，稱爲離子蝕刻(ion beam etching 或 ion milling)。這種蝕刻過程和電漿蝕刻中離子作用的方式相同，但其離子束的方向更爲一致。離子蝕刻之離子源通常採用非反應性的蝕刻氣體(如氬氣)，藉磁場下的低電壓放電(如 Kaufman ion sources，[17])與 ECR 等的方式將蝕刻氣體游離產生離子。由於離子撞擊對所作用材料的選擇性不高，故蝕刻時遮罩的選擇是必備的條件。離子蝕刻的速率與加速電壓及電流值有關，典型的電壓值約爲 500 V，電流值約爲 5 mA/cm^2，蝕刻速率約在 10 nm/min 至 100 nm/min 左右。圖 4-26 爲常見的離子蝕刻速率與入射角度θ的關係圖[18]。在入射方向與法線平行時，蝕刻速率幾乎爲定值。在入射方向與法線夾角θ在 40°至 70°附近，蝕刻速率增大到最大值，而當θ接近 90°時，由於離子入射方向與被蝕刻物表面幾爲平行，故蝕刻速率接近零。一般而言，光阻比晶體材料被離子磨蝕的速率快很多，故需利用其他蝕刻速率較小的材料作爲罩遮層，如 Si$_3$N$_4$、鉻(Cr)、類鑽碳(diamon-like carbon)薄膜等。圖 4-27 爲離子蝕刻中罩遮層與被加工材料的形狀變化過程。如圖 4-27(a)所示，若罩遮層邊緣爲垂直，則蝕刻後被加工材料的邊緣角度也會垂直。一般的情形下罩遮層邊緣未必爲垂直，如圖 4-27(b)所示，罩遮層邊緣角度爲γ，蝕刻後被加工材料的邊緣角度爲α，當罩遮層的蝕刻速率較被加工材料小，則α＞γ，反之則α＜γ。除了速率的考量以外，在離子蝕刻過程往往會形成被加工材料在邊緣的重鍍現象(redeposition)，如圖 4-27(c)所示。重鍍現象可以利用入射角θ的控制與後續的蝕刻處理來消除。

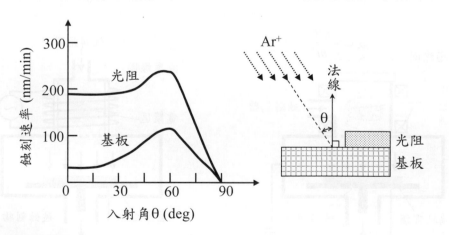

圖 4-26　離子蝕刻速率與入射角度θ之關係圖(使用光阻為 AZ1500，基板為 SrTiO$_3$(001)單晶片[18])

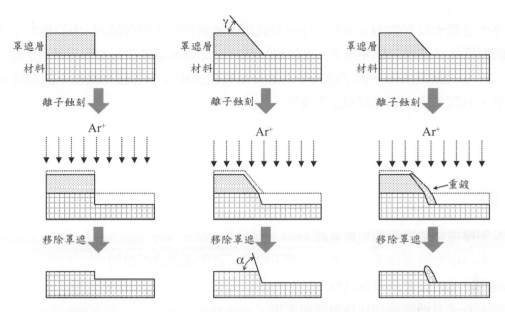

(a)罩遮層邊緣垂直　　(b)罩遮層邊緣不垂直(一般的情形)　(c)重鍍(redeposition)現象

圖 4-27　離子蝕刻中罩遮層與被加工材料的形狀變化過程

4-2-3　微影加工技術總結

奈米微影蝕刻與微米微影蝕刻技術的各項異同，可以歸納如下：

1. 毫米及微米尺度的微影蝕刻技術均是利用光的直進性來轉印圖案，使用的光波長範圍在 100 nm 至 700 nm (紫外光至可見光)。由光繞射的物理因素限制，此種技術的加工極限約為所使用之光波長值(最小 0.1 μm)。因此，奈米尺度的微影蝕刻必須使用波長更短的「光束」或「粒子束」，如紫外光、X 光、電子束、離子束等。使用光波的微影技術的解析度極限受限於光波的繞射，而對電子束微影技術的解析度則受限於電子在光阻劑與薄膜(或基板)的散射。

2. 奈米級的微影可以採用波長更短的光波，但是當光波由人眼可見的紫光(436 nm Hg G-line)變為紫外光(365 nm Hg I-line)、深紫外光(248 nm KrF laser 及 193-nm ArF excimer laser)、極紫外光(最短波長 13 nm)、甚至 X 光(10 nm 以下)時，由於光學材料的折射率及透明程度與光波的波長(或者是頻率)有關，這使得奈米微影技術的發展受到許多因素的影響，包括光源、光學元件、光罩、以及光阻性質等。

3. 毫米及微米尺度的微影蝕刻完成後，可以用目視或一般的光學顯微鏡來檢查所製作的圖案，奈米尺度的微影蝕刻結果則必須仰賴電子顯微鏡、近場光學顯微鏡、以及掃描式探針顯微鏡(SPM)等方法加以檢驗。

4. 毫米及微米尺度的圖案蝕刻可採用濕式化學蝕刻或乾式物理蝕刻，由於被加工之薄膜的厚度往往遠小於圖案線寬，故蝕刻的均向性及圖案邊緣微觀的形狀常可忽略。對奈米尺度的圖案而言，圖案邊緣是否足夠平整相當重要，且蝕刻反應不能造成表面缺陷，故需更為仔細地控制蝕刻條件。

習 題

1. 說明掃描穿隧顯微術成像原理。

2. 說明掃描穿隧顯微術如何應用於原子操控，並舉兩個實例說明。

3. 說明原子力顯微儀成像原理。

4. 說明原子力顯微術如何應用於奈米加工。

5. 說明掃瞄探針微影術如何應用於奈米加工。

6. 物體的尺寸大小可以用公里(km)、米(m)、毫米(mm)、微米(μm)、或奈米(nm)等工程標示單位代表其尺度(scale)，例如房屋高度約在 1~1000 m 之間，其尺度為米(m)。試依此規則，指出下列各項目之尺度：

 (1) 鯨魚的身長。

 (2) 昆蟲的身長。

 (3) 水分子的尺寸。

 (4) 美工刀刀鋒的曲率半徑。

 (5) SARS 病毒的直徑。

 (6) 從台北到高雄的直線距離。

 (7) 可見光的波長。

 (8) 金原子的直徑。

 (9) 人類頭髮的直徑。

 (10) 人類頭髮的長度。

7. 為何「光罩與光阻之距離儘量減小」，可以「克服光的繞射問題」？

8. 如圖 4-28，入射光經過吸收光罩後的電場振幅分佈為 $E_1 = 1 - 0.5\cos2\pi x$ (如圖 a)，經過相移光罩後的電場振幅分佈為 $E_2 = 1.5\sin\pi x$ (如圖 b)。已知光強度 $I \propto E^2$，試繪圖比較 E_1 與 E_2 之光強度分佈的異同，並解釋相移光罩的原理。

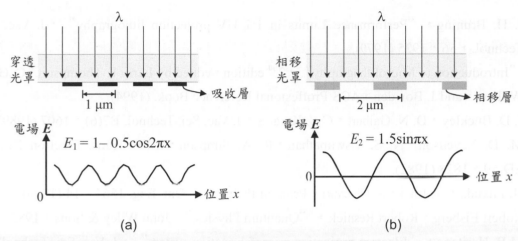

圖 4-28　吸收光罩與相移光罩之比較

9.　已知紫外光與 X 光均為電磁波，若把圖 4-19 的步進式紫外光微影系統的光源直接換成 X 光，而不更換透鏡系統，會有什麼問題？為什麼？

10.　物體在高溫下發光的現象，可以用黑體輻射的模型來解釋。已知黑體輻射的「光」強度能譜 $I(\lambda) \propto \lambda^{-3}(e^{\frac{hc}{\lambda kT}}-1)^{-1}$，其中 λ 為光的波長，$h = 6.63 \times 10^{-34}$ J·s 為蒲朗克常數，$c = 3 \times 10^{8}$ m/s 為光速、$k = 1.38 \times 10^{-23}$ J $-$ K^{-1} 為波茲曼常數：

(1)　試求溫度 $T = 1000°K$ 時，黑體輻射的最強的光波長 λ_m。

(2)　這個波長的「光」是可見光、紅外光、紫外光、X 光、或 γ 射線？適不適合用來作奈米級的光學微影？為什麼？

參考文獻

1.　Eugene Hecht，"Optics"，2nd edition，Addison Wesley (1987).

2.　H. I. Smith，Proc. IEEE 62，1361 (1974).

3.　B. J. Lin，J. Vac. Sci. Technol. 12，1317 (1975).

4.　A. K. Bates，M. Rothschild，T. M. Bloomstein，H. G. Fedynyshyn，R. R. Kunz，V. Liberman，and M. Switkes，"Review of technology for 157-nm lighography"，IBM J. Res. & Dev. 45，605～613 (2001).

5.　J. H. Brunning，"Optical Imaging for microfabrication"，J. Vac. Sci. Technol.，15，1147 (1980).

奈米科技導論

6. J. H. Bruning，"Performance Limits in 1:1 UV projection lithography"，J. Vac. Sci. Technol.，56，1925 (1979).

7. "Introduction to Microlithography"，2nd edition，edited by Larry F. Thompson，C. Grant Willson，and J. Bowden，ACS Proffesional Reference Book. (1994).

8. J. D. Buckley，D. N. Galburt，C. J. Karatzs，J. Vac. Sci. Technol. B7(6)，1607 (1989).

9. M. D. Levenson，N. S. Viswanathan，R. A. Simpson，IEEE Trans. Electron Devices ED-59，1828 (1982).

10. H. Fukuda，A. Imai，S. Okazaki，Proc. SPIE Int. Soc. Opt. Eng. 1564，14 (1990).

11. Robert Eisberg，Robert Resnick，"Quantum Physics,"John Wiley & Sons，1985.

12. M.B. Heritage，"Electron-projection microfabrication system"，J. Vac. Sci. Technol., 12，1135 (1975).

13. L. Fetter，C. Biddick，M.I. Blakey and J.A. Liddle，M. Peabody，A.E. Novembre，D. Tennant，"Patterning of Membrane Masks for Projection E-beam Lithography"，SPIE 2884 (1996).

14. Stephen Y. Chou，Peter R. Krauss，Preston J. Renstrom，"Imprint Lithography with 25-Nanometer Resolution,"Science 272，85 (1996).

15. "Handbook of Nanostructured Materials and Nanotechnology -Volume 1 -Synthesis and Processing"，edited by Hari Sigh Nalwa，Academic Press (2000).

16. J. W. Coburn，H. F. Winters，J. Appl. Phys. 1979，50 (3189).

17. H. R. Kaufman，"Broad Beam ion sources (invited)"，Rev. Sci. Instrum. 61 (1)，230 (1990).

18. J.T. Jeng，Y.C. Liu，S.Y. Yang，H.E. Horng，J.R. Chiou，J.H. Chen，and H.C. Yang，"Fabrication of YBCO step-edge Josephson junctions"，Institute of Physics Conference Ser.，167，265 (2000).

Chapter **5**

奈米材料分析與檢測

　　近年來奈米科技的快速進展，主要歸功於新奈米量測與操控技術的開發。由於各種具有原子解析度的設備如掃描式探針顯微鏡、原子力顯微鏡、近場光學顯微鏡、掃描式電子顯微鏡、穿透式電子顯微鏡等的解析技術發展逐漸成熟，且電腦運算速度大幅提升，使得電腦模擬各種材料特性的研究速度也快速增加。在過去的研究數據當中，科學家們發現介於微觀尺度和巨觀尺度間的奈米材料，本身的光、電、磁、熱力、機械性質等，都和傳統塊材性質有相當大的差異。善用現有的奈米量測工具，不僅可更了解這些新奇的奈米特性，研發人員也得以使用這些工具來開發新結構、觀察新現象及拓展新的應用空間。

5-1　目前最常用的微結構特性檢測工具

5-1-1　掃描探針顯微鏡(scanning probe microscopy)

　　掃描探針顯微鏡有掃描式穿隧電流顯微鏡(STM)、原子力顯微鏡(AFM)、和近場光學顯微鏡(NFOM)等，這些掃描式技術不僅可得到高解析度的表面形態影像，且對表面、界面的修飾或蝕刻已從微米級降至原子級，因此 SPM 是研究表面結構和操縱單原子奈米技術的利器。

一、掃描式穿隧顯微鏡(STM)

掃描式穿隧電流顯微鏡是利用奈米探針記錄表面各位置的電子穿隧電流,得到原子級表面形狀和表面電子結構。應用 STM 可操縱單一原子,可用其電子束做奈米級的表面沉積或蝕刻等奈米結構製造。STM 的探針與試片都需要會導電,若金屬針尖與試片間的距離 d 的單位為 Å,ϕ_1 與 ϕ_2 分別是探針與試片的功函數,定義有效功函數 $\phi = \dfrac{\phi_1+\phi_2}{2}$,$\phi$ 的單位為 eV,這兩極間加電壓 V,則 STM 電子穿隧電流可用 Fowler-Nordheim 近似表示:

$$I_T \propto \frac{\text{V}}{d}e^{-2d\sqrt{2m\phi}/\hbar} \propto \frac{\text{V}}{d}e^{-kd\sqrt{\phi}} \ \dotfill (5\text{-}1)$$

常數 $k = \dfrac{2}{\hbar}\sqrt{2m} = 1.025\text{Å}^{-1}\left(eV\right)^{-1/2}$ 。

為了得到各個原子的影像,橫過試片表面的小針尖,移動必須控制在 1～2 Å 內,其精確度小於 0.1 Å。要達到這種精確度需克服兩大困難:其一是需壓制整個系統的機械振動,STM 除了以彈簧懸吊外,再加一磁鐵使在銅板內感應渦電流,以提高阻尼吸振。其二是原子尺寸的針尖製作,將直徑 1 mm 的鎢(W)或銥(Ir)線,一端磨至半徑低於 1 μm 後,加 10^8 V/cm 高電場進行削尖,可調整加電場時間,重複數次達到要求的奈米錐尖尺寸。

STM 裝置電路如圖 5-1,根據(5-1)式,稍微起伏的表面或功函數改變,將有靈敏的穿隧電流強度變化,三支分立在平面的壓電材料長柱,分別加偏壓引起長柱微彎,試片將做微小距離移動,第四支壓電棒使針尖在試片表面掃描。假設功函數 ϕ 是定值,藉回饋電路保持穿隧電流 I_T 為定值,記錄放大器偏壓 $V_Z(V_X, V_Y)$ 如何隨地形 Z(x,y)改變,就得到原子級解析度的表面起伏形狀。或關掉 Z 壓電元件的回饋電路,任憑探針在 x、y 平面上以等高度掃描,而得到穿隧電流隨試片表面的起伏分布,則將(1)式的 I_T 對 d 求導數,可得到表面的平均功函數:

$$\phi = \left[\frac{\partial \ln I_T}{\partial d}\right]^2 \ \dotfill (5\text{-}2)$$

因試片的振動頻率遠高於回饋電路的頻率,但低於系統的自然頻率,故藉鎖頻(lock-in)偵測法的差電流取像,則具有較高的訊號/雜訊比,和較佳的影像對比。STM 可在真空中、空氣中、或溶液中操作,可解析金屬或半導體表面到原子級,清楚看到表面重構(reconstruction)的組織。

將 STM 的穿隧探針放在異質接面(hetero junction)的金屬-半導體表面附近進行真空電子穿隧,如圖 5-2。若探針與異質接面間的偏壓小於蕭特基能障(Schottky barrier),則穿隧電子能量不足以越過 Schottky 能障而量不到電流，但偏壓大於 Schottky 能障 V_0 則電流突然增大。在界面不同區域的電流不同，表示其電子結構有差異，這種高解析度的量測叫彈動電子發射顯微鏡(ballistic electron emission microscopy)。BEEM 提供界面電子結構的直接資訊，如蕭特基能障高度、在界面的缺陷結構、界面電子的量子效應和在金屬層的彈動電子傳輸特性。

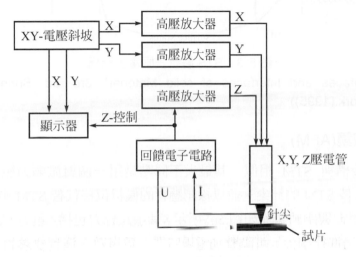

圖 5-1　STM 裝置電路

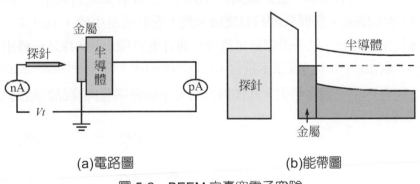

(a)電路圖　　　　　　　(b)能帶圖

圖 5-2　BEEM 之真空電子穿隧

　　掃描穿隧光譜儀(STS)用來解析導體和半導體的表面電子結構，圖 5-3(a)是半導體對金屬針尖正偏壓時，電子自金屬針尖穿隧到半導體導帶或表面的空位能態。若半導體對金屬針尖負偏壓如圖 5-3(b)，則電子自表面能態或價帶穿隧到金屬端，因此量穿隧電流強度與 STM 偏壓極性關係，可知表面能態的電子結構。

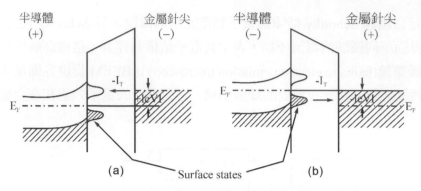

圖 5-3　STS 解析表面電子結構

(Hans Lütch, "Sufaces and Interfaces of solid Material", 3rd. ed. Springer-Verlag Berlin Heidelberg New York.(1995))

二、原子力顯微鏡(AFM)

　　AFM 基本架構與 STM 相似。其最大不同點是用一個對微弱力極為敏感的懸臂樑(cantilever)針尖代替 STM 的針尖，並以探測懸臂的偏折位移代替 STM 中的穿隧電流。針尖與樣品間之作用力與距離關係如圖 5-4 所示，其中長程力包括：重力、磁力、靜電力等；短程力包括：凡得瓦爾力、毛細作用力、鍵結力等作用力。探針在試片表面平衡點 a_0 處受力為零，距離大於 a_0，則兩者非接觸相互有凡得瓦爾吸力，若距離小於 a_0，則兩者有斥力，位能正值後則兩者接觸，若間歇式拍打試片，則探針受吸力與斥力週期性變化。圖 5-5 為 AFM 的基本構造，懸臂長度只有幾微米長，懸臂重量小於 1 μg，固有振盪頻率大於 10 kHz，彈性常數很低，原子級探針是置放於彈性懸臂樑末端，探針一般由成分矽(Si)、氧化矽(SiO_2)、氮化矽(Si_3N_4)或奈米碳管(CNT)等所組成。當探針尖端和樣品表面非常接近時，兩者之間會產生一股作用力，其作用力的大小值會隨著與樣品距離的不同而變化。

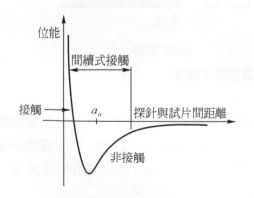

圖 5-4　AFM 針尖與樣品間之作用力與距離關係

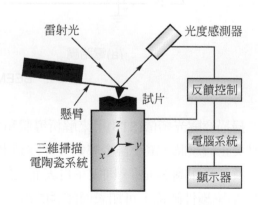

圖 5-5　AFM 基本架構與控制系統

　　AFM 的三維壓電掃描器動作原理與 STM 相同,而懸臂的運動會造成雷射光束反射方向改變,即使是微小的角度改變,乘上反射點到偵測位置變化的光度感測器(PSD)距離,則微小的懸臂偏移已被放大近千倍,此種力場感測裝置簡單,但懸臂上需蒸鍍一小平面鏡,且須排除雷射光束在鏡面上引起加熱反應,為感測這微弱力,需花功夫克服系統受外在環境振盪之干擾。PSD 感測到試片高度的改變,就透過回饋電路的處理使懸臂的偏移(deflection)不變,則探針連續或斷續地在試片上掃描就呈現試片表面的形貌影像。

　　AFM 的操作以使用接觸式的較多,但此法會傷害試片表面。探針與試片的原子力有三種:

1. 離子核心(ion cores)之間的庫倫斥力,F_{ion}。
2. 價電子與離子核心間之庫倫吸力,F_e。
3. 較長程的凡德瓦爾力,F_{vdw}。

　　接近式的操作忽略 F_{vdw} 力,而 $|F_{ion}|$ 大於 $|F_e|$,且 $|F_e|$ 隨著間距減小而力增大的速率高過 $|F_{ion}|$ 的變化率。故在接觸式掃描中,探針所感受到的主要是探針尖端的離子核心與試片表面離子核心之間的庫倫斥力,因此以等力面取像是試片表面離子核心的位置。當探針與試片間距增大時,$|F_e|$ 減小的比 $|F_{ion}|$ 慢,以致在探針的高度超過某臨界值後,探針斥力位能會由正轉為負值。在這斥力的負位能操作範圍,AFM 所得到的等力面是試片表面的電子雲分布,但是絕大部份的接觸式掃描取像都在斥力範圍下操作。

　　非接觸式作用力顯微鏡有凡得瓦爾力顯微鏡、靜電顯微鏡和磁力顯微鏡。若探針與試片表面都很乾淨,電中性且不具磁力,則非接觸式掃描顯微鏡便是感測凡得瓦爾力,可在試片表面上小於 100 nm 內偵測到此微小之力(可小於 0.01 nN),因此是非破壞性檢測,但解析度較差。外加信號於壓電陶瓷使懸臂產生共振,則探針輕敲試片表面這叫輕敲法(tapping mode),因接觸是斷續的,表面傷害很低,對較軟較脆的試片表面以回饋電路保持振幅不變,則探針仍可得到高解析度的表面形態影像。

　　AFM 的橫向解析度可至 1 nm 左右,且可進入水中掃描,解決了觀察活體取樣的困難,不僅可觀察由活體取出的細胞結構,也可以用原子力顯微鏡針尖取出細胞膜上的分子,或藉著原子力顯微鏡針尖在人工細胞膜上植入一些帶功能的蛋白質,這方法可以操縱生物分子和在生物系統上加工。當研究一新型生醫材料時,材料與宿主之間會產生許多交互作用,例如蛋白質吸附與脫附、血栓、感染與細胞表面交互作用等。這些作用都會影響人體,因此藉原子力顯微鏡去觀察材料和細胞之間的影響,以了解生醫材料與人體之間的交互作用是相當重要的。原子力顯微技術可應用於研究的領域十分廣泛,包括金屬與半導體的表

面物理現象：如表面結構與相變、表面電子態及磁性分布等；動態現象：如原子或分子擴散、吸附或脫附等；表面化學現象：如腐蝕、激發、沉積等；生物樣品如 DNA 或細胞的結構分析等。此外，AFM 探針還可以作爲操縱表面原子或分子的工具。

三、近場光學顯微鏡

　　掃描式近場光學顯微鏡是利用在遠小於一個波長的距離內(即近場中)來進行光學量測，避免繞射干擾以提高空間解析度。掃描式近場光學顯微鏡目前的做法是使用熔拉或腐蝕光纖波導所製成的探針，在外表鍍上金屬薄膜以形成末端具有 15 nm 至 100 nm 直徑尺寸之光學孔徑的近場光學探針，再以可作精密位移和掃描探測的壓電陶瓷材料，配合原子力顯微技術所提供的精確高度回饋控制，將近場光學探針非常精確地控制在被測樣品表面上 1 nm 至 100 nm 的高度，進行三維空間可回饋控制的近場掃描，而具有奈米光學孔徑的光纖探針即可作接收或發射光學訊息之用，由此可獲得一眞實空間的三維近場光學影像。

　　理論上，近場光學顯微鏡可提供樣品表面小至分子尺寸的橫向空間解析度，實際上其光學空間解析度取決於其光纖探針末端光學孔徑大小，及近場光學探針與樣品表面的距離，故目前受限於光學孔徑大小的製作技術，實際可獲得之最小近場光學橫向顯微解析度約 20 nm。目前的近場光學顯微影像的橫向解析度遠優於傳統光學顯微鏡，也接近於電子顯微鏡的高解析度，而近場光學顯微鏡可在空氣中、水中或各種溶液中進行光學觀測，樣品不需繁複製備手續，屬於非破壞性檢測方法。且因它是一種光學方法，顧客利用光波的偏振性、相位和螢光性等來提高光學影像的對比，且所獲得之各種光學訊息是極其區域性的，能提供樣品表面小至分子尺寸的光譜訊息。掃描式近場光學顯微術目前已迅速地應用在生物、醫學、半導體、光電及高分子材料之奈米材料研究上，也將成爲奈米製程技術(nanofabrication technology)的重要工具。近場光碟片之光纖探針維持在記錄層表面上約數個奈米的近場距離，作近場光學的寫入或讀出將有高達 100 Gbits/inch^2 的超高記憶儲存量。

　　掃描式近場光學顯微儀可對樣品作反射或穿透式之各種光譜訊息之分析與量測，較常用的工作模式如圖 5-6 所示。

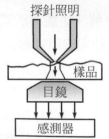
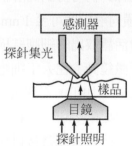

(a)穿透式

圖 5-6　近場光學顯微鏡的操作模式

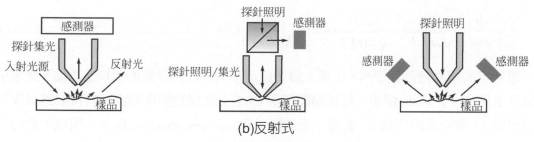

(b)反射式

圖 5-6　近場光學顯微鏡的操作模式(續)

1. 穿透式近場光學顯微儀：

   (1) 探針照明模式(illumination mode)：以光纖探針之光學孔穴作為近場之點光源，光經樣品穿透至另一方之偵測器而備接收的模式。

   (2) 探針集光模式(collection mode)：光源由樣品另一方送入，穿透樣品後經由光纖探針在近場接收的模式。而光源穿透樣品的方式又可分為用內部全反射(total internal reflection)式的方法，與直接入射光穿透樣品的方式這兩種。

2. 反射式近場光學顯微儀：

   (1) 斜向照明探針集光模式(oblique)：光源由側面打在樣品上經反射後由光纖探針在近場中接收光學訊號的模式。

   (2) 垂直反射模式(vertical reflection mode)：光經由光纖探針在近場中發射至樣品表面，經垂直反射後再由同一光纖探針在近場中接收光學訊號的模式。

   (3) 探針照明斜向收光模式(illumination mode)：光經由光纖探針在近場中送出至樣品表面反射後，由側向的偵測器接收光學訊號的模式。

5-1-2　電子束分析技術

　　解析反射電子的顯微鏡是掃描式電子顯微鏡(SEM)，除觀測試片表面的結構外在 SEM 中裝電子微偵測器(EMP)則可解析試片化學成份，其技術有能量散布光譜(EDS)和波長散布光譜(WDS)。穿透式電子顯微鏡(TEM)可做缺陷和原子級微結構分析，亦可做成份和電子結構分析，如有 EDS 和電子能量損失譜(EELS)分析等。

一、掃描式電子顯微鏡(SEM)

　　表面結構分析最常用的工具是掃描式電子顯微鏡。SEM 的構造如圖 5-7，其基本操作原理是電子槍產生電子束，經陽極加速電壓(約 2～40 keV)後，De Broglie 電子波長

$$\lambda_e = \frac{h}{m\upsilon} = \frac{h}{\sqrt{2meV}} = \frac{1.227}{\sqrt{E(eV)}}(nm) = \sqrt{\frac{150.5}{E(eV)}}(\text{Å}) \quad\text{.................................} (5\text{-}3)$$

電子束被兩次磁透鏡聚焦，在第二磁透鏡後加兩個互相垂直的掃描磁線圈，使電子束在試片上做$(X，Y)$平面掃描，此掃描動作與 CRT 上之掃描動作同步。若投射到試片表面的電流為 I、電子束直徑為 d、而電子束散開半角(numeric aperture)為 α，則電子源的亮度為

$$\beta = \frac{I}{\pi^2 d^2 \alpha^2} \quad\text{..} (5\text{-}4)$$

經過物鏡的電子束，投射在試片表面的有效像點大小為

$$d^2 = d_0^2 + (\frac{1}{2}C_s\alpha^3) + (\frac{1.2\lambda}{\alpha})^2 + (C_c\alpha\frac{\Delta E}{E})^2 \quad\text{...................................} (5\text{-}5)$$

C_s 是球面像差係數，$\frac{1.2\lambda}{\alpha}$ 是孔徑繞射像差，C_c 是色像差係數，低能量電子束的 $\Delta E / E$ 較大，色像差使 SEM 解析度較差，投射到試片表面的像點越小則 SEM 的空間解析度越高。電子束與試片相互作用，激發出反射電子與二次電子，這些電子被偵測器偵測到後，經過訊號處理放大送到 CRT，試片表面任意點所產生的訊號強度，調變為在 CRT 螢光幕上對應點的亮度。

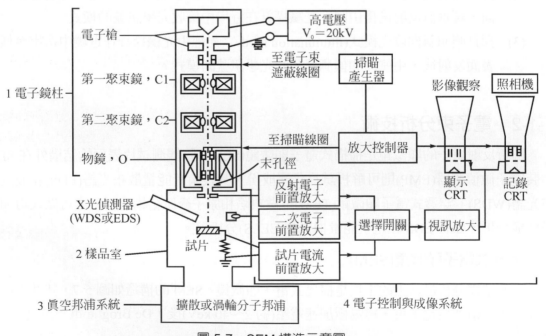

圖 5-7　SEM 構造示意圖

　　電子槍可提供直徑小,亮度高,且電流穩定的電子束,熱游離發射電子槍有鎢絲,LaB_6 和蕭特基(Schottky)發射等三種,熱燈絲發射電子的電流密度

$$J = RT^2 e^{-E_W/k_B T} \quad\text{...} (5\text{-}6)$$

Richardson 常數 $R = 120\text{A/cm}^2\text{-K}^2$,鎢絲的功函數 $E_W = 4.5\,\text{eV}$,加熱溫度 2700K,LaB_6 的 $E_W = 2.0\,\text{eV}$,加熱溫度 1800K,LaB_6 的亮度比鎢絲提高 10 倍,壽命也提高 10 倍,但操作真空較嚴苛(10^{-7} torr),比鎢絲真空度提高 100 倍,價格也多 50 倍。在鎢上鍍 ZrO 薄膜則 ZrO 將功函數從純鎢的 4.5eV 降為 2.8eV,加高電場到電子容易以熱能方式跳過能障(非穿隧)逃出針尖表面,蕭特基發射加熱溫度也是 1800°K,亮度是純鎢絲的 1000 倍,壽命也提高 10 倍,熱離子電流穩定度佳,但真空度要求 $10^{-8} \sim 10^{-9}$ torr。

　　場發射電子槍分為冷場發射與熱場發射兩種,場發射原理是高電場使表面能障寬度變窄、高度變低,則電子可直接穿隧(tunneling)此狹窄能障而脫離陰極,場發射電子是從尖銳的陰極尖端發射出來,因此可得極細又具高電流密度的電子束。冷場發射最大的優點是電子束直徑最小、亮度最高、影像解析度最佳,為了避免針尖吸附氣體,必須在 10^{-10} torr 真空度下操作,且需定時短暫加熱針尖至 2500°K,以去除吸附的氣體原子,提高發射電流穩定度。冷發射的總電流很小,像 WDS、CL 和 EBIC 等需較大穩定電流之應用就不適合,熱場發射電子槍是在 1800°K 溫度下操作,針尖不會吸附氣體,在 10^{-9} torr 真空下操作即可。

　　電子束入射到試片後,偵測試片表面發射的電子,解析這些電子可知薄膜的表面結構,和化學元素成分。SEM 試片表面需導電性良好,能排除電荷,非導體表面若要觀察影像需鍍金,要做成份分析需鍍碳。自試片表面發射的電子能量分布很廣,乃入射固態表面的電子束在試片表面內產生多種散射,如圖 5-8。SEM 使用兩組偵測器,其一收集自體內反射的電子,和 X 射線產生的較高能量電子,叫體發射(BE)偵測器。入射電子被試片原子彈性碰撞,向後散射的反射電子數量會因試片元素種類不同而有所差異,試片中平均原子序越高的區域釋出來的反射電子越多,反射電子影像較亮,其對比較佳。反射電子在體內有順向的三維散射,有較強的陰影效應,對化學成分解析很靈敏。在 SEM 裝上 X 射線微區分析儀,將電子束撞試片激發出的特性 X 射線,以能量散佈光譜(EDS)和以波長散佈光譜(WDS)兩種方式偵測,可偵測試片的微區化學成分。WDS 偵測時間長,一次只能測到一種元素,而 EDS 可同時偵測所有元素,速度又快,故一般先進行 EDS 分析,得到化學組成資料,如有波峰重疊或要對含量少的元素進行較準確的定量分析才做 WDS 分析。

　　第二組叫表面散射(SE)偵測器,是收集能量較低的 Auger 電子和二次電子,它們自表

面發射前經多重表面散射，陰影效應較弱，化學成分解析度較差，但表面粗糙度和功函數變化很明顯，由於表面不同位置的電子發射率不同，而形成起伏地形的表面影像。電子束垂直入射試片時入射角 $\theta = 0°$，二次電子自試片表面小於 50 nm 深處發射出來，傾斜試片表面使入射電子束與試片散射的路徑較長，將增大二次電子發射係數，改變 θ 則明顯改變影像對比。若旋轉試片使電子束投射試片的截面，則從 SE 偵測器可準確量出薄膜的厚度。

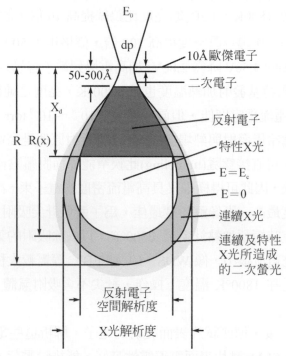

圖 5-8　電子束在試片表面內產生多種散射

SEM 影像的放大倍率 M，等於 CRT 螢幕的光點直徑 L 除以試片掃描電子的直徑 d，$M = L / d$。10 cm 邊長的 CRT 約含 1000×1000 個光點，故每一個光點直徑 L 約 100 μm，光點大小對應到試片上的像素(pixel)大小，當電子束大小與試片像素大小相等時，可得到最強的信號，且沒損失解析度，若電子束直徑 $d = 2\gamma = 10\text{Å}$，則放大倍數 $M = 10^5$。

SEM 的景深約是一般光學顯微鏡景深的 300 倍，適合觀察斷裂面的較大起伏表面，聚焦的電子束在某一聚焦點的上下範圍內，電子束直徑尚小於像素直徑，則仍屬聚焦範圍影像仍是清楚的，此上下範圍的深度叫景深，如圖 5-9 所示。

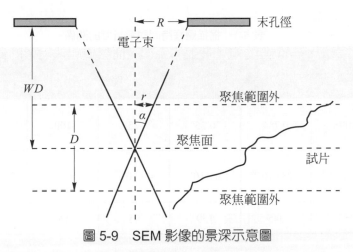

圖 5-9　SEM 影像的景深示意圖

$\tan\alpha \simeq \alpha = r/(D/2)$，$\alpha$ 是電子束發散角，$2r$ 是電子束直徑，而

$2r = \dfrac{100\ \mu m(\text{CRT光點大小})}{M(\text{放大倍率})}$，若物鏡的孔徑半徑為 R，孔徑到聚焦面叫工作距離 WD，

則電子束發散角 $\alpha = R/WD$

$$\text{景深 } D = \frac{2r}{\alpha} = \frac{100\ \mu m}{M\cdot\alpha} = \frac{100\ \mu m \cdot WD}{M\cdot R} \quad\text{..............} (5\text{-}7)$$

在某一放大倍率下，要增加景深則必須減少電子束發散角 α，要減少 α 可使用較小的物鏡孔徑或增大工作距離，然而增加工作距離會降低影像解析度，故最佳景深與最佳解析度，需依觀察試片的目的選擇其一，無法兼顧。

　　使用二次電子訊號時 SEM 的解析度極限受最小電子束大小和所需最小電流限制，而使用反射電子、X-射線等訊號時 SEM 的解析度受電子束與試片的交互作用體積限制。當放大率很高，即電子束直徑很小時，需考慮透鏡像差，以(5-5)式得到最小電子束直徑。一直減少電子束直徑到電流跟著降低，最後造成訊號／雜訊比太小，訊號太弱。假設一般點訊號強度 S，特定點之訊號為 S_{max}，對比定義為 $C = \dfrac{(S_{max} - S)}{S}$，訊號 S 隨電子束電量 n 增大則對比 C 減少。表 5-1 顯示掃描圖框時間與解析度的關係，對比等於 40% 時，只要電子數 n (掃描時間 × 所需電流)大約等於 10^{-10} 安培-秒時，則該對比均可被偵測到，故藉增加掃描圖框時間，減少電流即減少電子束大小，可提高解析度。表 5-2 是試片對比與解析度關係。對比增加時所需的 n 值減小，若掃描圖框時間維持 100 秒，則所需電流變小，解析度提高。提高加速電壓則電子波長變短，可降低像差和減小電子束直徑，但有增加電子束電流，較佳訊號/雜訊比和較佳解析度的效果。

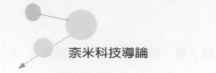
奈米科技導論

表 5-1　掃描圖框時間與解析度的關係

試片對比 (%)	40						
描繪圖框時間 (秒)	0.098	0.784	6.25	25	100	400	3200
所需電流 (安培)	1.02×10^{-9}	1.28×10^{-10}	1.6×10^{-11}	4×10^{-12}	1×10^{-12}	2.5×10^{-13}	3.12×10^{-14}
極限解析度(Å)	753	345	159	95	58	37	25

表 5-2　試片對比與解析度的關係

試片對比 (%)	5	20	40	60	80	100
描繪圖框時間 (秒)	100					
所需電流 (安培)	6.4×10^{-11}	4×10^{-12}	1×10^{-11}	4.44×10^{-13}	2.5×10^{-13}	1.6×10^{-13}
極限解析度(Å)	267	95	58	44	37	33

二、穿透式電子顯微鏡(TEM)

　　穿透式電子顯微鏡的基本構造是自陰極發射的電子，經聚光鏡系統集束和陽極加速 (100 keV～400 keV)後，電子以波長 $\lambda = \sqrt{\dfrac{150.4}{E(eV)}}$ Å 的平行同調(coherent)波，入射厚度小於 100Å、直徑約 3mm 的透明薄試片，試片越薄則電子束越細，同調性越佳則成像解析度越高。穿透試片的電子被磁物鏡放大成像，放大率可大於 5×10^5 倍，此像由組合磁透鏡投射到螢光幕上，則試片結構的二維組織即 TEM 的影像，此影像對試片的厚度和表面地形的不規律性很敏感，因此 TEM 可直接觀察晶體的實際結構,清楚看到在晶體中的各種缺陷。在 TEM 中直徑約 0.5 nm 的電子束對試片掃瞄叫 STEM，在 STEM 中的入射電子也產生二次電子，向後散射電子、X 射線微區分析等 SEM 的功能 STEM 都可做，HRTEM 的電子束可小於 2 nm，其 EDS 可直接確認各個奈米晶粒的組成。

　　在 TEM 系統中做 Laue 繞射叫穿透式電子繞射(TED)，由 TED 倒晶格圖案，可知晶體結構。電子束照射於多晶結構試片上則繞射圖形呈環狀，如圖 5-10。繞射與實際空間的幾何關係為

$$\frac{r}{L} = \frac{g}{k} = \frac{2\pi / d}{2\pi / \lambda} = \frac{\lambda}{d}$$

故底片上的繞射向量的長度

$$r = \frac{\lambda L}{d}$$ .... (5-8)

L 是試片與照相底片間的距離，d 是晶面間的距離。要驗證某一晶體存在的步驟如下：

(a)　量得繞射圖形向量 g_1、g_2、g_3 的長度分別為 r_1、r_2、r_3。

(b)　找 X 射線繞射資料卡，若晶面間距離比值 d_1、d_2、d_3 與所量的相近 r_1、r_2、r_3，試定出這些向量可能對應的晶面。

(c)　以 d 看出晶面間夾角 $\cos\varphi = \dfrac{\vec{g}_1 \cdot \vec{g}_2}{|g_1||g_2|}$，與所量各向量間的夾角 ψ_1、ψ_2 比較。

(d)　一直試到假定的各繞射向量長度比及夾角，與繞射圖形所量得者一致為止。

(e)　最後以二繞射方向的向量積 求得入射電子束方向。

圖 5-10　TEM 系統中的 Laue 繞射圖案

　　在試片下分析被非彈性散射的穿透電子能量損失譜(EELS)，可研究薄膜體內的電子結構。EELS 是吸收光譜儀，對原子序 Z 小於 10 的元素仍很靈敏。電子能量損失譜基本上包含三大區域，如圖 5-11，a 區是零損失峰是直射電子或與試片彈性散射的電子所造成，零損失峰通常只作校正試片厚度計算。b 區是入射電子與試片內的價電子或導電電子作用而引起能帶中電子集體震盪，入射電子因而損失部分能量，這叫電漿子(plasmon)能量損

失,此損失能量一般低於 50 eV。從電漿子損失峰位置可用來判斷微區元素的化態,其強度與損失峰個數可用來判斷試片厚度,因試片較厚時會出現數個電漿子損失峰,能量位置成數倍關係。c 區是入射電子若擊掉試片原子內層電子,而損失特徵游離能叫核層(core)損失區,核層損失區的強度遠低於前兩區,此區須放大 10 倍以上才能同時顯示在同一能譜上,且電漿峰與零損失峰的強度比一般應小於 0.2。K、L、M、N 每一層電子軌道都有一特性邊緣,且每一特性邊緣都有強度緩降的斜坡,乃入射電子能量損失有可能高於游離能。試片較厚時,特性邊緣會重疊著電漿峰,這是因為入射電子經過游離後,還會遭到電漿子的非彈性散射。電子入射能 E_o < 20 eV 時使用高解析度電子顯微鏡(HRTEM),可藉表面電漿子和表面聲子得知薄膜的表面或界面的激態鍵結型態。HRTEM 在結構上和成分上都可解析至奈米級,是研究元件界面特性的利器。

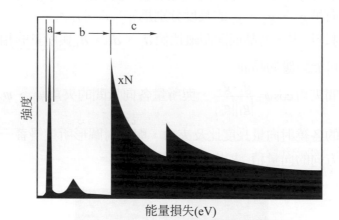

圖 5-11　典型的 EELS 能譜示意圖。

區域 a:零損失峰,區域 b:低能量損失區;區域 c:核損失區。

核層損失區的強度遠低於前兩區,欲同時顯現在同一能譜中,必須放大 10 倍以上

5-2　電子結構與成分分析

5-2-1　光學特性分析技術

　　光學量測為非破壞性,試片準備也較簡單。光學特性分析的技術中,光學顯微鏡、橢圓儀是分析反射光強度;紅外線吸收光譜(FTIR)可用吸收係數、反射係數或穿透係數表現,而量試片被光激發的儀器有拉曼光譜(RS)、光子激發光(PL)等。

一、紅外光譜儀(FTIR)

紅外光譜提供分子結構的資訊，分子間的作用力由原子對平衡位置 r_0 有 x 位移時的位能變化得知，Taylor 之位能展開式為

$$U(r) = U(r_0 + x)$$
$$= U(r_0) + \frac{dU}{dx}\Big|_{r_0} x + \frac{1}{2!}\frac{d^2U}{dx^2} x^2 + \frac{1}{3!}\frac{d^3U}{dx^3} x^3 + \text{................................} \quad (5\text{-}9)$$

忽略常數項則 $U(x) = cx^2 - gx^3 + \cdots$ ，分子力

$$F = -\frac{dU}{dx} = -2cx + 3gx^2 + \cdots \text{...} \quad (5\text{-}10)$$

c 為虎克定律之恢復力常數，gx^2 為原子互斥之不對稱力，此力使分子表現出熱脹冷縮。

分子所含原子數目越多，分子內各原子對其平衡位置振動模式越趨複雜。分子振動模式可依分子間鍵長或鍵夾角的改變，而表現為伸縮振動或彎曲振動，分子振動雖然複雜，但可將分子視為很多不相關的功能群，其振動頻率幾乎相同，若有不同功能群或化學鍵耦合振盪，才發生頻率或強度改變。若振動行為可視為簡諧運動則量子化的振動能量是

$$E = (m + \frac{1}{2})h\nu \text{..} \quad (5\text{-}11)$$

ν 是振動頻率，m 是振動量子數。若振動行為是非簡諧運動，則振動能量為

$$E = (m + \frac{1}{2})h\nu + (m + \frac{1}{2})x \cdot h\nu + (m + \frac{1}{2})y \cdot h\nu \text{...................................} \quad (5\text{-}12)$$

x、y 是非簡諧性常數。在簡諧振盪中，能量的吸收僅涉及一個振動量子的變化 $\Delta m = \pm 1$，但在非簡諧振盪中則無此限制。基本振動是振動分子從 $m = 0$ 的基態能階吸收能量並激發至 $m = 1$ 的能階。倍頻吸收是涉及振動量子數的變化 $\Delta m \geq 2$ 的情形，而組合譜帶是涉及兩個以上振動模式的同時吸收。

以紅外光照射一試片分子時，此入射光可能會穿透、反射或被吸收。當紅外光能量恰等於分子兩振動能態之能量差時，此分子易共振吸收紅外光，使分子 n 能態被激發至較高之　能態，分子依選擇法則吸收光量子時，基本振動模式必須伴隨著偶極矩改變，否則無法呈現紅外線光譜，而偶極矩能否改變與分子振動的對稱性有關。轉移振動狀態之偶極強度(dipole strength) D_{mn} 正比於光譜強度對頻率之面積，此轉移能量正比於偶極矩改變之平方，而偶極矩 $\vec{p} = \sum_i q_i \vec{r}_i$，即 $D_{nm} \propto \int I dv \propto |<m|p|n>|^2$ 。

光子能量 $E = h\nu = \dfrac{hc}{\lambda}$，$\dfrac{1}{\lambda} = \dfrac{\nu}{c} = \bar{\nu}(\text{cm}^{-1})$，紅外線光譜可用光強度對頻率或對波數 $\dfrac{1}{\lambda}$ 作圖，而一般都作穿透係數譜 $T - \dfrac{1}{\lambda}$ 或反射係數譜 $R - \dfrac{1}{\lambda}$ 或吸收係數譜 $\alpha - \lambda$。紅外線光譜分近、中、遠等三個紅外區域：近紅外線光譜區域為 12800 至 $4000\,\text{cm}^{-1}$，此光譜區可觀測分子的某些振動模式的倍頻和組合譜帶的吸收。中紅外線光譜區域為 $4000 \sim 200\,\text{cm}^{-1}$，此光譜區依分子的振動特性可再分為：(a)特性頻率區為($4000 \sim 1300\,\text{cm}^{-1}$)以顯現分子的一些官能基的吸收頻率，(b)在 $1300\,\text{cm}^{-1}$ 以下的指紋區以顯示分子結構的微細差異。而遠紅外線光譜區涵蓋 $200 \sim 10\,\text{cm}^{-1}$ 範圍，此光譜區可觀測分子內涉及重原子的一些伸縮或旁曲振動、晶格振動、扭轉振動和分子轉動等能量變化。

圖 5-12 說明光束在薄膜內多次反射與穿透後，其反射係數或穿透係數與波長的關係，波長 λ 的光束強度 I_l，入射厚度 d，折射率 $n - ik_1$，吸收係數 α 的薄試片。若試片兩側的空氣折射率為 n_0，則光束在入射面 A 處的第一次反射強度 $I_{r_1} = R_1 I_i$，且以 $(1-R_1)I_i$ 強度進入試片，走了厚度 d 達到 B 處的強度為 $(1-R_1)I_i e^{-\alpha c}$，在 B 處反射回試片的強度為 $R_2(1-R_1)I_i e^{-\alpha d}$，且有 $I_{t_1} = (1-R_2)(1-R_1)I_i e^{-\alpha d}$ 穿透試片，在 B 面反射而穿出 A 面的 $I_{r_2} = R_2(1-R_1)^2 I_i e^{-2\alpha d}$，自 A 面反射再穿出 B

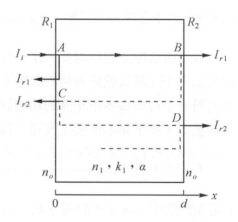

圖 5-12 光束在薄膜內多次反射與穿透

面的光強度為 $I_{r_2} = R_1 R_2(1-R_1)(1-R_2)I_i e^{-3\alpha d}$，……，而在試片多次反射應有(8-15)式的路程相差，總反射強度為 $I_r = I_{r_1} + I_{r_2} + I_{r_3} + \cdots\cdots$，總穿透強度為 $I_t = I_{t_1} + I_{t_2} + I_{t_3} + \cdots\cdots$，則系統反射係數

$$R = \frac{I_r}{I_i} = \frac{R_1 e^{-\alpha d} + R_2 e^{-\alpha d} + 2\sqrt{R_1 R_2}\cos(2\beta)}{e^{-\alpha d} + R_1 R_2 e^{-\alpha d} + 2\sqrt{R_1 R_2}\cos(2\beta)} \quad\text{.....................} (5\text{-}13)$$

穿透係數

$$T = \frac{I_t}{I_i} = \frac{(1-R_1)(1-R_2)e^{-\alpha d}}{1 + R_1 R_2 e^{-2\alpha d} + 2R_1 e^{-\alpha d}\cos(2\beta)} \quad\text{.....................} (5\text{-}14)$$

若入射角 $\theta = 0$，則(8-7)式之反射振幅

$$r_1 = r_2 = \frac{n_0 - (n_1 - ik_1)}{n_0 + (n_1 - ik_1)}$$

單次反射係數

$$R_1 = R_2 = \frac{(n_0 - n_1)^2 + k_1^2}{(n_0 + n_1)^2 + k_1^2}$$ .... (5-15)

若吸收係數 $\alpha = 0$，則(5-13)式反射係數

$$R = \frac{2R_1 + 2R_1 \cos(2\beta)}{1 + R_1^2 + 2R_1 \cos(2\beta)}$$ .... (5-16)

$\alpha = 0$，則(5-14)式的系統穿透係數

$$T = \frac{(1 - R_1)^2}{1 + R_1^2 + 2R_1 \cos(2\beta)}$$ .... (5-17)

$\cos(2\beta) = 1$ 時，出現週期性反射最大、穿透最小，其最大 $R = \frac{4R}{(1+R_1)^2}$，最小 $T = (\frac{1-R_1}{1+R_1})^2$。

$\cos(2\beta) = 1$，即 $2\beta = m2\pi = \frac{4\pi}{\lambda}n_1 d$，相鄰極值 $\Delta m = 1$，則膜厚

$$d = \frac{1}{2n_1\Delta(\frac{1}{\lambda})}$$ .... (5-18)

因此若有週期性 R 最大或 T 最小，則由 $R - \frac{1}{\lambda}$ 譜或 $T - \frac{1}{\lambda}$ 譜中相鄰極值得 $\Delta(1/\lambda)$ 即可知試片的厚度 d。若試片的吸收係數 $\alpha \neq 0$，而路程相差的 $\cos(2\beta) = 0$ 不會振盪，則(5-14)式的 $T = \frac{(1-R)^2 e^{-\alpha d}}{1 + r_{21}e^{-2\alpha d}}$，得吸收係數

$$\alpha = \frac{-1}{d}\ln\left[\frac{\sqrt{(1-R_1)^2 - 4T^2R_1^2} + (1-R_1)^2}{2TR_1^2}\right]$$ .... (5-19)

通常較簡潔地表示透光強度 $I_t = I_i e^{-A} = I_i e^{-\alpha d}$，穿透係數 $T = \dfrac{I_t}{I_i} = e^{-A}$，若 T_O 和 T_S 分別是溶劑和分析物溶液對參考光束的穿透係數，依比耳定律(Beer's law)吸收度與濃度成線性關係。即吸收度

$$A = \ln(\frac{T_S}{T_O}) \propto C \quad\text{...} (5\text{-}20)$$

在 $A - \dfrac{1}{\lambda}$ 圖譜中，量某波數的穿透百分比 $(\ln(\frac{T_S}{T_O}))$ 即可知該成分之吸收度或濃度。

　　一般光譜儀都使用稜鏡或光柵將紅外線色散，以選取個別 $\bar{v}$ 區偵測，各波長分開之距離決定光譜之鑑別率。若使用 Michelson 干涉儀，使入射光束經分光器分成兩相互垂直路徑後分別被面鏡反射，其中一面鏡固定，另一面鏡可動，反射光回分光器並通過試片至偵測器，調可動面鏡位置，使光程差為某波長之整數倍可得建設性干涉，以此準確選取要偵測之波長，光譜鑑別率由面鏡移動距離的倒數決定。若經固定面鏡和可動面鏡的兩束光程相等($L_1 = L_2$)，則兩束光建設性干涉，相差 $\delta = 0$ 使偵測器輸出最大，若 M_1 移動 $x = \dfrac{\lambda}{4}$ 則路程差 $(\delta = 2x = \dfrac{\lambda}{2})$，兩波前到達偵測器相差為破壞性干涉輸出最小。若 M_1 移動 $x = \dfrac{\lambda}{2}$ 則 $\delta = \lambda$ 兩波前再建設性干涉，故移動　　則偵測器週期性地極大、極小值交換輸出，輸出強度可表示為

$$I(x) = B(\bar{v})[1 + \cos(2\pi\bar{v}x)] \quad\text{..} (5\text{-}21)$$

若光源不只一頻率則

$$I(x) = \int_0^v B(\bar{v})[1 + \cos(2\pi\bar{v}x)]dv \quad\text{...} (5\text{-}22)$$

$B(\bar{v})$ 訊號強度與光源的光譜、試片和量測路徑有關，一般以乾燥氮氣沖除大氣中的水汽和 CO_2，沒放試片和放試片各量一次光譜存檔，則消除背景信號得試片的資訊。

　　Fourier Transform Infrared spectroscopy (FTIR)是使用三個邁克遜(Michelson)干涉裝置，如圖 5-13。這三個干涉系統的組件和路徑分別以 1、2、3 標示，三個活動鏡面一起動，紅外線光源系統(S_1)提供試片干涉圖，固定波長雷射干涉波紋當參考系(S_2)能精確知道鏡面移動量，且規則地決定取樣間隔，白光系統(S_3)只當固定鏡面和活動鏡面的光程相等時才有同調干涉，是用來精確地決定每次要掃描時的啟動。干涉資料以計算機分析後數位化

送入偵測器，輸出信號是光強度對面鏡位置之時域訊號干涉譜。再藉計算機做 Fourier 轉換爲頻域訊號之 $R-\bar{v}$ 或 $A-\bar{v}$ 之紅外線光譜圖。在面鏡移動中若選用 N 個鑑別元，則 FTIR 在同一頻段可收集 N 組光譜，其信號 S/N 比(signal to noise ratio)較色散性 IR 光譜提高 $\sqrt{N}$ 倍。且 FTIR 不用狹縫，它比色散性 IR 光譜鑑別高又快，做成份定量分析時需比較各波長的光經試片和參考片之調變強度，其精確度高達十億分之一(ppb)，故半導體工廠常以 FTIR 量不純物含量。半導體的載子濃度 N 與光吸收係數 α 成正比

$$N(\text{cm}^{-3}) = C(\text{cm}^{-2})\alpha \quad\text{.. (5-23)}$$

量測時參考 ASTM 輸入 C 值，量吸收峰計算機將直接告知濃度。

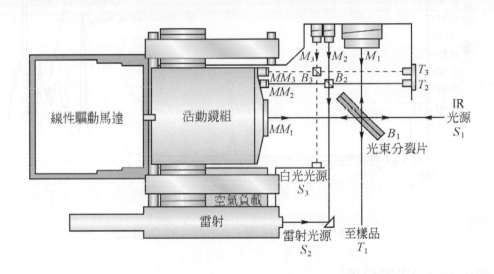

圖 5-13　FTIR 使用三組干涉系統

例 5-1

圖 5-14 是在 300 K 以 FTIR 量 CZ 矽晶片中含 O_i 和 C_s 的 $A-\bar{v}$ 光譜。碳與矽原子置換的 C_s 的吸收峰在 $1105\,cm^{-1}$，氧插入矽晶格中的 O_i 的吸收峰在 $607.2\,cm^{-1}$。

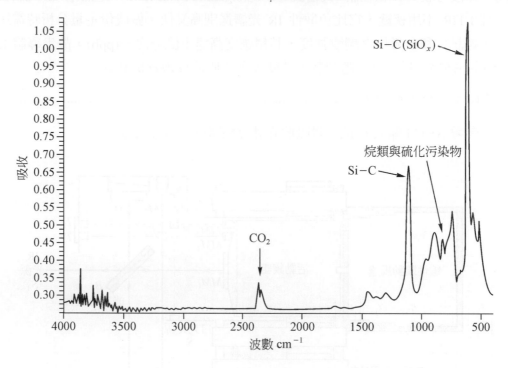

圖 5-14　以 FTIR 量 CZ 矽晶片的 O_i 和 C_s

二、拉曼(Raman)光譜分析

入射可見光使試片分子振盪，大部分光子與分子彈性散射，光子不損耗能量的被彈走者叫瑞立(Rayleigh)散射，其散射頻率即入射光之 v_0。極少部分之光子與分子是非彈性碰撞，分子得到 hv_n 之振動或轉動動能，而被散射之光子能量減為 $h(v_0-v_n)$ 叫史托克斯(Stokes)散射，若分子本身已有 hv_n 激態能，碰撞時被散射之光子吸收此能量為 $h(v_0+v_n)$ 則叫反史托克斯(Anti-Stokes)散射。拉曼光譜之反史托克斯與史托克斯散射光是對稱的，但室溫下分子已有 hv_n 激態能才有反史托克斯散射。反史托克斯散射線強度較弱，因此拉曼光譜通常使用史托克斯散射光，所有拉曼散射光都在 $10^{-12} \sim 10^{-13}$ 秒內發生。拉曼散射強度甚弱，須以高功率脈衝雷射之高解析度單頻雷射光才易量測，拉曼位移與散射角無關，它無法以碰撞說明偏移量。拉曼散射只是測量光子能量的改變，也就是分子的能階差 ΔE，以波數改變 $\Delta(\frac{1}{\lambda})$ 表示，即拉曼位移：

$$\Delta(\frac{1}{\lambda}) = \frac{\Delta E}{hC}$$ .... (5-24)

雷射光子之振動電場 $\varepsilon = \varepsilon_0 \cos(2\pi v_0 t)$ 使分子之電子隨電場振盪產生電偶矩，其極化強度 $P = \alpha\varepsilon$。而分子也進行振動或轉動，使其極化率(polarizability) α 週期性改變，$\alpha = \alpha_0 + \sum_n \alpha_n \cos(2\pi v_n t)$，則極化強度：

$$P = \left[\alpha_0 + \sum_n \alpha_n \cos(2\pi v_n t) \right] \varepsilon_0 \cos(2\pi v_0 t)$$

$$= \varepsilon_0 \alpha_0 \cos(2\pi v_0 t) + \frac{1}{2} \varepsilon_0 \sum_n \alpha_n \left[\cos 2\pi(v_0 - v_n)t + \cos 2\pi(v_0 + v_n)t \right]$$ .... (5-25)

故分子被極化產生 $\varepsilon_0 \alpha_0 \cos(2\pi v_0 t)$ 之 Rayleigh 散射光，$\frac{1}{2} \varepsilon_0 \sum_n \alpha_n \cos 2\pi(v_0 - v_n)t$ 史托克斯散射和 $\frac{1}{2} \varepsilon_0 \sum_n \alpha_n \cos 2\pi(v_0 + v_n)t$ 反史托克斯散射等。分子有偏極化 $\alpha_n \neq 0$ 就有拉曼位移。三維晶體極化：

$$\begin{bmatrix} P_x \\ P_y \\ P_z \end{bmatrix} = \begin{pmatrix} \alpha_{xx} & \alpha_{xy} & \alpha_{xz} \\ \alpha_{yx} & \alpha_{yy} & \alpha_{yz} \\ \alpha_{zx} & \alpha_{zy} & \alpha_{zz} \end{pmatrix} \begin{pmatrix} \varepsilon_x \\ \varepsilon_y \\ \varepsilon_z \end{pmatrix}$$ .... (5-26)

改變雷射光和散射光的偏極性及晶體的相對位置，可分別測到晶體的六個 α 張量，知道晶體結構。若待測的是氣體、液體或是無定形固體，就只能測到平行入射光的偏極散射光 $I_{//}$ 和垂直入射光的偏極散射光 $I_{\perp}$，$\rho = \dfrac{I_{//}}{I_{\perp}}$ 叫去偏極化比(depolarization ratio)，ρ 值在 0 到 0.75 間，由此比值可了解此振動模式的對稱性。

電子第一激態 _____

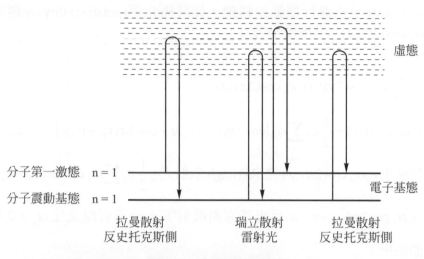

分子第一激態　n = 1

分子震動基態　n = 1

拉曼散射　　　　　　瑞立散射　　　　拉曼散射
反史托克斯側　　　　雷射光　　　　　反史托克斯側

圖 5-15　拉曼散射過程

　　拉曼散射是兩個光子過程，入射光子將分子從始態經虛態散射一個光子回到終態。雷射光的能量是基態到虛態的能量差，此虛態能量遠低於最低的電子激發態如圖 5-15。α 是聯繫入射光與散射光及分子能階的因子，分子振動的基態 $n = 0$，第一激態 $n = 1$ 都在電子的基態，$\Delta n = 1$ 是分子振動的基頻，Raman 光譜所能顯示的是振動(vibration)的譜線，分子或晶體內的振動常數在 $10 \sim 4000$ cm^{-1} 間，在此範圍內基頻最強，故拉曼光譜只測此範圍。根據選擇律有些振動能階間的遷移是允許的，則可觀測到對應的拉曼散射，某些振動能階間的遷移是紅外線吸收允許的，則對應有紅外線吸收譜線。

　　一般小分子或對稱性較高的分子振動都用群論來分析，以決定各振動模式的對稱性，例如 H_2O 屬於 C_{2v} 群，有 v_1、v_2 和 v_3 三個振動模，光譜線位置在 3652、1595 和 3765 cm^{-1}，故 v_1、v_2 和 v_3 均是拉曼活性，而 v_3 中含紅外線活性故可在紅外線光譜上測到其振動模。某振盪模 n 的拉曼散射強度：

$$I_n = \left(\frac{2}{3}\right)^3 \frac{I_0}{C^4} (v_0 - v_n)^4_{i,j} \left(\alpha_{i,j}\right)^2_n \quad\text{.. (5-27)}$$

C 是光速，強入射光 I_0 產生較強的光學聲子，而拉曼散射強度與拉曼位移 Δv 的四次方和偏極化性 $\alpha_{i,j}$ 的平方成比例。

虛態

電子基態

奈米科技導論

　　固體有缺陷或表面有少量雜質常使被激發之電子先鬆弛至原子能階才回到基態,因此拉曼分析常伴隨弱螢光發生,既使很弱螢光對拉曼散射也會有很明顯之雜訊,加強雷射光強度、觀察拉曼光譜的方向與入射光垂直,可提高拉曼光譜對螢光背景之比值。選用激發光波長相當接近電子吸收峰之波長,拉曼光就極為顯著增強這叫共振拉曼散射,可有效降低固有螢光強度。要去除表面雜質螢光,需將試片放在高溫爐氧化數小時後,清潔表面才分析,或做拉曼光譜分析前先用雷射光活化試片表面數小時,但雷射光功率勿太高,試片應轉動,否則試片成份會分解。藉 FTIR 技術可有效消除螢光背景問題,即 FTIR 拉曼光譜的解析度很高。雷射拉曼微偵測(Raman microprobe)有全區和微區(global and punctual)兩種用法,全區可得某成份在試片之分布圖。微區是記錄某點之微區拉曼光譜,此系統以非破壞性分析提供分子資訊,如薄膜應力,晶體受傷程度等。

三、激發光光譜分析

　　磷光材料(phosphor)的電子吸收外界的激發能量 $E \geq E_g$ 時會產生電子電洞對,當較高能階的電子弛豫到低能階時,電子電洞再結合而發光,這叫激發光或冷光(luminescence),溫度較低,激發光的發光效率較高。產生冷光放射的激發方式有多種,只要 $E \geq E_g$ 就可進行激發作用,像日光燈是以燈管內惰性氣體的光激發管壁內的磷光物質所發的冷光這叫光子激發光(PL)。像電視機銀幕是以高能量電子撞擊幕上的磷光物質產生電子電洞對後電子電洞對再結合所發的光,這叫陰極電子激發光(CL)。像雷射、發光二極體(LED)等,對二極體加順偏壓使電子與電洞在 p-n 接面載子空乏區再結合所發的光叫電致激發光(EL)。

　　PL 的電子電洞對再結合發光的機制有五種,如圖 5-16,(a)從導帶 E_C 到價帶 E_V 的能量轉移,室溫下以這種激發光為主(b)低溫時出現自由激子(Exciton)的激發光,激子乃受庫倫力束縛的電子電洞對,它們一起運動對導電沒貢獻,自由載子的束縛電子電洞對叫自由激子。激子獲得 E_X 束縛能則直接能帶的光子能量為:

$$h\upsilon = E_g - E_X \dotfill (5\text{-}28)$$

若聲子能量為 $\hbar\Omega$,則間接能帶光子激發能量為:

$$h\upsilon = E_g - E_X - \hbar\Omega \dotfill (5\text{-}29)$$

圖 5-16(a)和(b)是純晶體材料的激發光。若晶體中有雜質,則以束縛激子的電子電洞對再結合為主,如(c)的中性贈子與自由電洞再結合,(d)的自由電子與中性受子再結合和(e)的中性贈子與中性受子(D-A)再結合,都是束縛激子產生的激發光。若贈子與受子相距 r,則 D-A 放射光子的能量為:

奈米科技導論

$$hv = E_g - (E_A + E_D) - \frac{e^2}{4\pi \in_s r}$$ .... (5-30)

PL 提供非破壞性分析試片雜質的技術，其裝置如圖 5-17，試片放在 4°K 的 Dewar 室內，雷射光從窗口射至試片，自試片發射的激發光以分光儀收集，分光儀的裝置含單色器(monochromator)、準直器(collimator)、感光器(photodetector)和電子訊號放大器等。用單色器與麥克遜干涉儀可提高訊號靈敏度與縮短量測時間，感光器是要分析成分，訊號放大器要測 PL 光強度。若入射光子強度為 I，反射係數為 R，折射率為 n，少數載子的擴散長度為 L，光子放射角為 θ，發光性載子壽命 τ_{rad}，表面再結合速率為 S_r，則 PL 通量強度：

$$I_{PL} = \frac{I(1-R)\cos\theta.L}{\pi n(n+1)^2 \tau_{rad} S_r}$$ .... (5-31)

I_{TO}(FE)是間接能帶 TO 聲子純材質自由激子的 PL 峰強度，X_{TO}(BE)是 TO 聲子 X 摻質束縛激子的 PL 峰強度，材質越純則電阻係數越高且 I_{TO}(FE)峰越高，摻雜濃度提高則 PL 的 X_{TO}(BE)/I_{TO}(FE)比值成比例增大。不同摻雜物有不同游離能，在 GaAs 的受子可藉圖 5-16 的(d)或(e)能量轉移，測定不同摻質。若(d)與(e)兩者能量差異甚小，則改變量測溫度以半高全寬區別，因 D-A 激發光的半高全寬 $\leq \frac{K_B T}{2}$ 而(d)的激發光半高全寬有數倍 K_BT。也可改變激光功率，光子數目多則 D-A 線向較高能量位移。在 GaAs 的贈子游離能差異太小，PL 很難區別，若加磁場使不同成分的束縛激子光譜分裂，則 MPL 就可偵測出贈子成分與濃度。

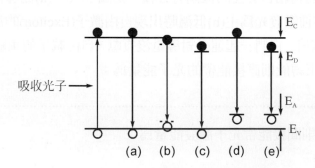

圖 5-16　PL 的電子電洞對再結合發光機制

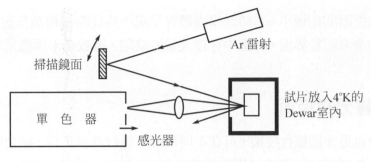

圖 5-17　PL 儀器裝置

　　CL 是以電子束激發試片所發射的激發光，CL 一般有兩組感光器，可分別觀察 CL 影像和分析光譜，在 SEM 加裝兩組感光氣即可進行 CL 量測。在低溫做光譜解析的分光裝置與 PL 相同，CL 影像分爲單色和全色影像，全色影像偵測器是用三個感光倍增管，分別感測紅、綠、藍三原色，對分析元素和缺陷的分布相當方便，CL 影像的亮度與試片被激發的發光效率有關，矽晶的發光效率較低就較難做 CL 量測，CL 亮度：

$$B \propto \frac{(1-R)(1-\cos\theta_v)e^{-\alpha d}}{(1+\tau_{rad}/\tau_{nrad})} \quad\quad\quad (5\text{-}32)$$

　　1–R 是光在界面的反射損耗，$1-\cos\theta_c$ 是光在試片內部全反射損耗，$e^{-\alpha d}$ 是試片厚度 d 的吸收比例，τ_{rad}、τ_{nrad} 是發光與非發光的少數載子壽命，載子壽命不同會明顯改變影像對比。影響亮度的因素有摻雜濃度、溫度、再結合中心(與缺陷有關)等，時間解析的 CL 載子壽命量測是缺陷分析的利器。

四、紫外光–可見光譜儀(UV – visible spectroscopy)

　　分子的能量包括電子狀態能、振動能和轉動能，當分子的電子吸收特定能量時，就可在紫外可見光譜儀中觀察到其所吸收的波長大小：$\Delta E(eV)= hv = hc/\lambda = \dfrac{1240}{\lambda(nm)}$，許多奈米材料對不同波長的吸收有其獨特性質，例如：防曬油的產品中常添加一些奈米級的二氧化鈦(TiO_2)粉末，由於添加顆粒的大小不同，對不同波長的光就有不同的吸收，因此爲了有效隔絕紫外線，就必須選擇不同粒徑的微粒分布，一般先將不同微粒做成樣品，在 UV 的測試下再來決定所需選用的奈米顆粒大小。相對於常規粗晶材料，奈米固體的光吸收往往會出現藍移或紅移，一般而言，粒徑的減小，對量子尺寸效應會導致光吸收帶的藍移，然而引起紅移的可能因素有(1)電子限域在小體積中運動，隨粒徑減小，內應力增大，導致電子波函數重疊。(2)空位和雜質的存在使平均原子間距增大，能階中存在附加能階，

使電子躍過時的能階間距變小。有時奈米固體會呈現一些比常規粗晶多出新的光吸收帶，這是因為龐大的奈米顆粒界面，界面中存在大量的缺陷，導致奈米固體呈現一些強的或新的光吸收帶。

5-2-2　X 射線分析技術

　　X 射線分析也是非破壞性技術，可在不同環境下進行測試工作，結合同步輻射技術的應用，使 X 光分析技術成為薄膜結構的重要工具。X 射線入射試片產生繞射(XRD)和反射或穿透的地形影像(XRT)是分析材料結構和缺陷的利器。化學成份分析可用 X 射線在試片產生光電子的光譜儀(XPS)或產生二次 X 射線螢光光譜(XRF)，二次 X 射線也可做 EDS 或 WDS 偵測的微區分析。使用同步輻射光進行 X 光反射率曲線量測和吸收光譜圖，可知薄膜介面的微結構變化。

一、X-射線繞射(XRD)

　　X-射線繞射(XRD)裝置如圖 5-18，一般用銅靶或鎢靶的 K_a 特性 X 射線，且裝有晶體單光儀 M 以去除螢光，選擇波長為很窄的波譜後投射到晶片上，轉動晶片則計數器上可量出繞射強度與投射角關係。圖 5-19 是 Bragger 父子提出 X-射線被晶格散射時，晶體似多狹縫繞射光柵，若 X 光波在晶體平面間的光程差是波長的整數倍，則產生建設性繞射，即建設性 Bragger 繞射的條件為

$$2d_{hkl} \sin\theta_{hkl} = \lambda \quad\quad\quad\quad\quad\quad\quad\quad\quad\quad\quad\quad\quad (5\text{-}33)$$

2θ 是 X-射線之散射角，d_{hkl} 是反射的(hkl)原子平面間距，λ 是 X-射線波長。

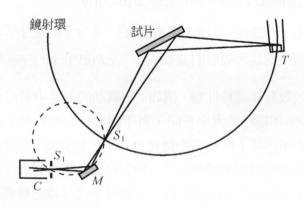

圖 5-18　X 射線繞射裝置簡圖

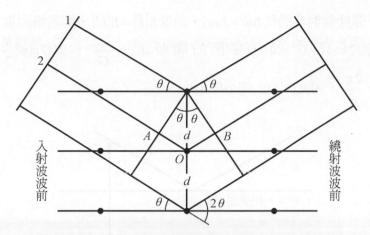

圖 5-19　X 射線在晶格表面產生 Bragger 繞射

　　X-射線被晶體特定平面反射的亮點是晶體的倒晶格圖案。在晶體中的電子濃度分布 $n(\vec{r})$ 是一週期函數，三維空間的

$$n(\vec{r}) = \sum_G n_G e^{i\vec{G}\cdot\vec{r}}$$ .... (5-34)

n_G 是 X-射線的散射振幅。倒晶格向量

$$\vec{G} = v_1\vec{b}_1 + v_2\vec{b}_2 + v_3\vec{b}_3$$ .... (5-35)

v_1、v_2、v_3 是任意整數，倒晶格單位向量 $\vec{b}_1$、$\vec{b}_2$、$\vec{b}_3$ 與原始晶胞的單位向量 $\vec{a}_1$、$\vec{a}_2$、$\vec{a}_3$ 的關係爲

$$\vec{b}_1 = 2\pi\frac{\vec{a}_2 \times \vec{a}_3}{\vec{a}_1 \cdot (\vec{a}_2 \times \vec{a}_3)}, \quad \vec{b}_2 = 2\pi\frac{\vec{a}_3 \times \vec{a}_1}{\vec{a}_1 \cdot (\vec{a}_2 \times \vec{a}_3)}, \quad \vec{b}_3 = 2\pi\frac{\vec{a}_1 \times \vec{a}_2}{\vec{a}_1 \cdot (\vec{a}_2 \times \vec{a}_3)}$$ .... (5-36)

它滿足

$$\vec{b}_i \cdot \vec{a}_j = 2\pi\delta_{ij}, \quad i = j \text{ 則 } \delta_{ij} = 1, \quad i \neq j \text{ 則 } \delta_{ij} = 0$$ .... (5-37)

投射到 (h,k,l) 平面的 X-射線入射波向量 $\vec{k}$，進入計數器的反射波向量 $\vec{k'}$，其建設性繞射條件爲

$$\vec{G} = \Delta\vec{k} = \vec{k'} - \vec{k}$$ .... (5-38)

X-射線光子彈性散射之能量 $\hbar\omega = \hbar\omega'$，動量 $\hbar|\vec{k}| = \hbar|\vec{k}'|$，倒晶格向量 $\vec{G}$ 垂直於平面，如圖 5-20，則 $2\vec{k}\cdot\vec{G} + G^2 = 0$，平面的間距 $d_{hkl} = \dfrac{2\pi}{G}$，$2kG\cos(\dfrac{\pi}{2}+\theta) + G^2 = 0$，$2\cdot\dfrac{2\pi}{\lambda}\sin\theta = G = \dfrac{2\pi}{d}$，因此(7-6)式即 $2d\sin\theta = \lambda$。

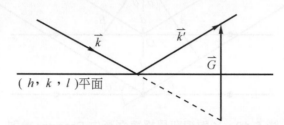

圖 5-20　倒晶格向量 $\vec{G}$ 垂直於(h,k,l) 平面

被 N 個晶胞之晶體散射的 X-射線振幅

$$A_G = N\int_{cell} n(\vec{r})e^{-i(\vec{G}\cdot\vec{r})}dV = NS_G \quad\text{.......................................(5-39)}$$

S_G 叫晶體的結構因子。在 $\vec{r}$ 處的電子是由晶胞中 s 個基礎原子所貢獻，如圖 5-21，電子濃度 $n(\vec{r}) = \displaystyle\sum_{j=1}^{s} n_j(\vec{r} - \vec{r}_j)$，因此晶體的結構因子

$$S_G = \int_{cell}\sum_{j}^{s} n_j(\vec{r} - \vec{r}_j)e^{-i(\vec{G}\cdot\vec{r})}dV = \int_{cell}\sum_{j}^{s} n_j(\rho_j)e^{-i\vec{G}\cdot(\vec{r}_j + \vec{\rho}_j)}dV$$

$$= \sum_{j} e^{-i\vec{G}\cdot\vec{r}_j}\int n_j(\rho_j)e^{-i(\vec{G}\cdot\vec{\rho}_j)}dV$$

$$= \sum_{j}^{s} e^{-i\vec{G}\cdot\vec{r}_j} f_j = \sum_{j}^{s} f_i\left[\exp(-2\pi i(\nu_1 x_j + \nu_2 y_2 + \nu_3 z_j))\right] \quad\text{.............................(5-40)}$$

$f_j = \displaystyle\int n_j(\rho_j)e^{-i\vec{G}\cdot\vec{\rho}_j}dV$ 是第 j 個原子的電子分布情形叫原子的形成因子。

B.C.C 晶格每晶胞有 2 個原子，基礎原子在$(0, 0, 0)$和$(\dfrac{1}{2}, \dfrac{1}{2}, \dfrac{1}{2})$，故

$$S_G = fe^{-i2\pi(0)} + fe^{-i2\pi(\frac{\nu_1}{2}+\frac{\nu_2}{2}+\frac{\nu_3}{2})} = f\left[1 + e^{-i\pi(\nu_1+\nu_2+\nu_3)}\right]$$

B.C.C 晶格若原子平面的 $\nu_1 + \nu_2 + \nu_3 =$ 奇數，則 $e^{-i\pi(\text{奇數})} = -1$，$S_G = 0$。若 $\nu_1 + \nu_2 + \nu_3 =$ 偶數，則 $e^{-i\pi(\text{偶數})} = 1$，其 $S_G = 2f$，為建設性繞射平面。

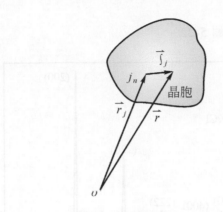

圖 7-21　$\vec{r}$ 處的電子是由晶胞中各基礎原子所頁獻

例 5-2

金屬納是 b.c.c 晶格，故有(2,0,0)、(1,1,0)、(2,2,2)等平面的繞射峰，而沒有(1,0,0)、(2,2,1)等平面出現繞射峰。

F.C.C.晶格每晶胞有 4 個原子，基礎原子在 $(0,0,0)$、$(\frac{1}{2},0,\frac{1}{2})$、$(0,\frac{1}{2},\frac{1}{2})$ 和 $(\frac{1}{2},\frac{1}{2},0)$，

故 $S_G = f\left[1+ e^{-i\pi(v_1+v_2)} + e^{-i\pi(v_2+v_3)} + e^{-i\pi(v_3+v_1)}\right]$

F.C.C.晶格若 v_1、v_2、v_3 都是奇數或都是偶數，則 $S_G = 4f$ 繞射加強。而 v_1、v_2、v_3 中有 2 個奇數 1 個偶數或 2 個偶數 1 個奇數之 $S_G = f(1-1-1+1) = 0$，F.C.C 沒有這類下面出現繞射峰。

例 5-3

KCL 和 KBr 都是 FCC 結構，K^+ 在 $(\frac{1}{2},\frac{1}{2},\frac{1}{2})$、$(0,0,\frac{1}{2})$、$(0,\frac{1}{2},0)$、$(\frac{1}{2},0,0)$，$Cl^-$ 與 Br^- 都在 $(0,0,0)$、$(\frac{1}{2},\frac{1}{2},0)$、$(\frac{1}{2},0,\frac{1}{2})$、$(0,\frac{1}{2},\frac{1}{2})$。

【解】

KCL 的結構因子

$$S_G = f(K^+)\left[e^{-i\pi(v_1+v_2+v_3)} + e^{-i\pi v_3} + e^{-i\pi v_2} + e^{-i\pi v_1}\right]$$
$$+ f(Cl^-)\left[e^{-2i\pi(0)} + e^{-i\pi(v_1+v_2)} + e^{-i\pi v_1+v_3} + e^{-i\pi(v_2+v_3)}\right]$$

若 v_1、v_2、v_3 都是偶數，則 $S = 4f(K^+)+4f(Cl^-)$，若 v_1、v_2、v_3 都是奇數，則 $S = 4\left[f(K^+)-f(Cl^-)\right]$，$K^{19}$ 其 $K^+ = 18e^-$，Cl^{17} 其 $Cl^- = 18e^-$，即 K^+ 與 Cl^- 之電子排列相同，$f(K^+) = f(Cl^-)$ 而 $f(K^+) \neq f(Br^-)$，故 KCL 在 v_1、v_2、v_3 都是偶數時繞射強度 I 增強，v 都是奇數時 $I = 0$。而 KBr 在 v 都是奇數時也有繞射強度 I，但比 v 都

偶數之平面繞射強度低，如圖 5-22。

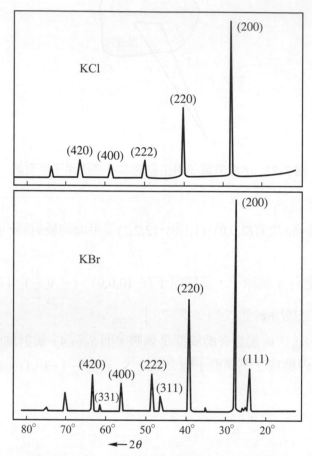

圖 5-22　KCl 與 KBr 離子晶體的 XRD 繞射峰

　　不同結晶化合物會產生不同$(2\theta \setminus I_{hkl})$組合，$2\theta$ 提供晶格常數，而強度 I 提供晶體內部組成原子形態與結晶變形的資訊。一般 X-射線繞射中繞射峰強度、波形會受晶粒數目和晶粒大小影響，通常晶粒在 0.1 μm 以下時，繞射峰會明顯變寬，晶粒愈小則繞射峰愈寬。晶粒小則結晶面的散射原子數目少，這現象與光柵狹縫較少則其繞射峰較寬、強度較低一樣。滿足 Bragger 散射的繞射峰在$2\theta_B$，小晶粒繞射波形變寬如圖 5-23，Scherrer 表示 X 射線繞射寬化與晶粒大小關係為繞射峰半高寬

$$B = k\frac{\lambda}{D\cos\theta}$$ .... (5-41)

圖 5-23 中，$B = \frac{1}{2}(2\theta_1 - 2\theta_2) = \theta_1 - \theta_2$，而 $\Delta 2\theta = 2(\theta_1 - \theta_B) = 2(\theta_B - \theta_2)$，因此 $B = 2\Delta\theta$，晶體厚度或晶粒大小 $D = md$ 有 m 個結晶面，2θ 是散射角，k 是常數約 0.9。在測晶粒大小時，需先借助晶粒大於 0.1 μm 的標準粉末，由其繞射峰波形，將儀器受鑑別率限制下的半高寬扣除，才能得到小晶粒繞射的眞實半高寬。

通常晶粒若受到應變場作用則 $2md\sin\theta = m\lambda$ 的多狹縫繞射中，晶格沿 $<h,k,l>$ 方向的應變

$$e = \frac{\Delta d}{d} = -\frac{\cos\theta}{\sin\theta}\Delta\theta = -\frac{\Delta\theta}{\tan\theta} = -\frac{B}{2\tan\theta} \quad\text{.................(5-42)}$$

若晶粒寬化與內應變效應同時存在，則(5-41)與(5-42)式得光譜寬化關係爲

$$\left(\frac{B\cos\theta}{\lambda}\right)^2 = \left(\frac{k}{D}\right)^2 + 4e^2\left(\frac{\sin\theta}{\lambda}\right)^2 \quad\text{.................(5-43)}$$

將 XRD 的 I-2θ 圖改爲圖 5-24 之 $\left(\frac{B\cos\theta}{\lambda}\right)^2$ 對 $\left(\frac{\sin\theta}{\lambda}\right)^2$ 線性關係，由其斜率及截距可得知此晶體的內應變 e 和晶粒大小 D。薄膜的結構有三類，磊晶膜是單晶，其晶格取向往往與基板的晶格取向有一定的關係。多晶膜是由許多小晶粒組成，其晶粒度、應力大小是否有優選方向等都可藉 XRD 確認。非晶形薄膜有時含有部份結晶，根據結晶物質的圖譜面積和非晶物質圖譜面積的比值可求得結晶度。

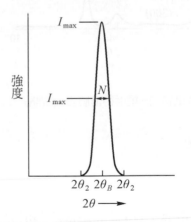

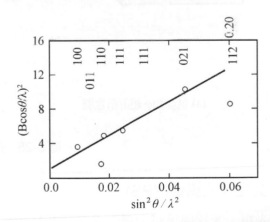

圖 5-23　繞射峰半高寬與晶粒大小有關　　圖 5-24　由圖中之截距與斜率可知晶粒大小與晶體內應變

傳統 XRD 採用 Bragger 繞射，X-射線對材料的穿透深度與 $\dfrac{\sin\phi}{\alpha}$ 成正比，ϕ 是 X-射線

入射掠角，α 是材料的吸收係數，對大部份材料而言，$\dfrac{1}{\alpha}$ 約 1~100 μm，X-射線穿透很深，

則薄膜資訊僅佔很低比例，表面繞射訊號會被基板的散射背景遮蓋。欲測量薄膜結構應採用低掠角入射繞射法，如圖 5-25(a)，則折射光可與垂直於薄膜表面的晶面產生 2θ 繞射光束，計數器放於試片表面的水平面，收集由與試片表面垂直或近乎垂直的晶格面繞射數據，可獲得磊晶或多晶薄膜晶體的排列方向與基板的關係。圖 5-25(b)是用低掠角 X-射線繞射法分析氧化鐵多晶薄膜的結果，當入射角稍增大而增加 X-射線穿透深度時，α-Fe_2O_3 訊號漸減弱，顯示 α-Fe_2O_3 僅存於薄膜表面，故一般 XRD 測不到 α-Fe_2O_3 存在。

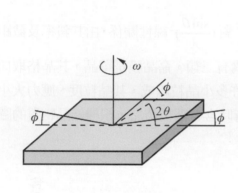

(a) 低掠角 ϕ 繞射示意圖　　　　　　(b) 低掠角 ϕ 繞射得薄膜表面資訊

圖 5-25　低掠角繞射

二、光電子光譜儀(XPS)

　　光電子光譜儀是研究薄膜或塊材表面之能帶結構的重要工具，此光譜儀的照射光源是 X 射線則叫 XPS 或 ESCA(Electron Spectroscopy for Chemical Analysis)。傳統的 XPS 其 X 射線線寬有幾百 meV，需使用 X 射線單光儀才能分析內層電子的微結構。若光源是紫外光則叫 UPS，光子能量低於 100 eV 的 UPS 最適合做表面能態研究。同步輻射可提供自遠紅外線至硬 X 射線的連續波譜，且同步輻射是 100% 線偏極光，故同步輻射光電子光譜儀可提供各光譜範圍的高度平行光，高穩定性的電子能態解析。在超高真空中以單色光光

子照射試片，產生光電效應，然後以電子能量分析儀偵測脫離試片表面的光電子動能，即得光電子光譜。

要研究塊材能態 $E(\vec{k})$ 和表面能態 $E(k_{//})$ 的電子能帶色散關係，就必須量電子波向量 $\vec{k}$ 和 $\vec{k}_{//}$。而發射到晶體外、平行表面的電子波向量 $k_{//}^{ex}$，可藉有小孔徑的角度解析電子能量分析儀，對試片表面偵測，以確定光電子發射的方向，這方法叫角度解析紫外光光電子光譜儀(ARUPS)。光電流做半球形角度積分可得原子內層軌道電子的電子能態密度。

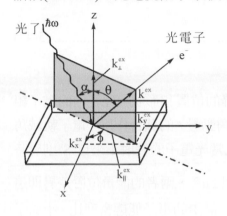
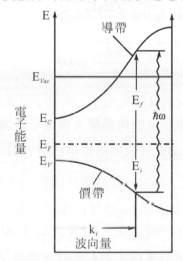
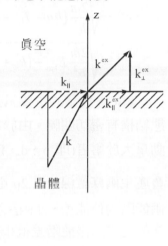

(a)投射到晶片表面的光子和發　　(b)直接能帶的光激發過程　　(c)平行表面的電子波向量分
　　射光電子的入射面　　　　　　　　　　　　　　　　　　量在晶體內外應該守恆

圖 5-26　表面能態解析

(Hans Lütch，"Sufaces and Interfaces of solid Material"，3rd. ed. Springer-Verlag Berlin Heidelberg New York.(1995))

入射光子能量 $\hbar\omega = E_f - E_i = E_{kin} + \phi + E_B$ .... (5-44)

吸光材料的功函數 $\phi = E_{vac} - E_F$，電子吸收光子從初能態 E_i 被激發到末能態 E_f，圖 5-26(b) 中 E_f 和 E_i 是與費米能級 E_F 比較的高低，電子的束縛能 $E_B = -E_i > 0$，E_{kin} 是光電子動能。不同動能的電子束 $N(E)$ 分布，是對應各 E_{kin} 的光譜峰值重疊在二次電子的背景上，此連續的背景值是在晶體內的多重散射產生的能量消耗。光電子自試片表面深度 0.5 至 5 nm 深處發射出來，歐傑電子也自此深度發射出來，故 ESCA 和 AES 都可做薄膜表面成分分析。做 ESCA 也會有 AES 譜線出現，若改變 X 光入射能量則 XPS 的電子能會改變，而 AES 電子動能不變，故可藉此雙重驗證譜線。

$\vec{K}_{//}^{ex} = \vec{K}_{//} + \vec{G}_{//}$ .... (5-45)

$\vec{K}$ 是晶體內的電子波向量，垂直表面的電子波向量 $\vec{K}_\perp$ 並不守恆，$\vec{G}_{//}$ 是平行表面的二維倒晶格。因此光電子動能：

$$E_k = \frac{\hbar^2 k^{ex^2}}{2m} = \frac{\hbar^2}{2m}\left(k_{//}^{ex^2} + k_\perp^{ex^2}\right) = E_f - E_{vac} \quad \text{.................................} \quad (5\text{-}46)$$

晶體外的光電子波向量分量分別為：

$$k_{//}^{ex} = \sqrt{\frac{2m}{\hbar^2}\left(\hbar\omega - E_B - \varphi\right)}\sin\theta = \frac{\sqrt{2mE_{kin}}}{\hbar}\sin\theta$$

$$\text{.......................................} \quad (5\text{-}47)$$

$$k_\perp^{ex} = \sqrt{\frac{2m}{\hbar^2}E_{kin} - \left(k_{//} + G_{//}\right)^2} = \frac{\sqrt{2mE_{kin}}}{\hbar}\cos\theta$$

ESCA 能譜的主要訊號來自於光電子，光電子訊號峰的位置和形狀與原子內的電子組態結構有密切關聯。由於電子自旋角動量 S 與電子軌域角動量 ℓ 的耦合作用，電子軌域角動量大於零者(即 p、d、f...)會分裂為高低兩能階，因此當光電子的發射不來自 S 副層時會產生兩條譜線，以 2p 電子而言，其符號分別為 $2p^{\frac{1}{2}}$ 和 $2p^{\frac{3}{2}}$，兩者的能量位置差異即這兩能階的位能差，而兩訊號峰內的面積比值即反映出這兩能階的電子能態密度比。小原子序的元素這兩能階差很小，一般 ESCA 的 X 光光源 Al 或 Mg 靶材的 K_α 射線線寬較大，較難將這兩訊號解析分開，只呈現不對稱形狀，而原子序較大的元素，像過渡金屬其 2p 光電子的兩能階差皆在 6 eV 以上，這兩訊號峰就可明顯分開。

某些化合物的光電子發射過程中，原子內部有其他電子接受部分能量而躍升到上層電子軌域，甚至有的接受足夠游離的能量而成為自由電子。由於入射 X 光光束的能量固定，當有其他電子得到能量而躍升到高能階時，此光電子自然較正常光電子動能小，而量測到的光電子束縛能便較大，因此 ESCA 能譜中會在比主光譜線束縛能高的位置出現另一衛星光譜線，此附加的衛星光譜線叫搖昇譜線(shake-up line)，若此衛星譜線是產生游離的電子造成的則叫搖離譜線(shake-off line)。圖 5-27 中，Cu_2O 的 Cu(2p)能階是單一譜線，但 CuO 的 Cu(2p)能譜則在高束縛能的位置另有一寬矮的搖昇譜線存在，這是銅離子的 s 電子躍昇到氧原子的 σ^* 電子軌域之能量轉移，由此搖昇譜線很容易判斷銅原子的氧化態。其實二價銅離子的電子組態為 $2p^6 3d^9$，氧化銅的二價銅離子失去一個 2p 光電子後電子組態變為 $2p^5 3d^9$，則 CuO 的最終 Cu(2p)譜峰來自六條多重交疊的譜線構成較粗寬且不對稱的峰形。

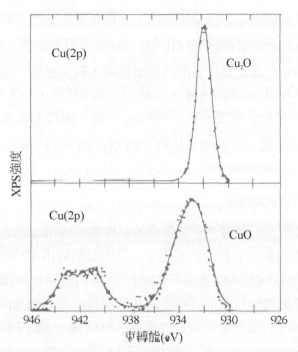

圖 5-27　ESCA 能譜(汪建民主編，"材料分析"，中國材料科學學會，(1998)。)

晶體表面晶格排列的突然終止，造成表面層的導電能帶分布不同於晶體內部的導電能帶，因此表面層電漿子震盪頻率會與內部不同，表面電漿子震盪頻率為體電漿子震盪頻率的 $1/\sqrt{2}$ 倍，當光電子自導電材料表面發射出來時，會激發此類電漿子震盪，並因而損失定量的光電子動能，於是 ESCA 能譜中會在高束縛能方向出現規律的衛星譜線，每相鄰譜線的能量差即為電漿子的能量，圖 5-28 是一乾淨的鋁表面之 Al(2s) ESCA 能譜，與 TEM 中之 EELS 能譜很相似。

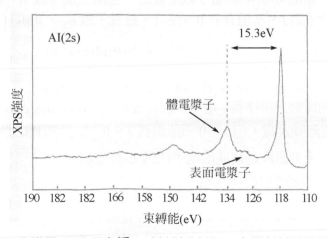

圖 5-28　XPS 光譜圖(汪建民主編，"材料分析"，中國材料科學學會，(1998))

XPS 的光子能量較高則 E_f 分布幾乎連續，光電流對光子能量改變的變化不很敏感，故 XPS 分析原子內層(core level)電子的 $E_i(\vec{k})$ 分布以決定電子結構。電子的束縛能 E_B 受化學鍵影響，故 XPS、UPS 鑑定試片表面的化學組成，對有機物、氧化物的鍵接面分析特別有用。例如 $C_2H_5CO_2CF_3$ 分子的 ESCA 光譜中，碳內層電子的束縛能 $E_B = 291^{eV}$，碳原子周圍放不同元素，則不同化學鍵產生不同的 E_B 改變，因此 ESCA 對某些原子如何鍵接面在一分子上，具有指紋鑑定的技術，且藉 XPS 或 UPS 做薄膜的分子軌域特性譜線，即可確認在基板上的真正吸附物成分。

三、X 射線螢光分析(TRXRF)

以 X 射線照射試片，X 射線光子能量高於試片原子內電子結合能，則內層軌道電子會被驅離原來位置，而發射出有動能的光電子，且內層軌域出現一空洞，使整個原子處於不穩定的激發態，外層軌域的高能階電子會在 10^{-12} 秒內自發地跳躍到低能階軌域，以填補內層軌域之空洞。使激發態原子回到穩定的基態過程叫電子弛豫(electron relaxation)，這過程有兩種不同的途徑，一為外層軌域電子填補內層軌域空洞時，所釋出的能量即在原子內被吸收，而逐出外層軌域的另一電子(歐傑電子)，另一途徑為外層軌域電子填補內層軌域空洞所釋出的能量不在原子內被吸收，而以輻射方式發射二次 X 光，這叫 X 射線螢光(XRF)。XRF 輻射能量等於兩能階間的能量差，此能量因不同元素而異，稱為該元素的特性線，此特性線的波長 λ 與該元素原子序 Z 關係為 Moseley 式

$$\frac{1}{\lambda} = K(Z-b)^2 \dotfill (5\text{-}48)$$

K 常數與跳躍能階的量子數有關，b 是遮蔽常數(screening constant)，其值通常小於 1。

原子中每一電子態都可用 4 個量子數定義之，包括主量子數 n，表示 K、L、M、N 軌道，軌道角動量量子數 l，其值介於 0 至 n–1。磁量子數 m_l，其值有 $0, \pm 1, \pm 2....\pm l$ 和自旋量子數 S，其值為 $+\frac{1}{2}$、$-\frac{1}{2}$。依鮑立不相容原理(Pauli exclusion principle)，一原子內沒有任何兩個電子會有相同組合的電子態。隨著電子數目的增加會有更多層的電子軌域，電子弛豫過程的能階間跳動選擇律為：電子只能在 $\Delta n = 1$、$\Delta s = 0$、$\Delta l = \pm 1$ 或 0 和 $\Delta j = 0$、± 1 ($j = l + s$)的兩能階間跳躍，但 J = 0 不能跳到 J = 0。K 系列譜線是高能階的電子跳到 K 層空洞產生的，L 系列譜線是高能階電子跳到 L 層空洞產生的，因此同一原子其 K 系列螢光的能量較 L 系列螢光譜線能量高。

　　影響螢光強度的因素主要有激發率，螢光產率和基質效應等，激發率會隨著入射 X 光強度的增大而增大，入射的 X 光能譜中只有波長短於待測元素吸收邊緣波長 (λ_{min}) 的部份才能激發待測元素產生 X 射線螢光，因此選擇激發源時應使入射 X 射線的波長 $\lambda \leq \lambda_{min}$，儘量接近 λ_{min} 的一次 X 射線做為激發源以獲得最大的螢光激發率。試片受到 X 光照射時會產生 X 射線螢光和歐傑電子兩種並存，每一激發態原子在回到基態所能釋出的螢光光子數目與上述兩種總數的比值叫螢光產率。原子序低於 20 的元素以產生歐傑電子為主，螢光產率很低，螢光產率會隨著原子序的遞增而增大，且 K 系列的螢光產率大於 L 系列的，L 系列的螢光產率大於 M 系列的。實際上應用 X 光螢光分析時需同時考量激發率與螢光產率，原子序介於 20~50 的元素宜採用 K 系列螢光分析，因這可同時提供夠高的激發率和螢光產率，而原子序大於 50 的元素宜採用 L 系列螢光分析較適合，因其 K 系列螢光激發率太小。

　　基質效應(matrix effect)主要是試片中除待測元素外，其他元素之間的反應引起 X 射線螢光的增強或減弱的現象。對於均質樣品而言，基質效應可分為吸收效應，增強效應和第三元素效應。一次吸收效應源自於試片基質中的組成元素對入射的 X 射線產生吸收，二次吸收效應是待測元素於發射出的 X 射線螢光被基質中的其他元素所吸收。增強效應和第三元素效應以圖 5-29 解說，非待測元素(B)受到入射之 X 射線 P_0 照射所產生之螢光 P_1 其波長低於待測元素的 λ_{min}，得以激發待測元素 A，增強單獨來自入射 X 射線照射試片所產生的螢光，此過程稱為增強效應。而 A、B 以外的任何第三元素 C 亦可受到入射的 X 射線照射產生螢光 P_2，它可直接增強 A，也可產生螢光 P_3，透過增強 B 再增強 A，這過程叫第三元素效應。

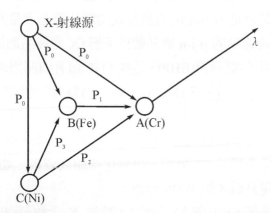

圖 5-29　TRXRF 的基質效應(汪建民主編，"材料分析"，中國材料科學學會，(1998))

XRF 的入射角一般介於 30°～45°間，入射的 X 射線穿透試片的深度介於數微米至數百微米間，折射的 X 射線在試片內被散射導致有嚴重的背景雜訊，為提高波峰信號對雜訊比 S/N，宜將試片表面處理光滑，且 X 射線以低掠角入射試片，因大部份材料對 X 光的折射率都略小於 1(空氣的折射率)，當 X 光經由空氣進入試片內部時，由高折射率介質進入低折射率介質，會有產生全反射的臨界角，大於臨界角的 X 光以低掠角入射試片表面將產生全反射 X 射線螢光(TRXRF)。TRXRF 的入射 X 射線僅進入試片表數奈米深而已，故有極佳的波峰對背景雜訊比，其偵測的靈敏度很高。

　　進行 XRF 定性分析前先依待測元素選擇適當的分光晶體，測得 TRXRF 波譜，知道分光晶體的晶格間距，利用布拉格的 $2d\sin\theta = m\lambda$ 就可得各峰的特性 X 射線螢光波長 λ。Moseley 定律是 XRF 定性分析的依據(5-29)式的 k 和 b 是常數，確認 TRXRF 的波長後，就可辨識各峰的原子序 Z 和所代表的元素。TRXRF 定量分析的目的是將所測得的螢光強度換為元素濃度，其比例關係為：

$$C_x = C_r \frac{I_x}{I_r} \times \frac{S_r}{S_x}$$ ....(5-49)

C_r 是試片表層的參考元素濃度，I_x 和 I_r 是偵測器上所讀到的待測元素和參考元素的強度。S_x 和 S_r 是相關的感度因素(sensitivity factor)，其目的在修正不同元素會有不同原子序效應，吸收效應和螢光效應，即感度因素是 ZAF 修正，以求得更精確的解析結果。

　　X 射線螢光微區分析法與在 SEM 上裝電子探針 X 光微區分析儀(EPMA)做法一樣，在試片激發出特性 X 光後以波長散布光譜(WDS)和能量散布光譜(EDS)兩種方式，偵測試片某一部份元素含量，在 WDS 中 X 光射至一已知晶格常數的晶體，利用單晶對 X 光的繞射進行分光，再對某單色光，由比例偵測器或閃爍計數器來量測強度。在 EDS 中偵測時所有 X 光同時進入一逆偏壓的 p-i-n 鋰晶體偵測器，X 光被晶體偵測器吸收產生光電子，光電子在晶體內激發出電子-電洞對(EHP)，這些 EHP 藉著偵測器之逆偏壓形成電荷脈衝，脈衝波經放大器後送至多頻道分析儀(MCA)，MCA 資料經電腦波峰鑑別與定量處理，即顯示不同能量 X 射線強度。WDS 解析度遠比 EDS 解析度佳，WDS 很適合輕元素或含量少的元素分析，但 WDS 的偵測時間很長，一次只能測一元素，而 EDS 速度快又可同時偵測所有元素，故一般均先進行 EDS 分析，得到化學組成資料，如波峰重疊或要對含量少的元素進行較準確的定量分析才做 WDS 分析。

　　XRF 的入射 X 射線在試片中經歷了散射，特性 X 光激發與吸收等作用，因此 XRF 定量分析需以 ZAF 技術做強度校正。ZAF 技術是在相同實驗條件下，測量試片與標準片相同元素的強度比時所必須考慮的修正因子，強度都與濃度成正比，(5.30)式中 S_x/S_r 就是

ZAF 修正因子。EDS 或 WDS 的定量分析都需以標準試片的光譜為基準去分析待測試片成份，如在 Al－2wt%Cu 的試片中，平均原子序 Z = 13.23，若標準試片取得不易而用純元素的標準片做半定量推估，則未做 Z 因子修正前，以輕元素為基質的重元素成分，所得重元素的結果比實值低，試片與標準片兩者的平均原子序差異越大，需做 Z 修正越大。A 因子是修正試片內 X 光被吸收量，TRXRF 的激發深度很淺，A 修正量可略，而在 SEM 中若試片用較低電子加速電壓和較大 X 射線起飛角度則 A 修正因子較小。試片內元素 j 的特性 X 光峰能量 E 若大於 i 元素的吸收邊緣能量 E_c，則對於 i 元素必須考慮螢光 F 修正，因來自元素 j 之 X 射線能量足夠激發元素 i 的二次 X 光，通常 $E - E_c$ 大於 5 KeV，則 F 修正就可忽略。

5-3　奈米材料特性分析實例

5-3-1　奈米顯微技術應用實例

　　要了解各種奈米材料的特性需用到各種顯微鏡、光譜儀和 X-射線技術。TEM、STM 和 AFM 最常用來決定奈米顆粒的大小和形狀，HRTEM 顯示奈米粒的形狀、晶體結構、晶粒邊界都一目了然，圖 5-30 是在矽基板上以 Fe/C 膜催化、RTA 製程得到的 SiC 奈米柱，直徑約 40 nm，其內層核心是單晶，外面殼層是多晶。選區繞射(SAD)顯示 SiC 是 HCP 結構，圖中平行條紋的間距約 2.7 Å，它是{-1 1 2}晶格面的間距。以 Ar + H₂ + CH₂ 氣體做反應性濺鍍得類鑽碳薄膜也是奈米結構，SEM 顯示 a–C：H 薄膜的表面和截面如圖 5-31 所示。

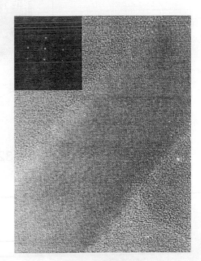

圖 5-30　HRTEM 量得的 SiC 奈米柱

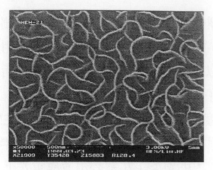

(a)a-C：H 薄膜表面

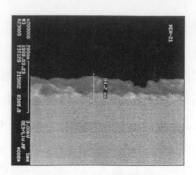

(b)a-C：H 薄膜截面

圖 5-31　SEM 量得的類鑽碳薄膜

以 AFM 看 a-C：H 薄膜表面，表面高低差約 25　nm，如圖 5-32 所示。圖 5-33 是 Si (111)
晶片以 STM 看出 7×7 表面重構之圖案，而 STM 可操縱移動原子，圖 5-34 是在銅表面先
鍍上一些鐵原子，然後將一顆一顆鐵原子排列成一圓圈的量子圍籬，銅的價電子在鐵原子
圍成的區域內便形成駐波。

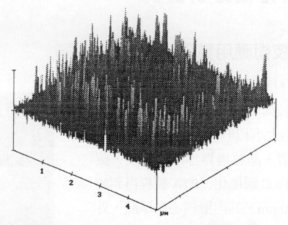

圖 5-32　AFM 量得的 a-C：H 薄膜表面

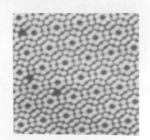

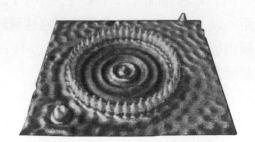

圖 5-33　STM 之 Si(111)晶片表面　　　　圖 5-34　STM 原子操縱的圖案

(Hans Lütch，"Sufaces and Interfaces of solid Material"，3rd. ed. Springer-Verlag Berlin
Heidelberg New York.(1995))

　　較小的奈米粒表面原子的比例較高，表面能較大，不同結晶面的表面能態不一樣。F.C.C.晶體不同平面的表面能大小順序為 γ (111) < γ (100) < γ (110)，在奈米顆粒表面形成小平邊以增加低 Miller 指數之平面，其表面能較大。因此在 HRTEM 中發現小於 10～20 nm 的奈米粒都不是球形，而是由不同小平面(facet)組成的多邊形。

　　以電弧法(arc-discharge)成長的多壁碳奈米管，一端放在 AFM 的探針尖上，或在 TEM 中以試片夾具夾住 CNT 一端，另一端接觸到水銀槽液面，然後將 CNT 插入水銀中，如圖 5-35，量得奈米碳管的電導與深入水銀的距離關係，有庫倫量子台階特性如圖 5-36，圖中電導是 $G = \dfrac{2e^2}{h}$ 的倍數，h 是 Plank 常數。

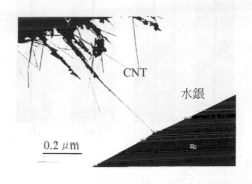

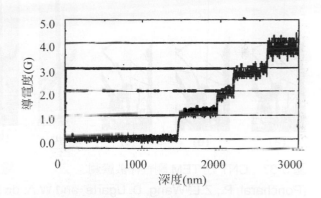

圖 5-35　CNT 用 AFM 或 TEM 作電性量測　　　　　圖 5-36　CNT 庫倫量子台階特性

(Wang, Z.L., P.Poncharal, and W.A. de Heer. Proc, Intern. Union of Pure and Applied Chemistry. 72. 209(2002))

　　將奈米碳管一端固定，另一端以 AFM 探針推動使 CNT 撓動(deflection)，Salvetat 等人於 1999 年以作用力與橫向位移的關係計算出其機械強度。Poncharal 等人於同年設計 TEM 特殊夾具，可對碳奈米管施加電壓，交流頻率作用在碳奈米管使其振盪。當外加頻率等於奈米碳管的自然頻率，則產生共振，量得其共振頻率，如圖 5-37(16)。碳管直徑 D、長度 L，密度 ρ，剛性係數 E_b 則可依 Meirovich(16)的振動式求出：

$$v_i = \frac{\beta_i^2}{8\pi} \frac{D}{L^2} \sqrt{\frac{E_b}{\rho}} \quad\text{...}(5\text{-}50)$$

(5-50)式中，β_1=1.875 是第一階諧振常數，β_2= 4.692 是第二階諧振常數。1999 年，Poncharal 等人以此法量得直徑小於 8 nm 的碳奈米管的剛性係數高達 1.2×10^{12} Pa。

碳奈米管做場發射可得到很高的電流密度,而在碳奈米管顯示器實驗中的 I-V 量測是由不同半徑、不同長度的所有碳奈米管的平均效果。圖 5-38 是以 TEM 做單一碳奈米管場發射時發現會從碳管頂點開始結構破壞且會剝裂,可能是碳管表面留下高密度懸鍵在高電場作用下從石墨片掉落。

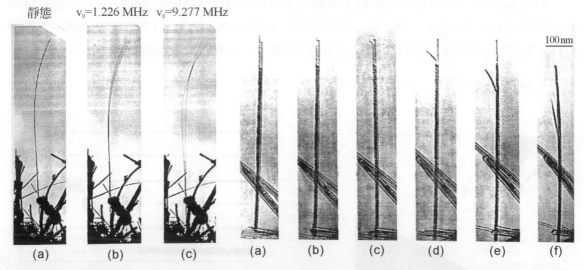

圖 5-37　CNT 在 TEM 剛性係數量測　　　圖 5-38　CNT 在 TEM 場發射量測
(Poncharal, P., Z.L. Wang, D. Ugarte, and W.A. de Heer. Science. 283, 1516(1999))

5-3-2 　光譜儀的奈米解析與監控技術

奈米粒的表面特性可使用各種光譜儀研究,如螢光光譜儀對表面陷穽能階的電子特性很靈敏。拉曼與紅外線光譜(FTIR)對晶格結構和表面吸附的物種很靈敏。X 射線繞射、光電子能量化學成分分析(XPS)、X 射線吸收等,尤其 X 射線吸收微結構分析(XAFS)對決定奈米粒的表面結構和定域成分分析很有用。

要研究奈米材料的大小、形狀效應、表面狀態需控制很好。奈米半導體在 E_g 內有很多表面能階和缺陷、陷穽能階,這些能階以吸收光譜無法看到,需以 PL 或使電子鬆弛(relaxation)的各種能態量測。CdSe、TiO_2、和 ZnO 等奈米粒,因有陷穽能態飽和現象都會發光。若陷穽能態密度太高不易飽和則螢光很弱,表面能態太高不利發光,但卻有光催化之化學反應動力。

紅外線光譜儀(FTIR)與拉曼光譜儀(RS)是研究奈米量子點表面結構特性的理想工具。穿透式 FTIR 光譜儀主要用來研究奈米簇吸附分子的物理化學性質,Zou 等數人於 1993 年量得 2 nm 的 TiO_2 奈米粒 FTIR 光譜在 4000~200 cm^{-1} 之紅外區,TiO_2 奈米粒塗上單層硬脂酸鹽薄膜，則電子與聲子定域化，導致電子與聲子非線性作用產生極化子(polaron)能態，而出現有四個吸收峰在 1264、1100、1022 和 806 cm^{-1} 處。

　　共振拉曼散射可區分不同偏極的激發型態。偏極激發可由兩個奈米粒子顯示拉曼信號，平行於入射平面的為 S 偏極光，垂直於入射平面的為 P 偏極光，這兩個奈米粒相互垂直，當其一是最大激發時，另一個必是最小。當奈米粒散射的偏極方向與入射 S 偏極光平行，信號便會共振加強，此時可觀察到電荷密度激發(CDE)信號；若奈米粒散射光子偏極方向垂直於入射平面即平行於 P 偏極，則可觀察到自旋密度激發(SDE)信號共振加強。CDE 共振激發與 SDE 共振激發相位錯開，故共振拉曼散射解析度比傳統拉曼提高萬倍以上。

　　塊材尺度小至低於塊材激子(exciton)的 Bohr 半徑時，量子限制效應則很顯著，光吸收邊緣將向較高能量偏移(blue shift)，且光子激發光(photon luminescence，PL)對樣品表面狀態非常靈敏，量子點的表面效應會影響發光效率和發光壽命。若樣品殘留很多表面能態，會使吸收譜與 PL 譜變寬。

　　Norris 等人於 1997 提出改善方法為以 10^{-9} 秒的 Nd：YAG 染料脈衝雷射為光子激發光源(PLE)，結合螢光線窄化(FLN)光譜儀，則可顯示量子點的吸收和發射資訊。奈米粒徑越小則其 PL 發光峰越向高能量偏移，如圖 5-39 所示。TiO_2 奈米簇表面墊上硬脂酸單分子層，則表面形成電偶層，此電偶層是激子的阻陷(trapping)中心，會顯著提高激子的束縛能，界面能態也成為激子自我阻陷(self-trapped)中心，而導致量子點的吸收邊緣向低能量偏移(red shift)。奈米粒塗上表層薄膜產生激子阻陷效應不僅會改變激子束縛能也會改變激子壽命，而奈米粒越小，表層分子產生的吸收邊緣紅向位移量越大。

　　目前對奈米結構的研究因尺寸大小的波動造成光譜線的不均勻變寬，這模糊的光譜將嚴重降低光譜儀能得到的可靠資訊量。圖 5-40 是 Hess 等人於 1994 年利用近場光學 SNOM 系統將可調的染料雷射光透過光纖耦合到試片產生激子，此束縛的電子電洞對激子未發光前在量子井平面上移動，而發光信號以光纖束收集，光傳到試片外的透鏡進入以 CCD 感測的光譜儀，則其解析度比一般 PL 有明顯改善。

　　奈米結構的製程控制需借助線上光譜診斷，由上而下的微電子製程中，乾蝕刻的蝕刻終點即以光譜儀控制；由下而上的分子或超分子組裝技術更需以光譜儀監控奈米粒大小或殼層厚度。藉 FTIR、共振拉曼光譜儀或 PL 光譜儀監測吸收峰偏移值、吸收係數或反射係數改變的波形都反應其化學鍵接面特性。

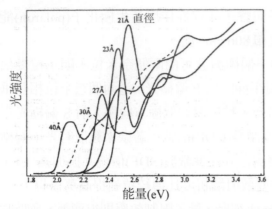

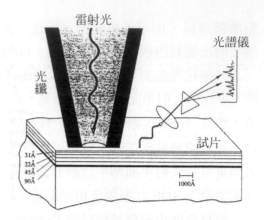

圖 5-39　奈米粒徑越小則 PL 發光峰向高能量偏移　　圖 5-40　SNOM 系統提高 PL 解析度

(Alivisatos, A.P.K.P. Johnson, X.G. Peng, T.E. Wilson, C.J. Loweth, M.P. Bruchez. Jr, and P.G. Schultz, Nature. 382, 609(1996))

習題

1. 說明如何以 STM 量 Schottky 能障。
2. AFM 的懸臂微小振動時，反射光藉光槓桿原理將位移信號放大。若要應用此原理量金屬的楊氏係數該如何量？做圖說明光槓桿的放大原理。
3. 在 SEM 中若電子加速電壓為 3 kV 則電子波長為多少 Å？
4. 分別說明球面像差與色像差的意義。
5. 在 SEM、TEM 中都可做 EDS 量測，EDS 是量什麼？說明其量測原理。
6. 何以奈米顆粒大多為多邊形？
7. 說明 XPS 可做化學成分分析之原理。
8. 何謂激子，它有何特性？
9. 何謂極化子，它有何特性？
10. PL 中何以激發光的波長都比吸收光波長長？

參考文獻

1. M.R Falvo, G.. Clary, A. Helser, S. Paulson, R.M. Tailor, V. Chi, F.P.Brroks, S. Washburn, and R. Superfine，"Nanomanipulation experiments exploring frictional and mechanical properties of carbon nanotubes，" Microscopy and Microanalysis，4. 504-512，1999.

2. S. Akifa，and Y. Nakayama，"Nanotweezers consisting of carbon nanotubes operating in an atomic force microscope，" Applied Physics Letter，79. 11，1691-1694，2001.

3. A.sanchez-Sevilla，J. Thimonier，M. Mailly，J.Rooca-Serra，and J. Barbet，"Accuracy of AFM measurementsof the confour length of DNA fragments adsorbed on mica in air and in agueous buffer，" Ultramicroscopy，2002，92，151-158，2002.

4. Schattschneider，P. and B. Jouffrey，in Energy Filtering Transmission Electros Microscopy，ed. L. Reimer，Springer Series in Optical Science，Springer Verlag. 71，151 (1995).

5. Scheinfein M.R.，J.Unguris，M.H. Kelley，D.T. Pierce，R.J. Celotta. Review of Scientific Instruments. 61: (10) 2501-2526 part 1，(Oct 1990).

6. Scott. V.D.，G. Love，and S. J.B. Reed，Quantifative Electron-probe Microanalysis，2nd. ed. Ellis HorWood，London (1995).

7. Stroscico，J.A.，W.J. Kaiser，eds，Scanning Tunneling Microscopy，Academic press (1994).

8. Guntherodt，H.J.，R. Wiesendanger，eds，Scanning Tunneling Microscopy，2nd. ed. Springer (1994).

9. Zhang，J.Z.，R.H. O'neil，and T.W. Roberti，J. Phys. Chem. 98，3859 (1994).

10. Peng，X.，J. Wickham，and A.P. Alivisatos，J. Am. Chem. Soc. 120，5343 (1998).

11. Peng，X.G.，T.E. Wilson，A.P. Alivisatos，and P.Z. Schultz，Angew. Chem. Int. Ed. Engl，36，145 (1997a).

12. Peng，X.G.，C.S. Michael，A.V. Kadavanich，and A.P. Alivisatos，J. Am. Chem. Soc. 119，7019 (1997b).

13. 汗建民主編，"材料分析"，中國材料科學學會，(1998)。

14. Hans Lütch，"Sufaces and Interfaces of solid Material"，3rd. ed. Springer-Verlag Berlin Heidelberg Ncw York.(1995).

15. Wang，Z.L.，P.Poncharal，and W.A. de Heer. Proc，Intern. Union of Pure and Applied Chemistry. 72. 209(2002).

16. Meirovich，L.. Element of Vibration Analysis. McGraw-Hill，New York.(1986).

17. Poncharal，P.，Z.L. Wang，D. Ugarte，and W.A. de Heer. Science. 283，1516(1999).

18. Alivisatos，A.P.K.P. Johnson，X.G. Peng，T.E. Wilson，C.J. Loweth，M.P. Bruchez. Jr，and P.G. Schultz，Nature. 382，609(1996).

Chapter **6**

奈米科技之應用

　　世界上所有的先進國家無一不是在學術研究與技術發展上具備有雄厚的實力。所有想在奈米科技舞台上佔有一席之地的國家，此刻正積極投入大量人力、資源與財力以追求卓越的學術研究與技術創新。奈米科技的發展橫跨物理、化學、生物、電機、機械、材料及各個工程學科，各學科在奈米尺度的研究工作動態，將導向跨學科與跨領域的專業訓練與技術交流。奈米科技可應用的產業相當廣，將對人類社會帶來全面性的改變，影響所及包括：奈米材料創造新世代產業、量子通訊與量子電腦、生物技術與醫療保健、環境與能源、航太工業與國防安全等前瞻性的應用概述如下。

6-1 奈米材料創造新世代產業

　　奈米技術將徹底改變未來的材料與元件的製造方式，在奈米尺度下透過精確控制尺寸和成分以合成奈米結構單元，然後將其組合成具有獨特的特性與功能的較大結構，這種由下到上的組裝觀念將使材料製造產業發生徹底的變革。奈米組裝的製造方式可建構更輕、更強和以設計導向的新材料，利用分子/原子簇的組裝加工，開發具有新工作原理和構造的創新元件。創新奈米材料的合成法、奈米加工與量產製造技術的開發、生物材料與仿生

物材料的開發、奈米尺度下的材料老化或破壞因素的探討等，將是推廣奈米材料製造技術邁向新產業萌芽的工作重點。

　　葉綠素是植物進行光合作用的光觸媒，而 TiO_2 奈米粒受光照射，會產生氧化力極強的自由基與離子，可破壞細菌的細胞膜，抑制病毒複製繁衍，更可分解對環境有害的有機物，因此 TiO_2 光觸媒劑對淨化環境頗有效。奈米竹炭纖維，奈米 TiO_2 更使傳統紡織業開創功能性服飾新商機。紡織業跨足醫療級功能性纖維，抗病毒纖維亦跨入防疫用隔離衣、手術衣、防護衣和口罩的不織布層等。

　　可見光照射金屬表面產生反射時，不同金屬對應不同特定波長光的吸收，因此不同金屬反射不同金屬光澤，而小尺寸和大表面積效應，使奈米金屬微粒表面對所有可見光有極強的吸收能力，因此奈米金屬微粒幾乎呈黑色，鉑(Pt)是化性穩定的銀色貴金屬，製成奈米微粒則鉑由銀色轉變成黑色，被稱為鉑黑，奈米微粒的大表面積，使鉑黑從惰性金屬變成活性極佳的催化劑。傳統金屬是導體材料，但奈米級的金屬微粒在低溫時，由於量子尺度效應產生電子能級分裂，使奈米金屬轉變成電絕緣性材料。奈米金屬粒徑愈小共熔點越低，奈米金顆粒與奈米銀微粒，已分別在生醫材料與電子產業廣泛被使用。

　　碳(C)原子以SP^3軌域組成鑽石結構，它是很硬的絕緣體，但碳以SP^2軌域組成石墨結構，則是極佳的導電材料。2004 年英國曼徹斯特大學 Andre Geim 和 Konstantin Novoselov 兩位俄裔科學家以透明膠帶在石墨片上不斷膠黏石墨碳原子，最後在顯微鏡下看到只有一個碳原子厚度的平面碳薄膜，如圖 3-36，這是一種由碳原子以SP^2混成軌域組成六角型，成蜂巢結晶的二維材料，稱它為石墨烯(graphene)，奈米碳管就是石墨烯捲曲而成的。

　　石墨烯是透明導電膜，其透光率為 98%，其電子遷移率是銅的 10 倍，是很好的觸控面板螢幕。石墨烯複合材料做電池的電極可應用於智慧型手機、電動汽機車的快速充電器。石墨烯的硬度韌性比鋼還強 100 倍，但比橡膠還有彈性有如皮膚可製輕又薄的防彈衣，石墨烯應用於汽車與飛機的鈑金不容易生鏽，輕又省油，不怕閃電又安全。由碳組成的石墨烯具有高度的生物相容性應用於生醫感測器可配合手機、物聯網追蹤患者健康狀況。現在矽晶圓 MOSFET 的製程極限已接近臨界點，石墨烯是否可以取代矽晶圓而邁入新世代工業革命嗎？石墨烯是導體不是半導體可能無法直接取代矽晶片，卻可活用於積體電路製程中改善元件特性，更可當量子電腦中單電子電晶體的中心島。

　　石墨烯可透過機械剝離、化學還原或熱化學氣相沈積(CVD)等方式備製。化學還原法是利用氧化劑於石墨的層狀結構中間進行插層氧化，使層與層之間存在帶負電的氧化官能基，克服石墨層間的凡德瓦力，並通過水分子於插層，大幅增加層間距離，使氧化石墨烯的剝離更容易，氧化石墨烯則可進一步使用還原劑，如將氧化石墨烯置入 N_2H_4 溶液，這容易使氧化石墨烯還原為單層石墨烯。CVD 法是於真空中通入氧和乙炔或乙烯，在高溫

(>1000°C)下點燃，使在基板上沉積一層很薄的石墨烯，這種方法已可控制品質，而自基板上剝離石墨烯的技術也在進展中。目前一片 4 吋左右石墨烯薄膜要價高達數百美元。必須進一步改良 CVD 製程設備與剝離石墨烯之技術，能大面積量產化才可以降低成本打開石墨烯商機，目前美、歐、日與中國各工業大廠都積極研發可打開石墨烯市場的量產技術中，相信以石墨烯奈米材料開創新世代工業革命將指日可待。

6-2　奈米電子學與量子產品

　　宏觀世界中宇宙規律運行，地球在行星軌道上繞太陽一圈即完成一年四季的變化，而軌道上的地球除了公轉運行外，地球本身每天自轉一圈，因此地表上的人們每天都有白晝黑夜之別。自然界物體的運動都可以用普通物理的牛頓力學與馬克斯威爾的電磁波動力學來精確的描述其運動軌跡，能量、動量和角動量等狀態，也就是說宏觀世界所看到的物體其位置狀態是確定性的，某一時刻只有一種狀態。

　　在普通物理的啟發下，人類從開發蒸汽機、紡織機械、火車運輸等，掀起了工業革命展開工商活動。馬克斯威爾提出自然界充滿電磁波，且電磁波都以光速行進，可見光僅在電磁波譜上很窄的範圍。當富蘭克林發現電的成因，因此有電燈泡的發明和發電機、電話、電報、收音機及電視機等，不斷開創新技術，而改變人類生活習慣。

　　微觀世界中每個原子都是電中性，而原子結構很像太陽系，是帶負電的軌道電子繞著帶正電的原子核，不同軌道的電子除了有軌道角動量外，電子會自轉還有自旋角動量，而電子的自轉軸有順磁場方向的上旋(spin up)和逆磁場方向的下旋(spin down)兩種可能。不同軌道的運行電子和自旋電子具有不同的能量，因此每個原子都具有不同的能階組成，原子輻射的光譜具有反映原子結構的重要訊息，而且每個原子輻射具有一定的分立(discret)頻率成分，也就是說原子的輻射光譜是量子化的，不是連續分布的能量。

　　所謂量子就是具有波動性的粒子，其各種物理特性都是概率性的不連續分布，例如光就是具有波動和粒子二元性的量子。十九世紀初科學家實驗證實光是具有干涉、繞射現象的波動性，二十世紀初光照射金屬表面的光電效應實驗中，發現光電子發射時間與光的強弱無關，這點無法以古典電磁理論說明。1905 年愛因斯坦認為古典光是以粒子運動，只要光子能量 E = hν 足以克服金屬板的功函數 ϕ，便立刻把光子能量全部傳給金屬電子，而打出光電子，則逸出金屬表面的光電子動能為

$$E_K = h\nu - e\phi \quad\quad\quad\quad\quad\quad\quad\quad (6\text{-}1)$$

式中 Plank 常數 $h = 6.67 \times 10^{-34}\, j \cdot s$，$\nu$ 是光的頻率。

後來 L.V. de Broglie 提出任何運動的粒子都具有波動性，稱它爲物質波，運動粒子的動量 mυ 其波長 $\lambda = \dfrac{h}{m\upsilon}$，因此運動的電子也有波動性，電子顯微鏡 SEM 和 TEM 中，快速電子通過狹縫的繞射圖案，便是解析材料結構的重要利器。

微觀世界中，光子、電子、原子都是量子載體，Schrodinger 以波動方程式描述量子運動

$$i\hbar\frac{\partial\psi(x \cdot t)}{\partial t} = H\psi(x \cdot t) \qquad\text{(6-2)}$$

式中 $\hbar = \dfrac{h}{2\pi}$，H 是 Hamiltan 能量運算子，滿足(6-2)方程式的自由電子波動函數爲

$$\psi(x \cdot t) = Ae^{i(kx - \omega t)} = Ae^{i(\frac{2\pi}{\lambda}x - 2\pi\nu t)} \qquad\text{(6-3)}$$

此行進波的 de Broglie 波長 λ，頻率 ν，波速 $\upsilon = \dfrac{\omega}{k} = \lambda\nu$，ψ 的波振幅 A，自由電子在空間各點出現的機率爲 $\Psi \cdot \Psi^* = A^2$，因此概率波既能說明電子的波動性，也能體現電子的粒子性。

行進波的動量與能量在空間的測不準性 $\Delta p \cdot \Delta x \geq \hbar$，時間的測不準性 $\Delta E \cdot \Delta t \geq \hbar$。這種測不準原理(uncertainty principle)並非量測儀器或量測方法的缺陷，而是量子本身的概率性引起的。Rutherford 實驗出原子核的半徑小於 10^{-15} cm，由測不準原理便知電子不可能存在於原子核內。

原子有能階，而原子組成晶體其結構組成能帶，能帶理論將自然界的材料區分爲絕緣體、半導體和導體。例如：碳原子組成 SP^2 石墨結構，電子都在導帶中是良導體，而碳原子組成 SP^3 鑽石結構則電子都在價帶中，電子無法跳過很大能隙(energy gap)到導帶上，因此碳 SP^3 鑽石結構是絕緣體。矽晶也是 SP^3 結構，但室溫下矽晶的價帶與導帶間的能隙只有 1.12ev，價帶的電子很容易被激發至導帶上而導電，這種晶體結構叫半導體材料。半導體材料問世後又開啓新一代工業革命，二極體、電晶體、積體電路(IC)、個人電腦、工業電腦、移動通訊(智慧型手機)等，使資訊通信產業蓬勃發展。

微電子資訊產業的蓬勃發展造就了電子、光電、資訊和通信領域的一片榮景，然而要開發更快速、更低能量消耗和更輕薄短小的元件，一直是人們努力追求的目標。現今元件微小化的製程技術已經面臨物理極限的瓶頸，因此發展奈米電子學，開發量子電腦的新製造技術將是刻不容緩的研究工作。況且積集度和操作頻率大幅提高後，電子在電路的流速加快，功率消耗持續增大，將造成晶片過熱、可靠性降低、使用壽命縮短等問題。還有元

件線寬一直縮小，會導致單位時間內流過邏輯閘的電子數大幅減小，邏輯閘在判斷"開"或"關"時就會處於不確定狀態而無法工作。

6-2-1　基礎奈米電子學

具有量子效應的奈米電子元件將可以滿足人類對未來元件更小、更快、更冷的要求。單電子電晶體是基於庫倫堵塞效應(Coulomb blockade effect)和單電子穿隧效應(single electron tunnel effect)的物理現象而製作出來的一種新型奈米電子元件。

在奈米體系中電子的單個傳輸特性叫庫倫堵塞效應，此奈米尺度的系統在充電和放電過程是量子化的，若 C 是此物理體系的電容，則充入一個電子所需的能量 $E = \dfrac{e^2}{2C}$ 叫庫倫堵塞能，它是電子在進入或離開該系統時，前一個電子對後一個電子的庫倫排斥能。所以說，對一個奈米體系的充放電過程，電子不能連續地集體傳遞，而是一個一個單電子的傳輸。單電子從一個量子點穿過位壘到另一個量子點的過程稱為量子穿隧。

單電子電晶體是由兩個穿隧接面(tunnel junction)串聯組成，與兩個穿隧接面相連接的中間部位被稱為中心島(central island)，它的三個電極分別是源極(source)，汲極(drain)和閘極(gate)，中心島的材料有很多種選擇，如金屬薄膜、液晶分子、C_{60} 分子、碳奈米管等，如圖 6-1(a)、(b)、(c)。構成穿隧電流的電子在總電壓 V 的作用下，一個一個從源極穿過穿隧接面電阻 R_1 經過中心島後再穿過穿隧接面電阻 R_2，最後流到汲極。

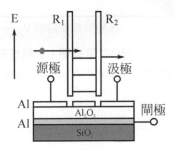

(a)在 R_1、R_2 兩穿隧接面間的金屬中心島有量子能階

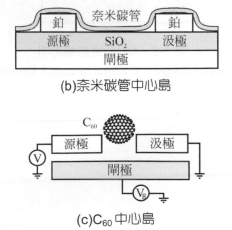

(b)奈米碳管中心島

(c)C_{60} 中心島

圖 6-1　單電子電晶體

奈米科技導論

　　外加的閘極偏壓以電容耦合到中心島上，它可以改變中心島的電子狀態，達到控制穿隧電流的目的。單電子電晶體的結構十分類似於當今積體電路中廣泛應用的 MOSFET 元件，如圖 6-2，但它們的工作原理完全不同。MOSFET 的閘極逆偏壓大於起始電壓 V_{Th} 時，P 型半導體表面會反轉為 N 型半導體形成表面導電通道，V_G 控制通道大小，而汲極電壓 V_D 控制電子流速，通道的汲極電流與汲極電壓，關係如圖 6-3。MOSFET 通道的電流是連續的漂流載子所形成，I_D 開始飽和的通道電流與 V_G 有拋物關係。而單電子電晶體的閘極所控制的通道電流是量子化的，一個一個電子通過兩個穿隧接面間的中心島，如果兩穿隧接面的結構參數 R_1、C_1 和 R_2、C_2 是不對稱的，則元件的 I-V 曲線將表現出等大的庫倫台階特性，如圖 6-4。

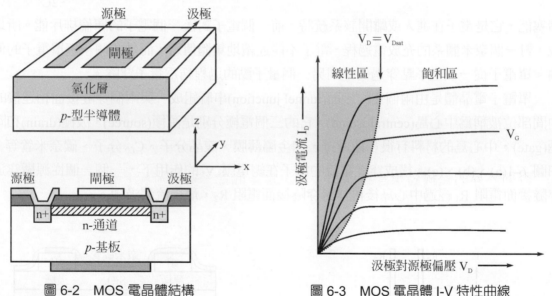

圖 6-2　MOS 電晶體結構　　　　　圖 6-3　MOS 電晶體 I-V 特性曲線

(Jasprit Singh，"Semiconductor Devices：basic principles"，John Wiley & Sons Inc，2001.)

6-6

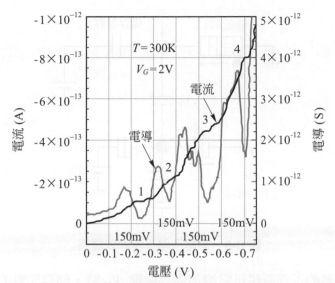

圖 6-4　室溫下單電子電晶體 I-V 特性曲線
(原始圖片由日本電子技術綜合研究所 Kazuhiko Matsumoto 提供)

為了要在室溫觀察到電子的庫倫堵塞現象，必須滿足兩個條件：

1. 庫倫堵塞能必須大於熱能 $E_C = \dfrac{e^2}{2C} > k_B T$ ....(6.4)

    否則外界的熱擾動噪音將會完全淹沒電子的量子穿隧過程。(6.4)式中電子電量 $e = 1.6 \times 10^{-19}$ coul，$k_B = 1.38 \times 10^{-23}$ joule/°K 是波茲曼常數，T 是絕對溫度，與閘極並聯的兩個穿隧接面組合電容 $C = C_1 + C_2$。室溫的 $k_B T = 25$ meV，由(6.4)式可得到 $C < 3.2 \times 10^{-18}$ F。要得到這麼小的電容，穿隧接面的面積必須是奈米級的尺寸。

2. 穿隧接面的電阻 R_1、R_2 必須分別大於量子電阻，即電子穿隧的功率必須足以克服量子擾動。R_1、$R_2 > \dfrac{h}{2e^2} = 13$ k Ω ....(6.5)

    浦朗克常數 $h = 6.626 \times 10^{-34}$ joule-sec。

圖 6-5 是單電子儲存器的等效電路，這種單電子儲存器有一個控制單電子穿隧的多穿隧接面電容 C_n，和一個用來儲存電子的電容器 C_s，電子儲存節點 V_t 透過儲存器閘極電容 C_g，與一個單電子電晶體的中心島耦合連接，用來檢測儲存電了數量，因單電子電晶體的汲極電流 I_D 將反映與儲存節點相連的中心島電位變化，故可檢測儲存節點處電子數目變化。而系統需 $C_g \ll C_s$，使 C_g 耦合連接不會影響節點處儲存電子數。

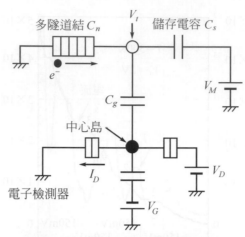

圖 6-5　單電子儲存器等效電路

　　此單電子儲存器的工作原理是當增加儲存偏壓 V_M 時，儲存節點的電位 V_t 也隨之增大，$V_t = V_M C_s/(C_n + C_s)$。當 V_t 超過多穿隧接面的庫倫間隙 V_o 時，有一個電子可以穿過多穿隧接面到達儲存節點處，此時節點電位 V_t 將由於該電子的進入而降低了 $e/(C_n + C_s)$ 電位，使節點的電位 V_t 又降到低於庫倫間隙 V_o 以下，依據庫倫堵塞原理，下一個電子將無法進入儲存節點。再增大 V_M 後就可以控制單個電子一個一個地穿過多穿隧接面到達儲存節點處。在 n 個電子進入儲存節點後，節點的電位 $V_t = \dfrac{V_M C_s - ne}{C_s + C_n}$。相反的，如果將儲存偏壓 V_M 不斷降低，則已經存入的電子電荷將導致電位 V_t 變為負值，一旦 V_t 電位降低於多穿隧接面的庫倫間隙 $-V_o$，單電子將會一個一個地反向穿過穿隧接面，而將儲存在儲存器的電子一個一個地釋放出來。

　　除了量子元件外，科學家更進一步提出利用電子自旋的性質來控制電流的流通，試圖以外加磁場的方式來控制電子自旋的偏極化方向，而電子自旋的偏極化方向便決定了電子是否能流入或流出量子點，可以將電子一個一個加入的架構便可形成類似電晶體的功能。自旋電子元件能否正常運作的關鍵在於如何產生自旋極化電流，利用具有圓偏極態的遠紅外光脈衝雷射，照射在標準半導體材料製造的量子井表面上方，以產生自旋極化電流。由於圓偏極光會使自旋向上和自旋向下的電子數目失去平衡，就右旋偏極光來說，每個光子帶有一特定的角動量，當光子和自旋向下的電子相加，便可得到自旋向上的電子。再者，量子井的結構是極薄半導體層被兩層較厚的半導體夾在中間，位處於中間的極薄半導體層厚度可小於 20 nm，使得電子沿垂直於半導體層方向的運動會受到限制，異質晶體的非對稱性將會使得量子井中自旋向上和自旋向下的電子具有彼此方向相反但不為零的平均速度，兩者的自旋電子數不等時，自旋極化電流便會產生。自旋電晶體便是利用電子經過自旋偏極化的材料，使其能通過自旋向上的電子，而電子自旋的方向則由閘極的電壓控制。此種利用電壓控制自旋電子的通過與否，乃自旋電子電晶體的特性，其結構模型如圖 6-6。

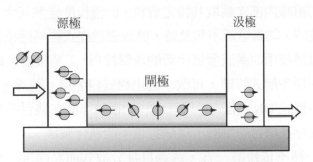

圖 6-6　自旋電子電晶體結構模型

由於自旋電子同時具有光、電和磁的特性，可運用的範圍相當廣泛，如利用自旋電子材料製作非揮發性自旋電子磁性隨機存取記憶體(magnetor resistance random access memory，MRAM)，利用可調式極化光製作自旋電子顯示器，及利用對自旋電子的操控技術來發展量子電腦等，其優點在於自旋電子將自旋特性結合到光學和電學特性後，其消耗功率很低。

6-2-2　量子通訊與量子電腦

雲端科技乃將傳統電腦或智慧型手機的資料傳送到伺服器(switch servo)或叫雲端硬碟上，伺服器可安全收納所有資料且自行備份，再與 CPU 組成的交換器工作。在開放的雲端平台上，可自行導入應用軟體，作業系統、編譯器、指令集、繪圖處理等，大數據分析與高速運算的處理器叫超級電腦。目前超級電腦技術以美國和中國居領先地位。

在資訊爆量時代，不僅要求資料處理快速、訊息安全正確的傳遞更受高度關注，網路駭客隨時有攔截資料並製造假新聞，甚至癱瘓金融交易系統，破壞交通或電力輸配系統等社會安全網的危機，資安不只是國安問題，更是發展資安產業的大商機。

保護通信安全的手段是傳送信息必先做加密運算，並採用密鑰，若送信者與收信者使用相同的密鑰，這叫對稱密鑰，對稱密鑰方便傳送訊息但被竊取的機率較高。非對稱密鑰則送信與收信者的密鑰不相同，在金融系統使用最多是 RSA 密鑰，RSA 密鑰是使用公開密鑰再加收信者的私人密鑰，RSA 密鑰是基於計算安全性原理上可能會被破解，但計算量龐大，在傳送信息時間內被破解機率不高。

科技大廠透過自動化與整合的資訊平台導入 AI，讓工廠生產走向智慧製造，隨著雲端運算與物聯網裝置應用趨勢普及，也容易成為駭客竊密的目標。駭客入侵表示有特定團隊對某企業或公部門組織內部欲竊取其特定資料，影響程度當然甚大。至於病毒感染有可能廠房使用作業系統時，防毒更新不夠及時，導致惡意程式輕易感染與擴散。未來歹徒會搭上機器學習與區塊鏈技術的潮流發展出新的攻擊技巧，工業機器人網路防護工作將更升級。智慧工廠資安應採多層式防禦，可改「應用程式白名單」防毒。「應用程式白名單」的防護類似採用應用程式 DNA 指紋，只有准許的指紋才能在機台系統執行，更新時就算感染病毒，沒有指紋存在機台的電腦，這病毒也不能執行破壞。

區塊鏈技術是一種不依賴第三方，透過自身分散式節點(電腦)，執行網路數據的儲存、驗證、傳遞和交流的技術。從金融會計來看區塊鏈技術是一種分散式、開放性去中心化的大型網路記帳簿。任何人任何時間都可以採用相同的技術標準，加入自己的信息延伸區塊鏈。比特幣又稱數位代幣或加密貨幣，它是驅動區塊鏈技術發展的動力。比特幣可以把它當作一個擁有 1、2 萬家的網路代幣商，24 小時都有人買賣比特幣，比特幣協會每 10 分鐘出一道艱難的數學題，讓各分店(電腦)耗用處理器做解答，誰解的最快，就能負責記帳並獲得比特幣。沒搶到記帳權的分店要比對跟自己附近相連結的分店交易紀錄是否相符，相符就把帳本做同步，再進行下一次搶答，這樣搶答的過程，被稱為「挖礦」。專門用來開採加密貨幣的 ASIC 挖礦晶片是超級電腦的心臟。因區塊鏈節點運作的硬碟時間需求和網路流量的持續快速成長，超級電腦技術是否也能快速突破，以保證比特幣的獲利空間，將是區鏈技術能否持續推展的關鍵。

區塊鏈技術的核心是只要在不同時間交易做資料都會被記錄下來，而且只能讀和寫，但不能修改和刪除，所以每次內容變動便同時在全球上萬個電腦上透過網路更新，也因紀錄真偽得經過半數以上節點同時比對才有效，幾乎不可能被造假，因沒有一台主機可以單獨代表全部，因此區塊鏈安全性高，且具有「去中心化」和「無法竄改」兩大特色，去中心化的資料留存方式，讓買賣雙方得以隨時追朔交易歷史，提升資料透明度，有助於網路建立信用，變成有效管理的數位資產。

關貿網路透過區塊鏈技術，跨境電子驗證，可透明快速通關。分散式儲存的區塊鏈可避免集中式儲存而資料受駭的風險，提高資料的安全性。區塊鏈可以提供跨系統間的協定成為共通的語言，讓所有節點可以彼此串聯資料互通，目前健保的病歷資料可透過區塊鏈技術，使個人的健康資料變得可攜帶。武漢肺炎爆發後，我國衛福部將海關入境資料鍵入健保卡，不僅做好防疫把關，更使台灣的口罩實名制度及配售分布地圖成功的安定民心。

要充分活用雲端平台上的大數據，Microsoft、IBM、Intel 和 Google 等公司早已在開發量子電腦處理器、量子電腦在演算上可比傳統電腦快上億倍。量子電腦的概念來自物理學家理查費曼(Richard Feyman)將量子體系用於運算的想法。當初量子力學僅於理論的推導，但卻有翻轉現代電腦科技的關鍵突破，傳統電腦是控制邏輯閘電流的開或關，採用二進制的計算位元(bit)，意思是 0 或 1 二分法，一次只會出現 0 或 1 的單一狀態。量子電腦採用量子位元(qubit)，量子位元是量子電腦最基本的運算單元，量子必須達到量子疊加狀態和量子糾纏狀態，即單一量子位元必須同時處於疊加的多種物理狀態，且量子間須形成聯結，使得兩個量子即使不處在同一空間，卻可以即時互相影響。

　　量子位元的疊加特性可以同時出現 0 與 1，產生 00、01、10 與 11 四種組合的疊加狀態，量了糾纏則是指量子位元可以分組聚合，一次同步計算各種可能性，此特性使量子位元運算得以進行大量資料的平行運算。如果想找出 4 位元可能是 0 或 1 組合中的某一組數字，傳統電腦最多需嘗試 16 次，如果想找出 20 位元組的某一組數字，最多需嘗試到百萬次運算步驟。量子運算在上述的 4 位元組合中，可以在 4 次運算得到 16 種量子疊加狀態中的一組解答，在 1000 次運算後，即可找到 20 位元組合中百萬個疊加態的其中一組特定數字，運算次數只需要量子疊加態總數的平方根，滿足指數型的複雜運算，一次運算可處理不同狀態，越複雜的演算越可看出量子電腦處理器的優勢。

　　Microsoft 的開源 Quantum Katas 提供量子運算知識和 Q#編程教學，IBM 的 Q 平台，Google 的 Cirg 開源項目，也都與量子運算有關，分析師預計未來十年內量子運算產業將有 150 億美元產值，這意味著市場需要許多量子電腦程式設計師。

　　量子載體可以是光子、電了或離了，只要能達到疊加和糾纏狀態，就可以做為量子位元。光子被應用於量子通訊，而量子運算是以電子為主流載體。用雷射產生大量光子，射入兩層超薄且相位相反的非線性晶體中，當光子通過非線性晶體時，可能產生成對的光子，由於兩層晶體的相位相反，產生的成對光子相位也相反，光子可能是垂直振動或水平振動，只要量測便可得知，而且這對光子的相位，若一個為垂直，另一個必為水平，反之亦然，這對光子的狀態就稱為量子糾纏狀態。量子通訊是以單光子 0、1 二量子態，用偏光器編量子密碼，採用一次一密(one time pad)機制，其實一次一密的絕對安全性，不在其計算能力強，而是量子力學的測不準原理，不能同時精確量測的特性。一旦量子密鑰被駭客攔截，自身量子狀態便改變，攔截者無法取得正確資訊。

　　2001 年 IBM 的 Bannett 和加拿大的 Brassend 完成 BB84 密碼協定，以雷射光單光子源的 0、1 二態，通過偏光器以 ↕↔╲╱ 四種量子態，每個編碼方式對應一組量測，傳送量子通訊信號時，同步傳送傳統光信號，以確定量子信號的進出時間與密碼組別，最後經保密認證與密碼儲存，即完成安全協議。其實單光子源很難實現，只好以雷射弱相干光源導入光纖傳送密碼網路。2004 年已證明量子通訊的安全，目前美國已經在幾個大城市間完成 DARPA 量子密碼網路，歐洲、日本、中國也相繼完成在大城市間的量子通訊測試。

現在主流量子運算是以電子做為量子載體，由於可利用已經十分成熟的半導體技術，具有與現行電腦相容性，且被認為未來容易向上拓展量子位元，因此吸引 Intel 與其他研究團隊投入研發，普林斯頓大學的實驗室，早期在單電子電晶體上有關鏈性的技術突破，製造能準確控制兩個電子之間的量子行為，這個突破性的量子位元邏輯閘，由高度有序排列的矽晶體構成，矽晶片上布有數十奈米的氧化鋁線，用來加電壓，將兩個被能階隔開的電子困在特定的量子點上，再利用圖 6-5 來控制單電子進出，使兩個電子能夠互相交換資訊，達到量子糾纏狀態，研究人員可利用磁場控制量子位元的電子自旋行為，電子自旋轉軸向下時能量最低計為 0，可利用特定頻率微波脈衝加熱電子，使獲得能量的電子自旋軸變成向上，寫為 1，若將此單電子置於晶片的電極中就可以量測到電流，並獲知其量子狀態。

量子位元的讀寫可以透過微波，磁脈衝或雷射等操作，然而振動、電磁場，甚至一般熱擾動都會干涉細緻的量子態，故現在的量子電腦，需要在接近絕對零度(-273.15℃)下操作。目前的技術瓶頸除了增加量子位元數外，如何維持穩定量子態，使量子維持在某個量子態的相干時間(coherence time)夠長，足以完成量子運算工作，增加運算正確率也很重要。

2011 年 5 月加拿大的 D.Wave 系統公司發布了全球第一款 D-Wave one 商用型量子電腦，2013 年 D-Wave 公司又與 NASA 和 Google 發布 D-Wave two。2015 年 5 月 IBM 開發出四量子位元原型電路，同時發現兩種量子錯誤型態，分別是位元翻轉(bit flip)和相位翻轉(phase flip)，Microsoft 的研究團隊用「準粒子」辨識量子糾結方式，使量子位元可以抵抗外界干擾，因此量子電腦的運算就不再浪費在更正錯誤上。

IBM 在 2017 年底採用超導體迴路技術，開始提供 20 位元的商業化雲端量子運算服務，而 50 量子位元是一個深具意義的里程碑，這象徵量子優越時代的來臨，目前 IBM 已經十分逼近這目標，將建造出 50 量子位元的原型機，Google 團隊緊追在後，中國、日本都已投入巨資加入國際量子電腦競賽中。

量子電腦只做快速運算，沒有儲存資料功能因此量子電腦不是要取代傳統電腦，而是將結合現行電腦，透過雲端科技讓超級電腦威力再升級，從太空科技到人工智慧(AI)、物聯網、生命科技和 5G 通訊等，量子電腦的應用會全面顛覆現有的科技，是工業革命 4.0 的要角。

6-3　奈米生物技術與醫療檢測之應用

6-3-1　奈米生物技術

　　人類在生物學和醫學領域的研究內容早已從細胞、染色體等微米尺度的結構深入到更小的層次，染色體由 DNA 構成，而 DNA 則由基因組成，DNA 和基因都是奈米結構。DNA 分子的雙螺旋結構是由兩條磷酸核醣主鏈相互纏繞形成，如圖 1-7，在 DNA 分子中有 A、T、C、G 四種鹼基，其中 A 和 T 由兩氫鍵相連配對，C 和 G 則由三氫鍵相連配對，在一個 DNA 雙螺旋的螺距內共有 10 個鹼基對，相鄰兩個鹼基對相距 0.34 nm，相互旋轉 36°，10 個鹼基對共轉 360°，正好為一個螺距 3.4 nm。

　　國際人類基因組計畫，不僅在破譯人類的全部遺傳密碼，其重大意義還在推動一系列生命科學的基礎研究，如基因組遺傳語言的解譯，基因的結構與功能的關係，生命的起源與進化，細胞發育、生產、分化的分子機制，以及疾病發生的機制等。基因技術不僅可以幫助人類找到人體致病的根源，也可以根據這信息進行 DNA 修補與複製。DNA 分子在複製時，先斷開 A-T 和 C-G 鹼基對的氫鍵，使兩條磷酸核醣主鏈解開，然後用解開的兩條磷酸核醣主鏈作為模板，分別複製出新的 DNA 分子，因此兩條新複製的 DNA 分子都含有一條複製前的磷酸核醣主鏈，其遺傳密碼與複製前的 DNA 分子完全相同，因此 DNA 分子可以透過複製把遺傳信息一代一代相傳。蛋白質執行著維持人體存活的分子功能，像生產能量、分解廢物、對抗感染等。而基因的存在僅是給細胞提供指令以製造蛋白質而已，因此對於診斷疾病，也許採蛋白質基因檢測更精確，了解所有人體蛋白質的機能將可以大幅促進新藥之研發和疾病的新治療方法。

　　蛋白質與生具來的形狀及特殊的功能，完完全全是取決於蛋白質長鏈上的胺基酸序列。胺基酸只有 20 種，動物、植物、細菌的蛋白質都是利用這 20 種胺基酸合成的。每一種胺基酸都含有碳、氫、氧、氮 4 種原子，有 10 種胺基酸含有帶電的側鏈，可以被水吸引，因此在一個經過折疊的蛋白質長鏈上，這類能夠與水親近的胺基酸會聚集在蛋白質表面，接觸到細胞中的水。另外 10 種胺基酸不帶電，所以它們傾向於聚集在未與水接觸的蛋白質內部。

　　DNA 可以按特別順序排列成對，因此把互相配合的 DNA 末端放置在附近，分子間會結合在一起，在某些情況下會形成特殊的單位格子，再將此單位格子不斷重覆，而形成週期性式樣的結構如圖 6-7，這種 DNA 的分子組裝能力相當驚人，可製成奈米機械、DNA

電腦等小型產品。每個胺基酸之間靠著堅固的共價鍵連結成蛋白質的骨幹,一但蛋白質分子組裝完畢,它上面的各個胺基酸間會形成各式的微弱鍵結,賦予蛋白質有驚人的容易改變形狀的能力,這種微弱鍵結讓蛋白質保有高度的彈性與移動力。運用蛋白質的結構變動,是驅動自然界的奈米機械,此工作機器雖小卻足以讓整個微生物變形,或移動所需的力道,天然的分子機器,在生物體內參與了 DNA 複製、細胞分裂、肌肉收縮等一系列重要生命活動。藉由生物自我組裝或其他成型技術可以合成仿生的奈米材料和奈米系統,這些人造的有機和無機奈米材料,可引入細胞中擔任診斷的功能,當然也有可能擔任主動性的治療元件。例如 DNA 分子組裝的奈米醫用機器人,可以自如地在固定位置旋轉,可在血液和細胞介質中工作,也能在血液中游走。它可以用來捕捉和移動單個細胞,也可用來清除血管壁上、心臟動脈上的脂肪沉積物,也可進入人體組織的間隙裏清除病毒、細菌或癌細胞,代替外科手術進行修復心臟、大腦和其他器官,也可用來在人體內定位給藥,把藥直接送到患部,當然可以對人體進行定期健康檢查。

(a)一維自我組裝

(b)二維自我組裝

圖 6-7 DAN 的週期性組裝
(競逐原子世界,第五輯 奈米生物醫學,國科會資料中心,民國 91 年)

奈米生物技術在農業上的應用才正開始,但已有很多方面的貢獻,例如經分子操控的生物降解化學品(bio-degradable chemicals)用於植物的培養與病蟲害防治上。在動植物的基因改良方面,運用奈米陣列的 DNA 檢測技術,開發轉基因食品,例如可用於了解什麼樣的基因可使得植物具有抗鹽分或抗旱的能力。基因改良植物、水果等不僅較具特色,也較不會有病蟲害。

由於奈米顆粒比紅血球細胞小很多,在人體的血管中可自由運行,在疾病的診斷和治療有優異的特性。奈米材料在醫學應用上可作為藥物的載體或製作生物醫學材料,如人工腎臟、人工關節、人工牙齒等。奈米粉體的表面覆膜與修飾,常是對粉體後段應用的必要處理步驟,例如在奈米鐵顆粒表面覆蓋一層聚合物後可以固定蛋白質或酶,以增加生物的相容性。由於金具有不錯的生物相容性,故金的奈米顆粒或奈米殼層常被應用在生物科技上，金的奈米顆粒可用在生化分析或檢測上，如呈色反應等。金的奈米殼層可結合抗體來測量血液中的抗原，由於是利用奈米殼的凝聚造成光學性質的變化，其敏感度相當高。

　　圖 6-8 是金奈米殼層用於藥物釋放殺死癌細胞的示意圖，奈米顆粒包含兩層同心圓，外層是金屬，核心是介電物質，通常殼較薄。改變這兩層的厚度可以使這個金奈米殼層具有(800～1200 nm)範圍的紅外線共振區，此紅外線能量能穿透身體，而對奈米殼層施以紅外線照射時，它會吸收而產生熱量傳遞到殼層周圍。因此若將奈米殼層與感溫性水膠共聚物(NIPAAm)-(AAm)結合、並含住藥物，則在施以紅外線照射期間就像遙控開關一樣，溫度提升則藥物從奈米殼層和水膠複合物中釋放出來，紅外線照射奈米殼層後，殼周圍產生的熱量相當局部，只夠殺死附近的癌細胞。

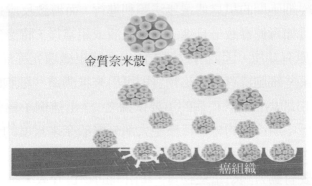

圖 6-8　金奈米殼層經照射紅外光可釋放出抗腫瘤藥物於癌細胞附近
(競逐原子世界，第五輯奈米生物醫學，國科會資料中心，2002 年。)

　　專家正用人工科學方法修飾 C_{60} 巴克球以對抗愛滋病毒，然而巴克球是如何對抗愛滋病毒的呢？當愛滋病毒的核心侵入人體細胞後，先讓愛滋病毒的 RNA 反轉錄成 DNA，將病毒的 DNA 插入人體細胞 DNA 中，接著利用人體細胞 DNA 的複製，轉錄、轉譯機制，從細胞中製造出能使病毒增殖的遺傳物質、酵素與胜肽(polypeptide)，酵素將胜肽切成適當的蛋白質後，這些遺傳物質與蛋白質組裝成新的病毒，並離開細胞繼續找新殖民地。巴克球具有抗愛滋病的能力，主要是藉著阻止病毒所產生的酵素發揮功能，中止病毒進行一連串的增殖反應，愛滋病毒所產生的酵素具有如同長絲帶糾結而成的立體結構，這個立體結構中有一圓筒形疏水性空間，剛好可讓巴克球順利進入，巴克球進入酵素內部，酵素的立體結構被改變而喪失功能就無法繁殖。但愛滋病毒容易產生抗藥性，目前採用多種藥物並用的雞尾酒法以延長藥物持續作用的效果，巴克球的效用能否持久尚在實驗中，幸好巴克球的球面容易連接各種分子可改變形狀，使巴克球更能欺騙愛滋病毒，有利延長療效。

6-3-2 奈米科技於生醫檢測的應用

　　自然界的生物體小自單細胞生物，大到如人類及大型動植物等均以細胞為基本組成單元。生物體的生理表現有賴細胞間的訊息傳遞來完成，這些用來傳遞訊息的物質是由細胞產生的化學分子所組成。如同人類受到外界刺激後產生的生理及心理反應，細胞所處的環境有所改變，細胞同樣會有所反應，這些"反應"往往是以各種種類的化學物質來表現。廣義來說，生物體之所以能表現"生命"現象就建立在細胞間的化學訊息溝通。當這些產生訊息的機制或接收訊息的機制(視為特定的化學分子構造)發生障礙時，生物體就會產生某種程度的異常。以巴金森氏症為例，其症因即是因負責製造神經傳導物多巴胺的腦部組織出現障礙，因此腦部神經細胞間的訊息傳遞無法順利進行，而導致反應遲緩及不自主抖動等生理表現。而外來物質如毒蛇毒液一旦進入人體血液或組織後，將優先與凝血因子或神經傳受器結合使其失去原有功能，因而導致嚴重內出血或組織壞死等症狀。

　　另一方面，利用某些細胞特有的分泌物質則可用來推測這些細胞的存在與否，如肝癌細胞所產生的胎兒蛋白即為檢測該疾病的重要依據之一。上述例子為分子生物學的範疇中的一小部分，此一領域中所涉及的分析目標絕大部分屬於奈米尺度的分子結構。要以已知的分析工具直接觀察到這些物質是非常困難的，除了尺度的問題外，不易取得足夠量樣品也是原因之一。為了要有動力觀察這些物質，藉由輔助物質介入來提高這些分子的能見度是最常用的方法。

　　上述由生物體細胞所產生的分子物質若具有某些特有的分子構造，特別是露出於結構表面的部份則可作為辨識這些分子的依據。其原理如下所述：首先必須找出欲分析物的特徵，然後依該特徵設計出可與之結合的專一性分子結構物，"專一性"(specific)在此為非常重要的特性要求，因為所分析的檢體中必然含有不只一種分子物質，特別是生化物質往往具有相似的外在結構。因此"分子特徵"並非僅由某一特定分子結構或官能基所組成，而是多種特定分子結構組合而成。所以用來辨識用的"探針"分子必須能同時與這些特徵分子結合才能發揮專一的辨識功能。這些具有專一性辨識功能的探針最後再與具提高辨識功能的物質結合即可組合成為檢測觀察用的生醫分子檢測用試劑。這些檢測用試劑若是使用於活體的人或動物體內時，有無毒反應？是否可被生物體分解？累積於何種器官/組織？是否引起生物體免疫反應等生物相容性問題，也都是設計開發這些試劑時必須考慮的問題。

　　生醫檢測技術分為體內(in vivo)造影及體外(in vitro)生化分析兩大領域。生醫檢測所觀察的目標物有相當大部分為奈米尺度大小。為達到早期發現病灶的目的，所使用的標示及顯影技術與奈米科技有相當大的依存關係。二者之間的應用關係非常多樣化，往往涉及物理、化學、生物、材料甚至認證等專業領域，以下僅以幾種常用的分析技術來介紹說明奈米技術應用於生醫領域的概念及原理。同時也以幾個相當富有創意的應用例子來說明奈米生醫領域的多樣性。

一、生醫檢測標示技術

　　生化物質大多由 C、H、N、S 等原子所組成，而且結構相近者相當多，若能取得足夠的檢體量(大約要有針頭般大小體積)可藉由 X-ray 繞射分析來得知其結構，但是對於絕大多數的分析實務中是不可能提供如此多的分析標的物的。另一方面，為達到簡化分析流程、提高分析速度及提高檢測靈敏度等目標，必須藉由輔助物質來達成易於觀察的目的。就觀察技術而言，光學方式最廣為生物研究所延用，因此藉由光學原理所發展而來的輔助方式為該領域的重點。

1. 螢光標示技術：在傳統的技術中，用來提高辨識能力的物質為具螢光特性的小分子染料(Dye)，這些染料具有獨特的發光波長，因此可用多種染料與個別探針分子結合，作為多成份生化物質的同時檢測用試劑。小分子染料的種類相當多，也已廣為生化物質標示試驗所使用，小分子染料在經歷數次激發後其發光效率會快速退化，此一現象稱為光漂白效應。因此對於需連續觀察及反覆處理等須多次激發的檢測用途方面，小分子染料的功能所能提供的幫助有限。除了上述小分子染料以外，尚有少許金屬如 Au、Ag 及 Pt 等活性低，但原子量大的金屬微粒做為電子顯微鏡觀察時的標示物，這些金屬標示物必須先經表面改質修飾(surface modification)後方具有特定組織或成分辨識能力，具有專一性辨識能力的金屬微粒才能達到特定位置指示的作用。

　　在使用適當照明激發的情況下，偵測特定分子或離子的螢光波長即可觀察細胞中分子或離子的分佈與活動，這種方法叫螢光顯微術。然而絕大部分的生物分子或離子不會發螢光，因此醫院在進行癌細胞檢測時，就必須借助生物螢光染劑以標定細胞核位置，但大多數螢光染劑除了有毒性問題外，也有光化學不穩定、激發光必須在某些特定波段、螢光光譜易相互重疊等缺點。

　　光電半導體奈米粒子由於有量子效應，其發光波長會隨奈米粒子的大小而改變。由於具有顯著的能帶，每個奈米粒子的激發光的波長範圍很寬，但發光波長頻寬都很窄。這些特性使得光電半導體奈米粒子成為可經由人工設計或調控的最佳生物螢光染劑。例如使用大小為 2.1 nm 至 6 nm 的 InP、InAs 與 CdSe 粒子，螢光波長可由藍光(< 500 nm)調變到紅外線(> 1300 nm)。一般將光電半導體奈米粒子先包上一層外殼，再包上會與特定生物分子

或離子結合的覆膜(如抗體)，如此形成的生物螢光染劑不但螢光效率較傳統的生物分子染劑高出許多，且光化學穩定性奇佳，可長時間使用。藉由改變粒子大小而調整螢光波長，因此可使用單一激發光源同時激發不同標示物質。光電半導體的螢光頻寬較窄，不同標示物的螢光光譜可有效分離，即螢光重疊的問題可有效降低。

螢光共振能量轉換顯微術(fluorescence resonance energy transfer，FRET)可用來直接觀測活體中蛋白質間在奈米尺度下的動態交互反應，首先施體與受體螢光團會先分別附著於參與交互作用之雙方蛋白質，一般會使用基因編碼融合螢光蛋白質，或使用結合特殊螢光染劑的蛋白質，而受體螢光團必須能夠接受施體螢光的激發，然後使用飛秒紅外線雷射激發施體螢光團，再觀測施體螢光團螢光生命期的改變或受體螢光的強度，將可決定蛋白質間在奈米尺度下動態交互反應。螢光共振能量轉換顯微術可決定分子間的距離，並用於了解生物信號傳遞路徑。

2. 以金屬奈米粒標示：隨著材料合成技術的進步，近十幾年來多種具有奈米尺度的金屬及化合物被合成成功。這些新興奈米材料因其獨特的光學及物理特性，可用於改進傳統生化物質標示用染料的缺點，因而在此一領域受到重視。如前所述，光漂白效應使小分子染料的用途受到限制，此一限制則可由金、銀或半導體奈米粒子來克服。

金奈米粒子(Au NP)的合成如圖 6-9 所示，藉由合成過程中反應物 pH 值的控制可達成控制金奈米粒子直徑的目的。金屬奈米粒子無法經由外來電磁波激發而發光，但是其奈米尺度的大小則具有對電磁波散射的機制存在，稱之為 Rayleigh Scattering(RS)。Rayleigh 散射效應主要發生在散射點(金奈米粒)尺寸遠小於入射電波波長的情況下，可見光(白光)與金奈米粒子產生 Rayleigh 散射後所產生的顏色表現依奈米粒子的大小不同而不同。在此要強調金奈米粒子的 Rayleigh 散射效應僅出現在金奈米粒子均勻分散的情況下，如金奈米粒充分懸浮的水溶液中，一旦產生金奈米粒集團或因水份揮發而引起的結塊作用時，因金粒子間的表面電漿子共振現象，將產生近距離相互作用而使原有水溶液中的 Rayleigh 散射效應減弱或消失。

如同小分子染料用於生化標示作用一般，金奈米粒子要應用於生化標示亦須經由化學鍵結作用，使之與檢測用探針結合形成具備專一辨識能力之 Au NP。

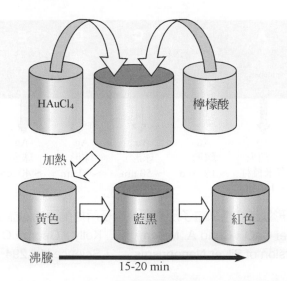

圖 6-9　以 HAuCl₄ 及檸檬酸(Sodium citrate)合成奈米金粒子，將反應物混合加熱至沸騰，顏色由土黃色轉為藍黑色而後成紅色。將原料分別先行加熱後再行混合加熱可得到直徑較小的金奈米粒。就相同反應物濃度而言，所得直徑較小的金奈米粒其溶液顏色較深，該方法適合製造直徑約為 7-15 nm 之金奈米粒(見附錄有彩色圖片)

　　金為純金屬物質，一般而言其表面並無可直接與探針分子接合之機制(一般稱之為官能基)存在，因此對金奈米粒子表面施加表面改質工程(或稱為表面修飾(Surface Decorating)工程)，使其表面具有可與分子探針結合的橋接物(一般為某些特定官能基)，常用的橋接物為硫醇基(S-H)。利用 H-S 端具有很強的吸引電子特性，及金奈米粒表面充沛的自由電子使二者間形成穩定的鍵結。再利用 S-H 基端易與多數生化物質結合的特性，與探針分子作穩定的結合即形成具呈色效果的分子探針，其他常用於生醫標示物表面改質以產生結合作用的特定官能基如：-NH₂、-COOH、-OH、-CHO、-NO₂…。

　　單一成份元素金屬奈米粒如 Au NP、Ag NP 等可依其奈米粒的尺寸及幾何形狀來調控其散射效果達成呈現多種顏色的目的，Au 奈米粒一般是以改變顆粒大小來達成不同呈色效果，Ag 奈米粒則可利用不同的奈米粒形狀達到不同的呈色效果。以顏色作為生化反應及檢測判讀依據為行之有年之方法，如果要增加單次分析可提供的資訊，最好的方法就是使用多種顏色的標記物。以先前提到的 Au NPs 以及 Ag NPs 搭配奈米粒子不同的尺寸變化，可得到從可見光紅色延伸至藍色的奈米粒子標示配套。圖 6-10 為上述配套的方法及呈色結果。

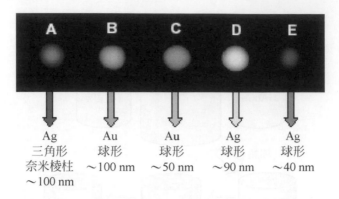

圖 6-10　由不同尺寸及形狀的金奈米粒子及銀奈米粒子所搭配而成的標示配套組合(見附錄圖片) (Rongchao Jin，Yun Wei CaO，Chad A. Mirkin，K.L. Kelly，George C. Schatz，J.G. Zheng，"Photoinduced Conversion of Silver Nanoprisms"，Science Vol.294. 30. Nov. 2001.)

　　絕緣物奈米粒子因為粒子表面缺乏自由電子，因此並無明顯的 Rayleigh 散射效應。所以一般並不以絕緣奈米粒子作為生醫檢測呈色劑。能隙(Energy gap)寬度介於導體與絕緣體之間的半導體，因具備外加能量後可發出可見光或可見光附近波長電磁波特性，因此也被應用於生醫檢測分析。

　　對於生醫檢測應用而言，半導體奈米粒所扮演的角色與金屬奈米粒相似，因為粒子尺寸縮小至奈米尺度而引起的量子限制(quantum confinement) 現象使這類材料呈現與塊材狀態不一樣的發光特性，一般而言半導體奈米粒經激發後的發光光譜波峰呈現偏向短波長(blue shift)。除了以不同摻雜物及摻雜濃度來調控發光特性之外，半導體奈米粒也可以奈米粒大小來調控量子限制現象，達到同一成分發出不同顏色螢光的目的。另一種可加強奈米粒呈色對比的方式為核心-殼層(core-shell)技術，此技術係指以某一成份形成奈米粒後再加上一殼層將中心奈米粒包覆，如 SiO_2.Core Au-shell NP，係指以 SiO_2 奈米粒為核心，金奈米粒為殼層，以相同尺寸的核心包覆不同厚度的同材質殼層就可得到顏色對比相當鮮明的核心-殼層溶液，圖 6-11 為 SiO_2-Au 核心-殼層溶液的呈色效果。

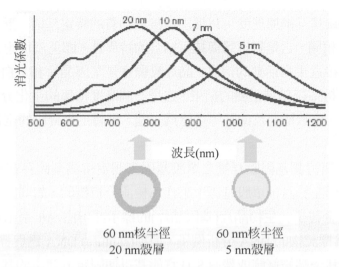

圖 6-11　以二氧化矽為核心，金為殼層結構之 Core-Shell 奈米粒子之光學共振光譜圖。二氧化矽
　　　　核心直徑為 60nm。不同核－殼厚度比例呈現出不同共振光譜。相同核心尺寸所搭配的
　　　　殼層越厚其共振光譜波峰波長越短

　　如前所述，金屬奈米粒及可發螢光的半導體奈米粒皆可考慮被用來作為生物標示使用，但其使用仍有所不便有待克服。首先必須考量的是如何確認每一單顆用來標示的奈米粒之上僅有一組修飾物連結，使用奈米粒來做為標示用途係考量到奈米粒本身的微小尺寸，可盡量達到一個奈米粒連結一組修飾物的目的，因此有機會做到定量標示功能(除此之外尚有前述的無光漂白現象及單一成份可做多種呈色等優點)，但實際合成及表面修飾過程中並不易做到理想的一對一效果，此一不便是目前許多研發單位努力克服的方向，有朝一日上述缺點一獲得解決後，奈米粒應用於生醫檢測標示用途方面即可更趨完美。

　　奈米粒應用於生物醫學上的可能性，以上述的生物標示用途被研究的較為多樣化，同時也是被公認為奈米技術於生醫用途上最可能被商業化的應用之一，因為這類需求已存在多年。奈米粒可提供許多傳統染料所無法達到的功能，卻可同時滿足現有產品的大部份功能，奈米粒用於標示用途尚有相當多極富創意的應用例子，讀者可自行參閱所列參考文獻。

3.　藉基因探針標示：生物晶片是基因生物學與奈米技術相結合的產物，透過半導體光刻微加工技術，將生命科學研究中許多不連續的分析過程，如樣品製備、化學反應和定性、定量檢測等項目整合在一塊小小的矽晶片或玻璃片上，使這些過程連續化、微型化和全自動化，達到迅速對基因、抗原和活體細胞等分析和檢測的目的。生物晶片技術通常包括基因晶片、蛋白質晶片和晶片實驗室三大部分，基因晶片又稱為 DNA 晶片，是生物晶片中研發最早、最成熟、應用最廣的生物晶片。基因晶片通常由大量的基因探針構成，每個基因探針是一段人工合成的鹼基序列，當在探針上接有被檢測的

物質後，根據鹼基互補原理就可以識別被檢測物質的特定基因。蛋白質晶片與基因晶片的基本原理相同，它是對抗體與抗原結合的特異性，即免疫反應來實現蛋白質的檢驗，及進一步接近生命活動的信息。晶片實驗室是基因晶片和蛋白質晶片技術整合，向整個生化分析系統領域拓展的結果，它是一個高度積集的生化分析系統，集樣品製備、基因擴增、核酸標記及檢驗等功能為一體，可將生化分析的全部過程集中在一片晶片上完成。

基因晶片是以與待測基因股互補之單股基因來測定待測基因存在與否及數量的分析技術。一般以染料標記於互補單股基因上來作為檢測分析標的，如同對生化物質的標示由染料轉而採用奈米金粒子，生物晶片(基因晶片)的標示亦可由 Au 奈米粒來執行。以下例子是以 Au NP 作為標記物的 DNA 分析例子，捕捉(capture) DNA 為與標的(target) DNA 股互補之單股 DNA，其一端被修飾成帶有 S-H 官能基以便固定於鍍金的基材上，與捕捉 DNA 互補之標的 DNA(TC)及與捕捉 DNA 非互補之標的 DNA(TN)先在一端修飾成帶有 S-H 再與直徑 30 nm 之 Au 奈米粒結合作為分析對像，TN 組為對照實驗組。

Capture DNA (C)   HS-$(CH_2)_6$-$^{3'}$TCC-AGC-GGC-GGG$^{5'}$

Target DNA (TC) $^{5'}$AGG-TCG-CCG-CCC$^{3'}$-$(CH_2)_6$-S-●

(Colloidal gold 30 nm)

TN $^{5'}$TGC-TTT-TAT-CGG-GCG-GAA-TG$^{3'}$-$(CH_2)_6$-S-●

經過上述流程後可得到一組已固定於金膜上用來捕捉欲測 DNA 之單股 DNA(Capture DNA)，以及已使用 30 nm Au NP 標記之欲測互補標的 DNA 股(Complementary target DNA)和用來作為對照用的非互補標的 DNA 股(Non-complementary target DNA)。將標的 DNA 分別滴在捕捉 DNA 金膜上使之開始反應，在此所謂的反應是指互補之 DNA(即捕捉 DNA 與互補標的 DNA)依 A-T，G-C 互補特性做結合動作而成為雙股 DNA。只有在二單股 DNA 之鹼基(A.G.C.T)為完全互補的情況下彼此才能穩定地結合成雙股 DNA，這也是用來判別已知之特定 DNA 序列存在與否的最有效方法。圖 6-12 為金膜表面的 AFM 影像，當捕捉 DNA 被固定於金膜上之後必須以緩衝液((0.1 M NaCl)，10 mM Sodium phosphate buffer pH 7.0)反覆清洗數次將未被固定之捕捉 DNA 儘量去除，類似的清洗流程也必須在捕捉 DNA 與標的 DNA 反應後進行使未反應之標的 DNA 去除。圖 6-13(d)為反應後之金膜表面 AFM 影像，可清楚地觀察到 Au 奈米粒密布在金膜上，對照組的金膜 AFM 表面影像則如圖 6-14 所示。在上述分析技術中可以用金膜表面的 Au 奈米粒覆蓋率來達到半定量的目的，以相近捕捉 DNA 覆蓋率的金膜而言，當與之反應的 TC 濃度越高則可達到愈高的 Au 奈米粒覆蓋率。

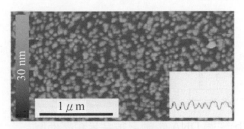
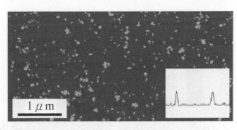

(a)平均直徑 15 nm 金奈米粒子　　(b)表面已鍵結基因之金奈米粒子，平均直徑 17~20 nm

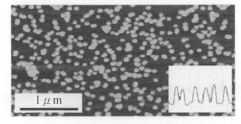
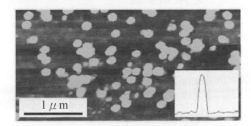

(c)平均直徑 30 nm 金奈米粒子　　　　　(d)平均直徑 60 nm 金奈米粒子

圖 6-12　不同金奈米粒子之 AFM 影像，各插圖為代表該圖之橫截面(cross section)高度分布狀況 (A. Csaki，R.Moller，W. Straube，J.M. Kohler and W Fritzsche，"DNA monolayer on gold substrates characterized by nanoparticle labeling and scanning force microscopy"，Nucleic Acids Research 2001，Vol.29，No.16，e18.) (見附錄有彩色圖片)

(a)原始金基板表面 AFM 影像，插圖為局部放大影像，可　(b)原始金基板表面經緩衝液沖洗後
　看出基板表面之結晶大小。金奈米粒子直徑為 30 nm　　之 AFM 影像

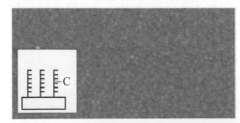
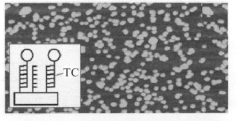

(c)經鍵結 DNA 後之金基板表面 AFM 影像　　(d)是(c)圖之表面與經金修飾之標的物
　(capture probe)　　　　　　　　　　　　　DNA 反應後之 AFM 影像

圖 6-13　以金為基板之 DNA 晶片表面 AFM 影像，影像中的高度對應 A 圖左側的 code bar，亮度高表示高度較高(A. Csaki，R.Moller，W. Straube，J.M. Kohler and W Fritzsche，"DNA monolayer on gold substrates characterized by nanoparticle labeling and scanning force microscopy"，Nucleic Acids Research 2001，Vol.29，No.16，e18.) (見附錄圖片)

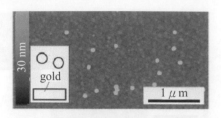

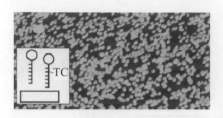

(a)原始金奈米粒子散佈於原始金基板之 AFM 影像

(b)經過 DNA 修飾之金奈米粒塗佈於金基板之 AFM 影像(target probe)

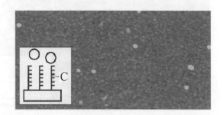

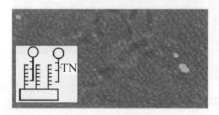

(c)原始金奈米粒子散佈於經 Capture DNA 修飾過之金基板表面 AFM 影像

(d)是(c)圖所示之試片與非互補之 Target DNA(TN) 反應後經緩衝液充分清洗後之表面 AFM 影像

圖 6-14　圖 6-13 之對照組實驗之 AFM 影像(見附錄有彩色圖片)

　　就肉眼觀察而言，越高的 Au 奈米粒覆蓋率代表愈濃的紅色。以 Au 奈米粒作為標記的直接好處就是可以在白光之下直接觀察，如前所述，Au 奈米粒之呈色原理是因為 Au 奈米粒表面的電漿子與入射光的某個波域產生共振的結果，共振現象指的是 Au 奈米粒從入射光吸收了部份波長的能量，此表面電漿子共振(SPR)現象，所產生的共振電漿子有效影響範圍約在數十奈米左右。假設在此範圍內同時存在另一個 SPR 現象，則二者之間將產生交互作用，使得原有的共振波長產生改變，對於觀察者而言為所見之溶液顏色改變，此現象的作用示意圖如圖 6-15 所示。存在溶液中的 Au 奈米粒在室溫下之位置改變極為頻繁，因此現象並不易觀察到，如果引進一個機制使得同處於溶液中之 Au 奈米粒可穩定地保持某個間距(數 10 nm)，則現象可被輕易地以肉眼觀察。

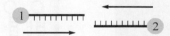

(a)金奈米粒子 1 及 2 分別以互補且已知長度的 DNA 修飾表面

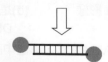

(b)將 1、2 金奈米粒子混合反應後可觀察到溶液顏色改變現象

圖 6-15　金奈米粒子因近距離作用所產生的溶液變色作用示意圖

核酸合成儀為專門針對合成 DNA 片段所設計的儀器，利用此設備可合成出任何合理的 DNA 序列片段。因為每一核酸中鹼基長度為已知，故可由設計核酸合成之鹼基數目推測其長度。對 DNA 檢測而言，將捕捉 DNA 及互補標的 DNA 分別連接一個相同尺寸的 Au 奈米粒。含有 Au NP-DNA 的溶液一般仍呈現 Au 奈米粒溶液原有的顏色(即紅色系)。當捕捉 DNA-Au NP 溶液與互補標的 DNA-Au NP 溶液相混合後可觀察到混合溶液的顏色逐漸由紅色轉變成藍色。捕捉 DNA 與互補標的 DNA 的鹼基序列為互補排序，依據互補鹼基關系結合的結果僅有一種(如基因晶片描述中的圖 6-13(d)所示)。因此，分別連接於捕捉 DNA 及互補標的 DNA 之上的 Au 奈米粒間的距離應只有一種可能，即混合液的顏色是固定的，然其顏色深淺是依所含反應 DNA-Au NP 的量而定。

英國科學家發現有一種被稱為 WTI 的基因引起血癌的細胞十分活躍，可以用作尋找血癌細胞的標誌，他們成功地研製一種相應的免疫細胞，這種免疫細胞能夠自動尋找攜帶 WTI 基因細胞，並將其摧毀。實驗證明這些免疫細胞只攻擊和殺死特定的血癌細胞，而不會傷害健康組織，利用這種免疫細胞殺死癌細胞的原理也可用來治療其他癌症。奈米技術在基因生物學應用潛力甚廣，奈米技術可在微小空間重新排列基因遺傳密碼，利用基因晶片可迅速查出人的基因密碼中的錯誤，並利用奈米技術迅速將錯誤基因進行修正，治療遺傳缺陷疾病。奈米技術可以透過觀測直接發現遺傳缺陷或病毒中分子結構的缺陷，再透過分子手術將有缺陷的部分切除，再將好的原子或分子結構移植上去，這樣可以根本上治療遺傳缺陷。

4.　分子拓印法：上述用於生化物質的分析及檢測辦法基本都是以可辨識被偵測物的專一性物質來辨別目標物，因此必須有合適的探針-標的物(Probe-Target)組合才能施行這些方法。而探針-標的物組合的設計往往是這些技術能否有效成功地達到偵測目標的關鍵。因此一種新物種的出現即代表一種新的探針-標的物挑戰出現，更何況眾多的已知目標急需適合的探針被開發出來，這也代表著生化檢測科學尚有相當大的發展空間。

一種以目標物為模板來複製吸附膜的方式也被嘗試用來作為生化感測平台，這種方式稱為分子拓印法。分子拓印的觀念始於免疫學，由 Pauling 提出的抗體與抗原作用時，抗體會改變其三維結構，才能與抗原素面凹處形成作用點，抗體的結合位址與抗原會在鑄造程序中形成一個模板。其概念相似於基質與酵素的關係，原理是將鑰匙分子和鎖座塊一同建造混合，接著由建造鎖座中將分子鑰匙取出，而鎖座便具有辨識功能，只認得原來的分子鑰匙。分子拓印係指以分子為模型，以適合的高分子物質澆注其上，待澆注用高分子固化後即可形成內含模型分子的膜狀物，藉由適合的溶劑將模型分子移除但不破壞母模高分

子。如此便可將模型的形狀保留在模上,同時模型與母模間所形成的鏈結也將被保留(形成可與模型結合的官能基),因此母模上具備了辨別模型分子形狀及特定位置化學結構的能力,一但有模型分子接觸到母模即可能被捕捉(trapping)住而留在母模內,如圖 6-16 所示。這個方式已用於除去飲料中的某些化學成分,例如除去咖啡中的咖啡因成份,該技術應用於分析生化物質含量應用時,除了要有足夠的目標物作為模型之外,尚要考慮如何劑量吸附的目標物數量,因此有人提出以半導體奈米粒子將吸附後的目標物再加以標示來計量目標物的數量,此類的應用尚有許多困難待解決。對於某些立體結構複雜的分子目標物而言,本方法並不適用,因為立體結構障礙使得目標分子進入母模變得十分困難。

(a)分子拓印法以分子為母模,以高分子物質澆鑄後可將分子固定於高分子薄片上

(b)以合適溶劑將分子移除後可以在高分子薄片上留下分子物質的模穴及部分可辨識該分子物質的官能基

(c)當與母模分子相同的分子物質接近分子模穴時,分子模穴可捕捉這些分子

圖 6-16　分子模穴由特定型狀及特定官能基所組成因此具備相當高的辨識專一特性

二、核醫檢查對比劑

　　核子醫學影像是現代醫學最重要的疾病檢查工具之一。其中又以 X-ray 和以 X-ray 為光源的電腦斷層攝影術 CT(computed tomography)及核磁共振影像 MRI(magnetic-nucleus resonance imaging),正子放射造影 PET(positron emission tomography)及超音波攝影術 (ultrasound tomography)最為重要。

　　以 X-ray 為光源的檢查主要是依據人體各部位組成密度差異所造成的 X-ray 被散射及阻擋效果不同作為成像依據,比如骨骼具有較高組成物密度,因此在底片上呈現較"白"的效果,癌組織因生長快速造成雜亂的組織結構使 X-ray 散射較明顯,因此在 X-ray 成像時於底片上得到較"白"的成像效果。X-ray 相關檢查多以灰階影像來呈現檢查結果,因此提高正常與不正常組織的 X-ray 影像灰階對比是提高該技術判別病灶位置及大小的重要方法。MRI 是以人體各部位的水分子上的氫原子在固定磁場及梯度磁場先後作用下所產生的氫原子核與磁場的共振分布來作為判別組織差異的依據。MRI 的分析結果是以灰階影像形式呈現，因此提高原始影像所呈現的對比程度有助於判別病灶的大小及位置。以下將以奈米碳球、氧化鐵奈米粒等奈米材料為主題來說明奈米材料應用於 X-ray、CT 及 MRI 對比劑的應用方式。

　　一般使用於 CT 及 X-ray 檢查的對比增強劑是以內含元素 I(碘)的分子藥物，以靜脈注射方式進入人體血液循環系統再由血液輸送到全身，由於異常組織的增生通常伴隨著週邊血管的大量增生，因此異常組織週圍呈現較高的血液量。當對比劑分布在全身後，血流量較大的位置將有較大量的對比劑存在，因此高原子量的碘原子於病灶位置阻擋了較多的 X-ray，因而在負片上呈現較白的影像。傳統含碘對比劑所含的碘原子數量受限於分子藥物化學結構並無法提供高量的碘原子濃度，因此對比劑效果受到限制。當奈米碳球被發現之後，該材料受人重視的應用方式之一為核醫檢查對比劑。碳球具有中空的球形結構，球體上每個碳原子具有幾近相等的化學結合特性，立體障礙並不明顯，因此碳球可攜帶較傳統線性分子對比藥物更高的碘原子。碳球本身為疏水性，這點可藉由碳球的表面修飾改質來轉化為親水性表面，因此帶有大量碘原子且可溶於血液的碳球對比劑有機會為 CT 及 X-ray 檢查帶來成像對比的明顯提昇效果。由於可提供高密度碘原子，所以碳球對比劑的使用劑量可較傳統對比劑低，同時也降低了人體對該類藥物的過敏反應，CT 檢查用碳球對比劑的示意圖如圖 6-17 所示。

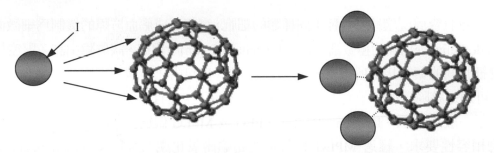

圖 6-17　以 C_{60} 為載體的電腦斷層攝影(CT)對比劑組成示意圖(C_{60} 球狀表面碳原子可攜帶高密度碘原子)

　　MRI 操作原理與被測物的磁特性有關。對於具有一定大小矯頑磁場的磁性材料而言，施加磁場來改變其磁矩方向時，二者的變化會有不同步的磁滯現象產生，因此該磁區與場之間的共振現象在成像時間上造成困擾，因此並不適合應用在 MRI 對比劑。以奈米氧化鐵為例，因為該物並不具生物毒性，可存在人體內，因此被考慮用來作為 MRI 對比劑使

用。但氧化鐵粒子在粒子尺寸為次微米大小(10^{-2} μm)範圍時,其矯頑磁場反而較塊材時提高了近 4 倍,顯然這樣的氧化物粉末並不適用於 MRI 對比劑。然而將氧化鐵粒子尺寸減小到 10^{-3} μm 範圍後,其順磁特性中的矯頑磁場強度則下降到幾乎為零,此現象稱為超順磁狀態,此時氧化鐵奈米粒內的磁矩可幾乎同步於外在磁場的改變。將氧化鐵作成如此小的粒子還有許多核醫檢查上的考量,首先是對比劑藥物從血液循環系統要到達觀測區之前必須先克服血管與目標區之間的組織障礙,體積小的氧化鐵粒子較容易越過這些障礙到達目標區。此外針對腦部檢查目的的對比劑則必須克服位於腦部血液循環外圍的腦血屏障(Brain Blood Barrier),圖 6-18 為腦血管及血腦屏障構造圖。

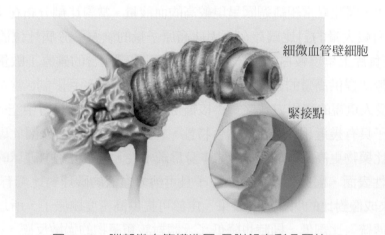

細微血管壁細胞

緊接點

圖 6-18　腦部微血管構造圖(見附錄有彩色圖片)
(Greg Miller,"Breaking Down Barriers",Science 16. Aug. 2002,Vol. 297,1116~1118.)

　　腦部微血管周圍環繞著各種不同種類的細胞,實際形成腦血屏障的機制為細微血管壁細胞(endothelial cell)間的極微細緊實接點(tight junction)所組成,該屏障由許多緊密排列的微血管細胞間的緊實接點所組成,可讓養份通過,但可阻止其他有害腦部的物質進入腦部循環,可通過該障礙的粒子大小一般在 100 奈米以下,而且必須具備親水性表面。氧化鐵奈米粒子一般以 PVA、Dextran、Dextrin、PEG 或 MPEG 做為表面修飾物質來達到親水性及生物相容性要求,經過 MPEG 修飾後的超順磁氧化鐵奈米粒(superparamagnetic iron oxide nanoparticles SPION)的磁化曲線如圖 6-19 所示,由圖中插圖可看出修飾過後的超順磁氧化鐵所呈現的矯頑磁場相當小。經過表面改質後的奈米氧化鐵除了具備生物相容性之外,外層的改質覆蓋物同時也提供了許多容易與功能性標示探針相接合的位置,因此超順磁氧化鐵可被設計成偵測腦中神經傳導物質分布的追蹤劑,以及可標定特定組織的對比劑,SPION 結合 MRI 快速取像特點並以腦中各種蛋白質的生成,分布與濃度為偵測目標時,可對照人體受到外在刺激後腦部化學環境變化,以及與腦部蛋白質製造障礙相關疾病之探討。這類的應用稱為功能性核磁共振造影(functional MRI)。

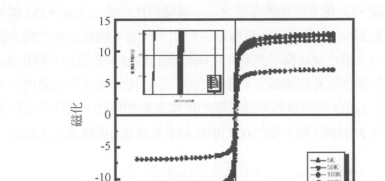

圖 6-19　以 MPEG 為表面修飾物的 SPION 磁化曲線圖，插圖為外加磁場接近零的情況下的磁化
　　　　曲線，圖中呈現的 SPION 矯頑磁場相當小。圖中所列曲線之最大外加磁場大於 5 Tesla
(D.K. Kim，M.Toprak，M. Mikhailoval，Y.Zhang，B. Bjelke，J. Kehr，M.Muhammed，"Surface modification of superparamagnetic nanoparticles for in-vivo bio-medical applications"，Mat. Res. Soc. Symp. Proc，Vol.704，2002. Materials Research Society.)

　　另一種被用來做為 MRI 對比劑的材料為 Gd(gadolinium)或稱為 gadodiamide (gadolinium DTPA)。美國食品藥物管理局(FDA)於 1988 年核准了第一個以 Gd 為主要對比劑成份的 MRI 對比劑上市，為了克服生物相容等問題 Gd 元素必須加以表面改質工程或以化合物形式來使用，Gd 為重金屬，具有所有元素中最大的中子吸收能力，因此也可做為中子造影時的對比劑。Gd 作為對比劑用途時的用量並不會對人體造成永久性的傷害，其副作用為輕微頭痛及局部燒熱感，但不致於造成皮膚的傷害，Gadolinium DTPA 在人體內的代謝約在注射後 6 小時完成，主要是經由泌尿系統排出，因停留在腎臟時間小於 6 小時，因此並不會對腎臟造成太大負擔。

　　Gd DTPA 的短代謝週期降低它對人體的傷害，但面對必須長期觀察的情況時反而成了不便之處，針對此問題有一個相當富有創意的技術被提出來解決這個問題。如前所述，奈米碳球具有中空的結構，其球體內部空間可容納 Gd 元素存在，因此奈米碳球被用來做為攜帶 Gd 的載具，Gd 於碳球製備時被包覆在球體內，碳球表面再施以生物相容改質工程，如此便可得到以 Gd 為對比劑主體的 MRI 碳球對比藥物。由於有碳球的保護，因此 Gd 並不會受到人體化學環境的直接接觸，因此可將該藥物的有效時間延長許多，同時也不具毒性，MRI 奈米碳球對比劑的示意圖如圖 6-20 所示。結合 CT 及 MRI 對比劑效果的

新型複合式藥物也可利用碳球的中空結構及豐富化學作用點等特性來達成。圖 6-21 為複合式對比劑的示意圖，Sc 用來取代碘作為 X-ray 影像對比劑成分，Sc、Gd 與氮原子形成穩定連結於 C_{80} 中空球體內，碳球分子再施以生物相容改質，則尾巴使此複合對比劑可溶於水。奈米生物技術大幅度提高醫學診斷和疾病檢測的精度，光學相干層析術(OCT)被稱為分子雷達是新型醫學診斷和監測儀器，它以 2000 次/秒快速完成生物體內活細胞的動態成像，解析辨識度到 $1\mu m$，可隨時觀察活細胞的動態過程和變化，這種新儀器能及早發現細胞病變，而不會像 X 射線、斷層攝影(CT)或核磁共振(MRI)那樣殺死活細胞。

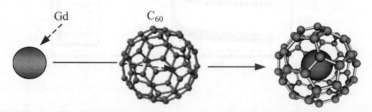

圖 6-20　以 C_{60} 為載體的核磁共振造影(MRI)用對比劑組成示意圖，實際產生對比作用的組成物為元素"Gd"。C_{60} 球狀中空結構可將 Gd 包覆於球體中空處，隔離體液與 Gd 直接接觸，延長其有效時限。C_{60} 表面經表面修飾工程處理後可相容於血液。(圖中物種非依實際體積比例繪製)

　　將一些磁性氧化鐵奈米微粒注入到患者的腫瘤裏，然後將患者置於可變的磁場中，受到磁力作用則腫瘤裏的奈米氧化鐵一直動可以升溫到 $45°C$ 左右，而燒毀癌細胞，但腫瘤附近的健康組織中沒磁性微粒，溫度不會升高，健康組織不會受到傷害，治療後奈米 Fe_3O_4 又可方便地由人體自然排出，不會影響健康，可降解性高分子奈米藥物和基因載體已成為目前惡性腫瘤診斷與治療研究的主流。生物性高分子物質，如蛋白質、磷脂、醣蛋白、脂質體、膠原蛋白等，利用它們的親和力與基因片段和藥物結合，形成生物性高分子奈米顆粒，再結合上有 RGD 定向辨識器，利用靶向性與目標細胞表面的整合子(Integrins)，結合後將藥物送進腫瘤細胞，這種可定點給藥的生物導彈，可以將腫瘤摧毀在萌芽狀態中。把藥物放入磁性奈米微粒內部，可以透過外部磁場進行導向，使藥物能夠集中到患病的組織，也可以主動搜尋並攻擊癌細胞或修補損傷的組織。藥物奈米載體技術，將給惡性腫瘤、糖尿病和老年癡呆等疾病的治療帶來變革。

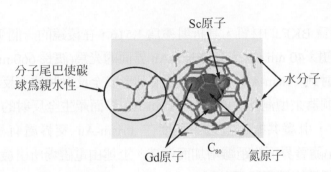

圖 6-21　CT、MRI 複合式對比劑示意圖，圖中以 C_{80} 為載體，Gd 作為 MRI 用對比劑成分，Sc 作為 CT 用 X-ray 吸收對比劑成分。Sc 及 Gd 與氮原子形成穩定連結(見附錄有彩色圖片)

三、奈米生物感測技術

1. 表面電漿子共振 SPR(Surface Plasmon Resonance)：表面電漿子共振技術是屬於光學感測技術的一種。當光線入射到一物體表面時，會產生穿透、吸收及反射現象。在金屬中正離子位於晶格點上，自由電子氣為整個晶體所共有，這是正負電荷幾乎相等的電漿體系。電磁波中電場 $E = E_0 e^{-i\omega t}$ 使自由電子震盪產生極化，其極化強度：

$$\vec{P} = -ne\vec{x} = -\frac{ne^2}{m\omega^2}\vec{E} \quad\text{...(6.6)}$$

n 是在導體的自由電子濃度，$\bar{x}$ 是正、負電荷分開之位移。

介電常數：$\in_r(\omega) = \frac{D(\omega)}{\in_0 E(\omega)} = 1 + \frac{P(\omega)}{\in_0 E(\omega)} = 1 - \frac{ne^2}{\in_0 m\omega^2} = 1 - \frac{\omega_p^2}{\omega^2}$ ....(6.7)

定義電漿子震盪角頻率 $\omega_p = \sqrt{\dfrac{ne^2}{\in_0 m}}$ ，金屬的 $\omega_p \approx 10^{15}\,Hz$ 在紫外光區，可見光會被金屬全反射。

　　分析光與金屬表面的作用時可發現入射光照射到金屬表面時並非在金屬最外層即被全反射回去，事實上光線中的電磁場將進入金屬表面層一段深度，並以與入射深度成指數關係衰減至不可觀察的程度。上述進入金屬表面之強度漸弱的光稱為漸逝波(evanescent wave)，漸逝光在金屬表面層的強度分布與金屬本身的介電係數的虛部有關，該物理常數代表光進入金屬後被吸收程度。一般而言，可見光入射金屬後的場分布約在離表面數奈米～百奈米之後消失不可測量。換句話說，如果金屬厚度小於入射光的漸逝光消失深度時，光線仍有可能穿透金屬薄膜。

　　圖 6-22 中稜鏡為 BKF 的材質，其折射率為 1.516，在稜鏡的一個平滑面上有一層 Au 金屬膜，該層厚度約為 40 nm。射入到 Prism-Au 界面的光為(波長 660 nm)經偏極後的雷射光，調整入射光入射到 Prism-Au 界面的角度使其形成全反射狀態，反射後的光由右側離開稜鏡，同時以偵測器來偵測其強度。在 Prism-Au 界面產生全反射的入射光波將激發金膜表面的自由電子，引發共振的電磁場強度在 Prism-Au 交界處有最大值，阻尼振盪(damping oscillation)隨著界面的距離增加而遞減。上述由電磁場所引發的金屬(Au)與表面自由電子共振現象稱為表面電漿子共振(Surface Plasmon Resonance，SPR)。

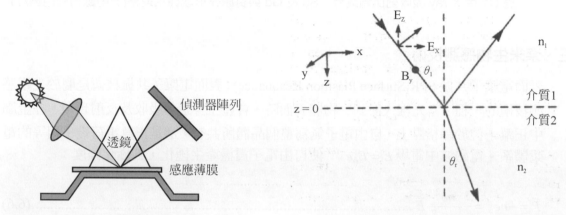

(a)表面電漿子共振(SPR)感測器結構示意圖　　(b)是 p 偏極雷射光入射到感測器界面之反射與折射波
(J.R. Sambles，G.W. Bradbery and Fuzi Yang，"Optical excitation of surface plasmons : an introduction" Contemporary Physics，1991，Vol.32，No.3，173~183.)

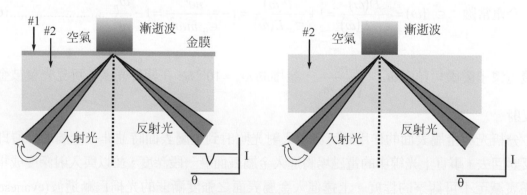

(c)為圖(a)紅色感測處局部放大圖，#1 是金膜，#2 是 BK7 玻璃稜鏡。只有在極薄的金膜存在情形下
　SPR 現象才可能發生

圖 6-22　表面電漿子共振
(工業技術研究院生物醫學工程中心林保宏博士提供)

　　圖 6-22(b)是 p 偏極(TM)雷射光自較高折射率之稜鏡 $n_1 = \sqrt{\in_1}$，入射到較低折射率 $n_2 = \sqrt{\in_2}$ 之感測器界面，$\in_1$、$\in_2$ 分別是這兩介質的介電常數，依 Snell 定律：

$$\sqrt{\in_1}\sin\theta_i = \sqrt{\in_2}\sin\theta_r \dotfill (6.8)$$

　　入射光之臨界角：

$$\sin\theta_c = \sqrt{\in_2} / \sqrt{\in_1} \dotfill (6.9)$$

邊界條件為 $E_{x_1} = E_{x_2}$，$H_{y_1} = H_{y_2}$，$D_z = \in_0 \in_1 E_{z_1} = \in_2 \in_0 E_{z_2}$。

應用 Maxwell 方程式，$\nabla \cdot \vec{E} = 0$ 和 $\nabla \times \vec{H} = \in \in_0 \dfrac{\partial \vec{E}}{\partial t}$，解得：

$$k_x = \frac{\omega}{c}\left(\frac{\in_1\in_2}{\in_1 + \in_2}\right)^{\frac{1}{2}} = k\left(\frac{\in_1\in_2}{\in_1 + \in_2}\right)^{\frac{1}{2}} \dotfill (6.10)$$

詳細說明請參考文獻[20，21]，電場在金屬薄膜之阻尼振盪造成 $\in_2 \to \in_{2r} + i\in_{2i}$，因此：

$$k_x = k\left[\frac{\in_1(\in_{2r} + i\in_{2i})}{\in_1 + \in_{2r} + i\in_{2i}}\right]^{\frac{1}{2}} \dotfill (6.11)$$

而 $|\in_{2r}| \gg \in_{2i}$ 且 $|\in_{2r}| \gg \in_1$，得 $k_{xr} = k\in_1^{\frac{1}{2}}(1 - \dfrac{\in_1}{2\in_{2r}})$，即 SPR 自 $k\in_1^{\frac{1}{2}}$ 偏移：

$$\Delta k_{xr} = \frac{1}{2}k\frac{\in_1^{\frac{3}{2}}}{\in_{2r}} \dotfill (6.12)$$

　　$\in_{2r}$ 愈大偏移量愈少。

SPR 所呈現的反射光強度波谷開口寬度：

$$W \propto k_{xi} \propto \frac{\in_{2i}}{\in_{2r}^2} \dotfill (6.13)$$

　　因此具有較小 $\in_i$ 或較大 $\in_r$ 值者呈現較小 W 值即呈現較陡峭(sharp)之共振波形。

　　圖 6-23 為 SPR 的共振曲線，曲線中的波谷所對應的角度為光波入射後形成共振的共振角，在此一入射角度時，入射光波被金膜吸收的能量比例最大，波谷所對應的角度會依不同厚度的膜而有所不同。一般判斷 SPR 程度是以反應前的曲線為參考背景值，當反應進行後所得到的曲線取其波谷寬度及對應角度作為定量化依據，為求較準確定量，每一 SPR 系統必須使用標準試片進行定期校正曲線更新。

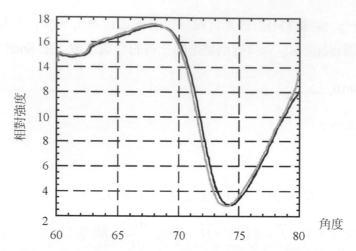

圖 6-23　典型 SPR 曲線，藍色及紅色線代表 DNA 於金膜表面進行雜交(Hyberization)反應前後的 SPR 曲線(工業技術研究院生物醫學工程中心林保宏博士提供) (見附錄有彩色圖片)

　　若算出的 W 值愈小，則波形愈陡峭。銀(Ag)具有相當小的 W 值，很適合作為 SPR 的金屬膜，但是金(Au)卻是最被為廣泛使用的材料，主要的原因是絕大多數的生化反應都是在鹼性環境中進行，因此 Ag 及 Al 等具有較小 W 值但不耐鹼性環境的材料並不被廣泛使用於 SPR 的生化分析用途上。

　　SPR 產生的條件受入射光波長、入射光角度、以及金屬層材料和介電質層的折射係數所影響。SPR 生物微感測器系統，主要便是藉由測量介電層的折射係數變化，來偵測生物分子間的反應，所謂介電質層，便是指固定於金屬表面的生物反應層，以抗原抗體反應作用為例，當固定於金屬表面的抗體與待測物中存在的抗原結合時，介電層的厚度與表面特性均會改變。折射係數微量的變化，會使得形成 SPR 的條件與未反應之前的情況有所差異，從測量的結果可以求得反應前後 SPR 形成的共振角度有所偏移。而共振角度的變化，與完全反應後固定於金屬表面的生物分子濃度成正比關係，SPR 生物感測器最小可以偵測到 1 pg/mm^2，1 p = 10^{-12}。

　　近來表面電漿子共振生物分子親和力分析技術在生物科技醫學檢測之應用，最為廣泛應用的是偵測抗體與抗原(蛋白質)之間的交互作用。將特定之抗原蛋白質分子固定在感測器表面的金屬介電質層上，再加入含有抗體的待測物與之反應，利用抗原與抗體間專一性的親和力形成鍵結，而增加金屬介電質層表面吸附的抗體濃度，而改變感測器表面之折射率，再根據折射率改變推算待測物的抗體含量。由於表面固定物與待測物兩者結合作用的專一性，就可以 SPR 偵測兩者交互作用。因而可用於判斷檢體來源、種類、濃度、生理活性及酵素動力學等生物醫學相關研究。應用實例包括將 SPR 應用於新型藥開發，利用此偵測技術得知藥物分子與特定生物分子間親和力及專一性等重要訊息，提供藥物開發人員更清楚的藥物作用機制、加速新藥開發效率。

　　表面電漿子共振技術的另一個應用，就是結合基因探針技術應用在感染性疾病檢驗上。分子生物學家根據對於愛滋病毒(human immunodeficiency virus，HIV)基因序列的了解，在 HIV 特有的基因序列中擷取一小段序列將之設計爲基因探針，將此基因探針以化學共價鍵結或物理吸附的方式固定於感測器的金屬介電質層表面。此外，首先萃取受檢者血液中的 HIV 基因體(RNA genome)，先以反轉錄酶(reverse transcriptase)進行反轉錄作用(reverse transcriptase，RT)，將 HIV 的 RNA 製成 cDNA 膜板(template)，再加入特殊設計的引子(primer)、聚合酶(polymerase)、去氧核苷酸(dNTP)、緩衝液等與之混合，進行一連串的聚合酶連鎖反應(polymerase chain reation，PCR)，反覆複製檢體中的基因片段。若受檢者爲 HIV 帶原者，其血液中所含的 HIV 基因片段將被連續倍增，再將這些經 PCR 倍增後的 HIV 基因片段置入已固定 HIV 探針的感測器內，進行雜交反應(hybrization)，因感測器上基因探針與檢體的 HIV 基因片段爲結構互補，探針上的各個核苷酸分子會分別與檢體基因片段上其所對應的核苷酸分子鍵結，因而使檢體基因片段吸附於感測金屬介電質層表面，造成感測器的共振單位(resonance unit)變化，而檢出 HIV。由此可知，其他的生物醫學檢驗應用還包括各種病毒篩檢、細菌篩檢、性病篩檢、遺傳疾病篩檢、致癌基因篩檢、抑癌基因篩檢、毒物測試、藥物效力測試、酵素活性測試……等。

2.　QCM 及 SAW 之生物感測器(Bio-sensor)：微量檢測分析是生化分析時常面臨的問題。一般而言，生化物質除去基本礦物元素之後，絕大多數都是由 C、N 及 O 等原子構成的胺基酸組合物(即蛋白質)及 DNA。這些物質大多不耐高溫，以 DNA 爲例 90°C 的環境即可將雙股螺 DNA 分離成單股 DNA。DNA 的耐溫能力在生化分析標的物之中算是相當高的，因此許多分析技術並不適用於分析生化物質。除了某些可用來觀察其外觀形狀(但無法知道其功能)的技術如 SEM 及 TEM 技術，原子力顯微鏡 AFM 及共軛聚焦顯微鏡等新興技術則可用於觀察生化物質之外觀但不破壞其活性。生化分析往往利用被分析物的化學特性來決定其分析方法，而大部份生化物質必須在有水的環境下才能展現其活性。因此有幾種可滿足上述需求的生化分析方式被發展出來，如本文將介紹的 QCM(quartz crystal microbalance)及 SAW(surface acoustic wave)元件，這些固態電子元件在其原始用途所面臨的外來物吸附干擾被加以刻意控制後，即成了可用來偵測生化物質的檢測分析技術。

　　QCM 基本上係由一片經打薄的石英晶片及其上下二面的電極膜所組成，經由外加交流電場的作用後利用其壓電特性產生特定頻率的振盪做爲微量天平技術平台，圖 6-24 爲其構造示意圖，石英晶體所能產生的振動頻率與晶體本身的厚度有關，薄的晶體可產生較

高的共振頻率,反之則共振頻率較低。依此特性,當晶體表面吸附其他物質後就如同厚度增加;此現象稱質量負載效應(mass loading),質量負載效應對晶體共振頻率的作用是使其下降,負載越大頻率改變量越大。如同 SPR 生醫感測器,QCM 要應用在生化物質感測用途時必須在其吸附表面進行表面改質及修飾工程,藉以提高其專一辨識能力並降低其他物質的吸附干擾,QCM 本身並不具有意義的量測功能,除非你知道造成質量負載的吸附由何種物質所造成。

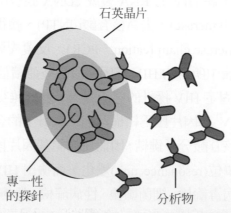

圖 6-24　QCM 元件由石英晶片為基礎,加上為引起石英片震盪的電極(黃色區域)以及塗布於電極之上具專一性辨識功能的探針所組成

　　QCM 所使用的共振波為縱波沿著晶體面法線方向前進,這樣的特性對於外在環境為空氣時所引起的背景負載相當小,因此 QCM 應用於氣體感測時可發揮較好的效果。工業檢測氣體方面 QCM 已有可攜式產品問世,量測的靈敏度約在數個 ng/mm^2 等級。QCM 應用於生化物質感測時必須在電極面上做必要的表面改質工程,如此才能特定生化物質具有專一化的感測能力。

　　Au 元素為 QCM 最為常用的電極材料,為達到不干擾石英晶體振盪特性的要求,Au 電極通常只有數百奈米厚度。基於 QCM 的應用基礎為石英振盪特性,電極間的石英薄片才是真正有效的作用區,因此在此區域之上的 Au 電極所承受的質量效應才是產生振動頻率改變的來源。以 Au 為電極在生化檢測應用具有一定優勢,金元素對於絕大多數化學物質並不具反應能力,然而金元素的豐富導電電子卻可提供生化物質進行表面固定反應時所須的共用電子來源。某些具有高電子獲取能力的金屬並不適用於 QCM 電極,如不鏽鋼。因為這些物體表面可能引起生化物質結構的破壞,使其失去應有的活性。Au 元素具有很低的再結晶溫度,因此在製膜過程必須保持低溫(至少不可外加加熱作用)才能得到細且緻密的金膜電極。對於石英振盪器而言,電極為提供電場用途,因此電極結晶狀況並不太講究，但做爲 QCM 用途時，Au 電極的表面狀況會影響到表面修飾物質進行固定反應時的固定速度及最終的固定量。而用來做專一化感測的探針(表面修飾物)密度及有效位置方向(orientation)是 QCM 做爲定量化量測工具時非常重要的參數，因爲有些物質一旦固定後，受到阻礙的有效位置(active site)並不能發揮作用，而且不會因感測物與被感測物的作用時間增長而恢復太多的反應機會(相對地，懸浮於液相中的探針可藉由延長反應時間來提高 probe-target 碰撞反應機會)。不同 Au 表面狀況進行探針固定後的探針分布狀況如圖 6-25 所示，一般探針的大小約在數奈米至數十奈米之間。

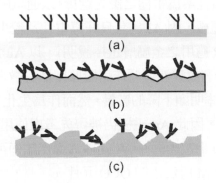

圖 6-25　QCM 表面金膜平坦度對於探針固定分佈影響狀況。平坦表面有助於探針形成一致排列，如圖(a)所示。表面嚴重起伏的表面將使其固定後的探針有效區呈現散亂分布，如圖(b)、(c)所示

　　SAW(surface acoustic wave)表面聲波元件是一種與 QCO(quartz crystal oscillator)作用相似的固態時脈產生元件。表面聲波元件一般操作在數百 MHz 頻帶，因爲這類元件應用於生化感測用途時大多是以質量負載效應所引起的共振頻率變化來度量被測物的量，因此原始共振頻率高低對於感測靈敏度有相當大的影響。QCM 的操作頻率一般在數十 MHz 之間，爲了提高其共振頻率，可將其局部薄化處理以達到合理的機械承載強度及高共振頻率共存的要求。如此處理過的 QCO 可以達到一百百萬 Hz 左右的操作頻率。但由於有效共振區域相當薄(約數微米)，而且不可有直接接觸支持的被撐物存在，因此作爲 QCM 應用時相當容易受損。

　　SAW 元件一般有二種元件材質選擇。一種是選用具壓電特性(特別強調機電轉換係數值大者)材料爲基板，並於平坦的基板表面製作交指狀電極(IDT，interdigital electrode)，並以電極覆蓋範圍下方的表面作爲產生電能轉換成機械能的作用區。介於輸出與輸入指狀電極區的鐵電材料平面爲表面聲波傳遞區，該區域也是 SAW 作爲感測元件時的探針固定區。典型 SAW 元件構造如圖 6-26 所示，其作用區與傳遞區深度約在微米尺度。第二種選擇爲利用不具壓電特性材料爲基板，然後在其上製作具壓電特性薄膜作爲作用層，加上交

指狀電極成為 SAW 元件。SAW 元件的聲波傳遞方向可以是沿著基板法線方向或垂直於法線方向即在基板表面傳遞。對於液相樣本而言，這是非常有利的特性，因為水的接觸壓力所造成的負載效應是垂直於基板表面的，而此作用對於沿基板表面法線方向傳遞的波具有較明顯的作用，反之對於平行基板傳遞的波則作用較小。因此選用後者的 SAW 元件可適用於液相樣本量測應用，這一點對於大多以液態型式作為量測樣本的生化物質而言具有較大的適用範圍。將 SAW 元件應用於生化感測用途時仍須針對欲偵測的物質來設計感測元件表面的改質修飾工程如同 SPR 應用於液相分析時的表面金屬層選擇標準一般，SAW 元件應用在此一用途時仍以 Au 元素為電極之優先選擇。以通訊用濾波器為應用目的時，SAW 元件一般是使用 Al 元素為電極，因 Al 具有良好導電性及較小的密度，但 Al 並不適合用於生化分析上(理由請見 SPR 應用之金屬層選擇說明)，以 Au 為交指狀電極材料的缺點為 Au 具有相當大的密度，對於有效聲波傳遞作用層厚度僅有微米的 SAW 元件而言，數十奈米的金膜已足以造成聲波頻率明顯下降的影響。然而作為生化物質感測用途時最重要的是以頻率改變為偵測換算標準，因此 Au 電極仍被優先考慮使用於 SAW 元件上作為生化分析用途使用。事實上，以 Au 為電極的 SAW 元件其操作頻率可輕易達到數百百萬 Hz，就操作基礎頻率而言仍優於 QCM 所使用的 QCO 元件。

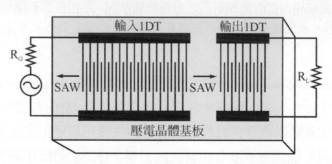

圖 6-26　典型表面聲波元件(SAW)由兩組交指狀電極所組成，圖中左側電極為輸入電極，右側為輸出電極。以 SAW 為偵測元件時係以輸出/入電極間平面為探針固定區及偵測有效區

3.　光學式生物感測元件：可見光的波長範圍為 400～700 nm，因此以傳統光學系統如顯微鏡等器具並無法清楚辨認尺寸 200 nm 以下的物體。螢光顯微鏡雖可以發光位置來大略判別生物奈米物質的位置，但對於靠近的發光點則無法辨別個別的個體。欲提高微小物質的對比效果一般是以相位差(或光程差)方式來提高景深的光學系統，利用行經同一位置的多道光之不同相位，形成明暗光強度差異的干涉來作為提高解析度的方法，相位差的產生主要來自於光所行的路徑中有不同折射率的介質存在，折射率高的物質將使光的行進速度下降，反之則較快(相對於高折射率者)。以一般生化分析操作環境而言，空氣及水為主要環境物質，二者的折射率分別為 1 及 1.33。

　　生化物質的折射率分布相當寬度，只要有折射率的差異便可利用干涉方式成像加以分辨，具有立體視覺效果的全像術即是利用不同視角時進入眼睛的光行經不同光程所造成的干涉作用來呈現立體視覺效果，利用干涉作用於生化物質的感測應用的例子如下所述，首先將平坦表面製作成具特定高低起伏的圖型。平坦基板表面一般使用可反射光線的材質。突出物則使用對光線透明的材質如 SiO_2，這些突出物可以是以 SiO_2 奈米粒組立而成或以奈米加工法製成的 SiO_2 突堆。突堆製作完成後再依欲偵測的物質來設計突堆表面的改質修飾工程，如固定結核桿菌(TB)抗體於 SiO_2 突堆表面。當 TB 接觸固定有 TB 抗體的突堆時，二者結合因此突堆的尺寸也產生改變。對於沒有 TB 作用的突堆而言，其突堆由 SiO_2+TB 抗體所組成，有 TB 作用的則為 SiO_2+TB 抗體+TB。因此入射光行經上述二種不同路徑時產生了相位差，當這些光波進入肉眼後即可形成干涉圖像，因此可辨別有無 TB 的存在，所使用光源若為白光則可見顏色不同之干涉圖像，若為雷射光源則可見明暗干涉圖像。

　　上述技術在突堆的尺寸設計上要考量欲偵測的生化物質之尺寸及是否可透光，因為造成可辨別被偵測物的光程差是由被偵測物附著於 SiO_2 突堆上所造成，因此被偵測物所造成的折射率與光程的乘積值將明顯影響最終的干涉結果。基本上，被測物折射率與突堆折射率相差愈大者及突堆大小與被偵測物尺寸差距愈小者可達到較好的觀察結果。這種以突堆平板作為生物偵測器的方法又稱為 optical grating bio-sensor，上述光學式生化感測技術示意圖如圖 6-27 所示。以光學為基礎的生物感測器尚有以生化物質吸附所引起的共振波長改變來偵測微生物及蛋白質等生化物質等方法。另一種結合液晶分子與偏光技術的液晶生物感測則已達到商業化的程度，該技術之介紹如下。

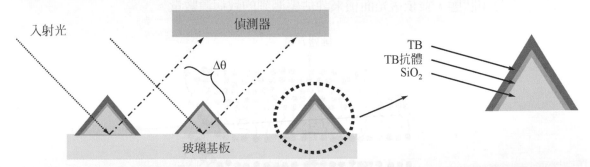

圖 6-27　光柵生物感測器結構示意圖。相鄰的兩道入射光行經有/無被感測物(TB)吸附的突堆所造成的光程差，經反射後進入到偵測單元形成干涉現象

　　液晶分子具有較一般小分子高分子材料要大的分子量，一般呈現長鏈狀。以膽固醇系液晶為例，其長鏈分子的一端為親水性，另一端則為疏水性。利用此一特性可將液晶排列成穩定的層狀分子結構，如圖 6-28 所示，這些分子層狀物在電場的作用下可形成順電場方向排列的整齊結構。這些分子的大小相當小(約為數 10 奈米長，數奈米寬)，當它們整

齊順向排列時將形成緻密的光柵層，其功能與光偏極板相同。因此，當入射於此分子層狀物的光為偏極光時，可透過該層的光強度將依偏極光偏極方向與液晶分子層分子排列方向之夾角而定，二者平行時可透光強度最大，夾 90° 時最小，當液晶分子層混入抗體時可能出現下述狀況，抗體的形狀類似 Y 字形，其結構如圖 6-29 所示。抗體大小約在 30～50 奈米之間，抗體具有非常高的專一辨識能力，其用來作辨識生化物質的有效位址在兩個 Y 形結構的分支上，第三分支上並不具辨識功能，在有效辨識分支的交會處，每一分支以具彈性的雙硫鏈與第三分支連接。因為結構形狀之故，抗體可與液晶分子形成下列排列方式，這樣的排列並不影響前述液晶分子層之極化光透光機制，抗體的有效區可辨認特定微生物或病毒等致病源表面的特定化學結構，並且與之結合達到標示的作用，某些體積較大的致病源與抗體結合之後，抗體的有效區分支將產生變形。當混於整齊排列分子層中的抗體產生有效區變形時，因雙硫鏈的作用使變形延伸到第三分支上也連帶使液晶分子排列產生局部的混亂，因此液晶分子層的透光特性產生局部改變。為了達到更好的阻隔透光效果，以此技術設計的 Bio-sensor 一般採用三層偏光層設計，除了入射光偏極板及液晶分子層外，在光子接收端外加上一片與入射光偏極板偏極角度夾 90° 的第二偏極板，液晶生物感測器的結構如圖 6-30。當被偵測物接近感測器表面並與露出有效區的抗體結合後，抗體的機械變形使液晶層分子排列產生失序現象，當這樣的試片置於讀取系統形成第三偏極結構後，如圖 6-31 所示。有吸附被偵測物的液晶層將因局部分子排列失序所引起的雙折射作用而使原本不透光的分子層因而產生透光，並且因為透過的光線為橢圓偏極光，因此有部份分量的光可穿透第二偏極板到達偵測器，沒有被偵測物附著的部份光線仍保持線性偏極因而沒有光線偵測到。液晶生物感測器可用 CCD 或 CMOS 影像感測器來呈現整片感測器的透光分布狀態，並依透光面積來評估感測到的致病源數量。

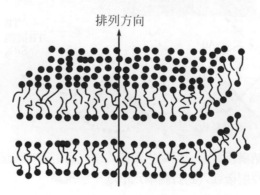

圖 6-28　液晶分子鏈兩端分別為親水性及疏水性的情況下，極薄的液晶分子層會因端點極性相容關係而呈現順向排列狀況。圖中蝌蚪狀圖形代表單一液晶分子鏈，單層排列方向依所依附基板表面極性而定(US patent，US 6171802.)

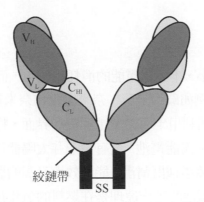

圖 6-29　抗體(Antibody)的活性區相會於絞鏈帶，並以具彈性的雙硫鏈(S-S)相連接。當活性區與抗原(antigen)結合時絞鏈區將產生變形(http://home.hccnet.nl/ja.marquart/)

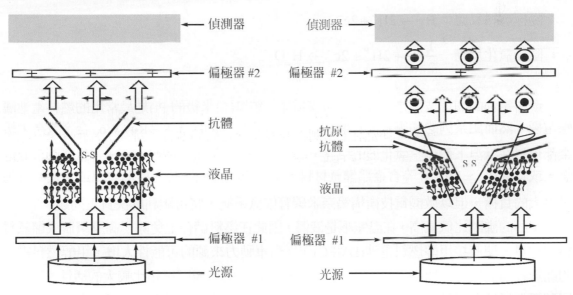

圖 6-30　液晶分子生物感測器構造圖。◄──► ◉ 分別代表第一及第二偏極板的極化方向。當抗體依液晶分子順向排列方向固定於液晶層時，因第一及第二偏極板具互補極化方向，因此光線無法到達偵測器(US patent，US 6171802.)

圖 6-31　當被固定於液晶生物感測器的抗體 (antibody) 與抗原 (antigen) 結合後，抗體有效區產生變形。位於變形區周圍的液晶分子層受到排擠，因而改變其液晶分子排列順向，變形液晶層成為第三個偏極膜。如此的改變使進入第二偏極板的光線極性呈現多樣化，因此有部分光線可透過第二偏極板到達偵測器(US patent，US 6171802.)

6-4 能源與環境

奈米產品一般較輕薄短小,本身對電能的消耗也較小,而利用奈米技術對能源的儲存與開發具有相當大的潛力,例如碳奈米管、奈米纖維和奈米複合化 Pd/Mg 多層薄膜,將是很有潛力的氫燃料電池。而利用半導體與電解質的界面,將光能轉換成電能的同時以化學能儲存將是未來充電式的太陽能電池,還有量子井太陽能電池也將是新型的環保能源。

燃料電池的發展有可能將這種既清潔、能源效率又高的裝置,應用於汽車或飛機等交通工具的電力系統上。燃料電池的工作原理是在燃料的氧化反應中,離子從陽極經過電解質走到陰極,而電子就經過電路形成迴路,直接把化學能轉化為電能。氫燃料電池的反應式如下:

陽極燃料反應:$H_2 \rightarrow 2H^+ + 2e^-$

陰極氧化反應:$\dfrac{1}{2}O_2 + 2H^+ + 2e^- \rightarrow H_2O$

燃料電池的關鍵技術是高效率的觸媒電極、鉑黑(奈米級的 Pt)是最常用的燃料電池觸媒電極,然而鉑系列的觸媒電極有遭到一氧化碳毒化的問題,$Pt / Ru / Wo_x$ 合金或奈米級金都可以在低溫下催化一氧化碳的氧化,這是不錯的燃料電池觸媒電極。若以高壓鋼瓶儲氫,或以 FeTi、Mg_2Ni 等合金為儲氫材料,這些重的儲氫系統,對於汽車或飛機的行動是很大的負擔,但以微機電技術構築奈米碳管儲氫系統,將可順利解決負重問題。

甲醇的沸點比氫氣高,在溫室下是液體,因此在燃料儲存上免除了高壓鋼瓶或儲氫材料的重量,使直接甲醇燃料電池(DMFC)作為汽車動力來源的可能性大增,甲醇燃料電池的關鍵技術同樣是電極觸媒,奈米級的觸媒有比較大的比表面積和比較大的活性,而直接甲醇燃料電池有甲醇穿透的問題,在直接甲醇燃料電池中,可利用奈米活性複合多層薄膜構成奈米電極結構,來降低甲醇穿透的機會。

奈米技術可用於抑制污染物產生,減輕環境污染,並可開發綠色製程降低公害。奈米感測器除擔任環境監控角色,並有疾病檢測、病毒鑑別、食品新鮮度鑑定的新任務。應用奈米材料的不同特性以減輕環境污染的可能產品實在太多無法一一列舉,在此僅以光學特性說明奈米材料可對環境保護出多少力,例如:

1. TiO_2、SiO_2、MgO、ZnO 等奈米粒,易吸收 300~400 nm 紫外線,除用於防曬油,抗 UV 化妝品外,配合塗料可製造各種殺菌、抑菌產品。

2. 一般奈米氧化物如 TiO_2、SiO_2 對紅外線有強反射性，加入合成纖維則衣服反射人體紅外線除可保暖也有促進新陳代謝功效。加在橡膠則有促進黏結密封和抗老化效果。加在油漆則汽車烤漆除防熱效果較佳，漆快乾也增強漆的強度、光澤和不沾污的自潔效果。一般燈泡有很高的比例是熱射線，若塗奈米氧化顆粒於內壁則可提高發光效率較省電。

3. 一般奈米氧化物顆粒有不錯的疏水性、接觸角較大，加在衣料表面或衛浴用品表面，則該表面較不沾污，可少用清潔劑洗滌。塗在眼鏡、浴室鏡面或汽車玻璃表面有除霧效果。塗在石油輸送管壁減低輸送摩擦可降低輸送成本。

4. TiO_2、SiO_2 等奈米顆粒之比表面積大，易吸收紫外線、會進行光催化作用。光觸媒的基本原理是紫外光照射 TiO_2 奈米顆粒時激發其表面的電子，讓表面活化，進而誘使空氣中的氧氣與水分子產生具強活性的氫氣自由基，才能殺菌。光觸媒易分解有機物，並殺死環境中無所不在的細菌，並分解由細菌所釋放的有毒複合物。對有機物的降解功能，可用於水質處理和海岸線被石油污染時用來分解石油。奈米 TiO_2 等在光照下易分解碳氫化合物，故用在建材塗料，可讓高速公路隔音牆、交通看板自行降解汽車排放之廢氣，若塗在瓷磚或建物外表、玻璃等則有自潔效果，不必再叫空中飛人洗大樓牆壁了。若塗在內牆、天花板，則可分解癮君子之煙霧、減少 CO_2，產生負離子使室內空氣清靜。

奈米技術在開發綠色製程，降低公害的努力，即將有一些成果，例如：

(1) 有幾家化學製造廠正在研發一種強化的奈米高分子材料，可以用來取代汽車產業中的結構性金屬構件。一但使用這種奈米構件，估計每年可減少 15 億公升的汽油使用量及 50 億公升的 CO_2 排放量。

(2) 以無機黏土和高分子聚合物的奈米微粒取代輪胎中所使用的碳黑，便是綠色製造技術的耐磨耗輪胎。

(3) 奈米顆粒的熔點比一般粉粒低很多，今後的粉末冶金產業將更省能源，製程效率也可大幅提升。

氣體感測器是利用金屬氧化物隨周圍氣氛中組成氣體的改變，電性也發生變化來檢測氣體含量。奈米感測器有體積小、工作溫度低、靈敏度高的優點，奈米粒越細小，比表面積越大，吸附氣體的靈敏度就越高。汽機車藉 $YSZ(ZrO_2(Y_2O_3))$ 氧感測器，使汽油燃燒完全，排氣才不會冒黑煙。奈米 SnO_2 薄膜可感測 CO 含量，今後對避免瓦斯中毒將可靠此電子鼻。若電子鼻配有非常靈敏的微小生物感測器，可嗅出人體各種疾病的氣味，各種氣味譜圖，則可用於腫瘤或其他疾病之檢測。氣喘常因氮氧化物或燃燒不完全的碳氫化物所

引起，氣喘病患身上帶著室溫碳奈米管環境監測器，若有 NO_2 會使 CNT 電流增大，若有 NH_3 會使 CNT 電流減小，靈敏的環境監測器會警告患者迅速離開空氣不佳的環境。奈米秤是 CNT 頂端吸附質量 m 則振動頻率改變，這種方法可測出 10^{-9} 克重量，可鑑別不同病毒重量。奈米 Fe_3O_4 濕度感測含 1%Ag，濕度小於 60%時感測器是透明淡黃色，濕度大於 80%則感測器變為黑色，經 200°C 加熱又恢復為透明體。碳奈米管受到很小壓力的作用，能感測到相關的聲波反應，這個被叫作「奈米麥克風」的靈敏感測器，可探測到生物體內單個細胞的移動及細胞體液之發育生長時所發出的聲音。各種感測器都因奈米技術而體積變小，靈敏度提高，目前除用於環境污染監控，食品新鮮度鑑定，在生物技術和醫療檢測上的應用進展最迅速。

6-5 航太工業與國防安全

奈米科技在航空、太空上的應用有：

(1) 需要低耗能、高強度、抗輻射的奈米材料。
(2) 用於微型飛行器的微型導航系統、高效能控制系統的信息傳輸、儲存、處理技術等。
(3) 隔熱且抗磨耗的奈米塗層，除用於隱形兵器外，可大幅減少摩擦阻力，如塗在魚雷表面，則在海中走更快可迅速打擊目標，若塗在飛彈表面，則減低飛彈飛行阻力提高命中率。
(4) 智慧型無人駕駛飛行器，如不到 10 Kg 的麻雀衛星，奈米導彈蒼蠅偵察機等。

奈米電子、光電與資訊可建立更精準、快速的機密通訊、情報系統及建立更精緻的虛擬實境訓練，以提升軍事訓練的效能。先進的自動化技術和軍用奈米機器人，奈米傳感器的散佈等可彌補兵源的減少，減低部隊的危險。在飛行體上塗上超炭黑(super carbon black)，則奈米粒的比表面積大，對雷達波的吸收率達 99%以上，又奈米磁性材料在一定條件下會發生電磁波發散，波束通過它會似凹透鏡發散而降低波的強度。使紅外探測器無法偵測到飛行體存在，因此美國已將奈米技術的 F117A 隱形戰鬥機用在波灣戰爭上。奈米生醫技術則有助於生化、輻射和爆炸物的偵防。

習 題

1. 什麼是原子簇？舉例說明其可能應用。
2. 說明 MOSFET 電晶體的工作原理。
3. 說明單電子電晶體的工作原理和庫倫台階的意義。
4. 何以由量子力學的測不準原理，便知電子不可能存在於原子核內？
5. 說明石墨烯的結構及其優異特性。
6. 說明量子通訊技術。
7. 說明量子位元運算的特性及如何操作量子電腦。
8. DNA 分子如何透過複製把遺傳信息代代相傳？如何透過分子手術進行遺傳缺陷治療？
9. 說明蛋白質在人體扮演什麼重要角色。
10. 何謂基因探針，說明專一性辨識分子的意義；說明生物晶片在生命科學研究的重要性。
11. 何謂基因載體。說明如何應用它治療惡性腫瘤？
12. 奈米技術在醫療檢查的顯影對比劑有何創意？
13. 說明 SPR 感測技術之原理，並舉例說明如何使用。
14. TiO$_2$ 奈米粒將有哪些不同應用產品服務社會？
15. 說明隱形兵器的原理。

參考文獻

1. P.F. Schewe，B. Stein，"Schemes for all optical spin currents" Physics new Update，515，2，December 2000.
2. S.D. Ganichev，E.L. Ivechenko，S.O. Danilov，J. Eroms，W. Wegscheider，D. Weiss，W. Prett，"Conversion of Spin into Directed Electric Current in Quantum Wells." Science，Physical Review Letter，86，4358，May，2001.
3. R.K. Soong，G.D. Bachond，H.P. Neres，A.G. Olkhovet，H.G. Craighead，and C.D. Montemagno，"Powering an inorganic nanodevice with a biomolecular motor，" Science，290，1555～1558，2000.
4. H,-J，Guntherodt，Scanning tunneling microscopy I: general principles and applications to clean and adsorbate-covered surfaces，Springer-Verlag，BERLIN: Surface (Physics) optical properties，1992.

5. Yurke. B. Turberfield，A.J. Mills，A.P. Simmel，F.C. & Neumann. J.LA，DNA-fuelled. Molecular machine made of DNA，Nature 406，605～609 (2000).

6. Gopel. W. Biosensors and Bioelectronics. 1998，13: 723～728.

7. Nanotechnology Research Directions: IWGN. Workshop Report，Edited by The Interagency Working Group on Nanoscience，Engineering and technology，U.S.A.

8. A. Ishijima & T. Yanagida，Trends in Biochemical Sciences 26，438，(2001).

9. Kenichi Iga，IEEE，Journal on Selected Topics in Quantum Electronics. Vol.6，No.6，Nov/Dec 2000.

10. IBM 奈米電子期刊網站：http://www.research.ibm.com/journal/rding.html.

11. Jasprit Singh，"Semiconductor Devices：basic principles"，John Wiley & Sons Inc，2001.

12. Rongchao Jin，Yun Wei CaO，Chad A. Mirkin，K.L. Kelly，George C. Schatz，J.G. Zheng，"Photoinduced Conversion of Silver Nanoprisms"，Science Vol.294. 30. Nov. 2001.

13. "Application of nanotechnology to biotechnology commentary" Current opinion in Biotechnology 2000，11:215~217，Elsevier Science Ltd.

14. A. Csaki，R.Moller，W. Straube，J.M. Kohler and W Fritzsche，"DNA monolayer on gold substrates characterized by nanoparticle labeling and scanning force microscopy"，Nucleic Acids Research 2001，Vol.29，No.16，e18.

15. Greg Miller，"Breaking Down Barriers"，Science 16. Aug. 2002，Vol. 297，1116~1118.

16. D.K. Kim，M.Toprak，M. Mikhailoval，Y.Zhang，B. Bjelke，J. Kehr，M.Muhammed，"Surface modification of superparamagnetic nanoparticles for in-vivo bio-medical applications"，Mat. Res. Soc. Symp. Proc，Vol.704，2002. Materials Research Society.

17. US patent，US 6171802.

18. http://home.hccnet.nl/ja.marquart/

19. 競逐原子世界，第五輯 奈米生物醫學，國科會資料中心，民國 91 年。

20. J.R. Sambles，G.W. Bradbery and Fuzi Yang，"Optical excitation of surface plasmons : an introduction" Contemporary Physics，1991，Vol.32，No.3，173~183.

21. A.A. Kolomensbii，P.D Gershon，and H.A. Schuessler ，"Sensitivity and detection limit of concentration and adsorption measurements by laser-induced surface-plasmon resonance，" Applied optics，Sep. 1997，Vol.36，No. 25，6539~6547.

22 .https://vitalflux.com/greatquantumcomputingtutorialsfromDWavesystem

23. https://plusgoogle.com/Communities/107916828109918507362

24. https://www.microsoft.com/en.us/quantumdevelopmentkit

25. https://tw.voicetube.com/videos/11967/Howtomakegraphone

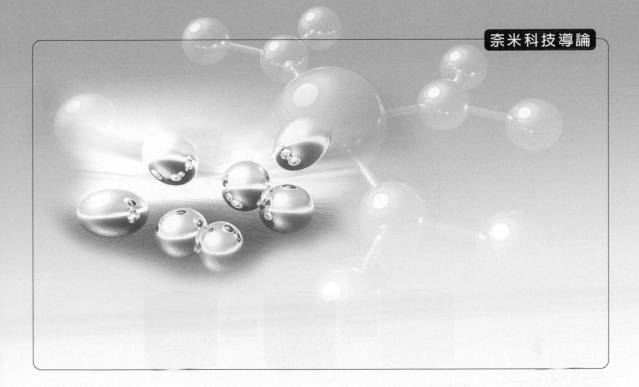

附錄

(a)鑽石

(b)石墨

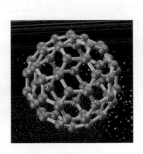
(c)C_{60}

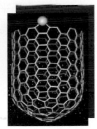
(d)碳奈米管

圖 1-2　碳系材料結構圖(http://www.sinica.edu.tw)

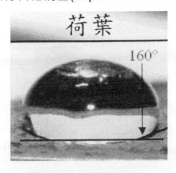

圖 1-8　荷葉接觸角

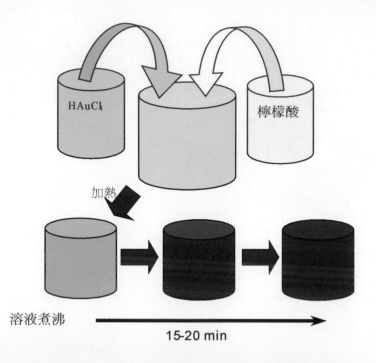

圖 6-9　以 HAuCl₄ 及檸檬酸(Sodium citrate)合成奈米金粒子。將反應物混合加熱至沸騰，顏色由土黃色轉為藍黑色而後成紅色。將原料分別先行加熱後再行混合加熱可得到直徑較小的金奈米粒。就相同反應物濃度而言，所得直徑較小的金奈米粒其溶液顏色較深。該方法適合製造直徑約為 7-15 nm 之金奈米粒

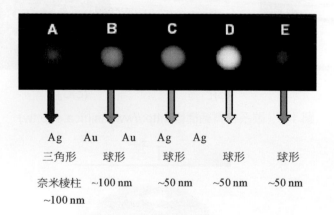

圖 6-10　由不同尺寸及形狀的金奈米粒子及銀奈米粒子所搭配而成的標示配套組合(Rongchao Jin，Yun Wei CaO，Chad A. Mirkin，K.L. Kelly，George C. Schatz，J.G. Zheng，"Photoinduced Conversion of Silver Nanoprisms"，Science Vol.294. 30. Nov. 2001.)

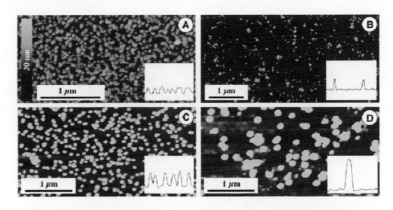

圖 6-12　不同金奈米粒子之 AFM 影像，各插圖為代表該圖之橫截面(cross section)高度分布狀況

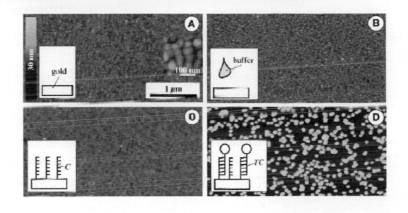

圖 6-13　圖 6-18 之對照組實驗之 AFM 影像

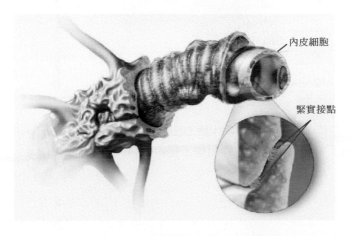

圖 6-18　腦部微血管構造圖

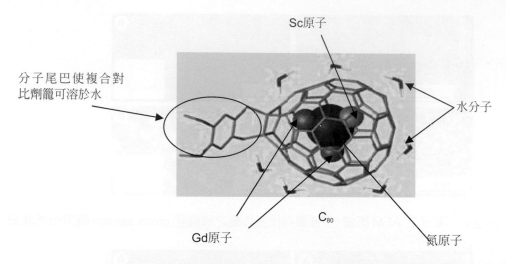

圖 6-21　CT、MRI 複合式對比劑示意圖，圖中以 C_{80} 為載體，Gd 作為 MRI 用對比劑成分，Sc 作為 CT 用 X-ray 吸收對比劑成分。Sc 及 Gd 與氮原子形成穩定連結

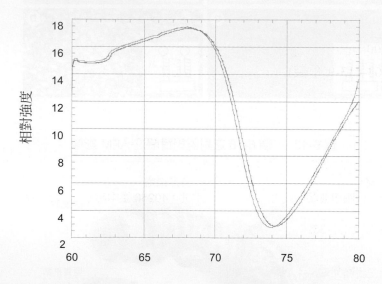

圖 6-23　典型 SPR 曲線，藍色及紅色線代表 DNA 於金膜表面進行雜交(Hyberization)反應前後的 SPR 曲線(工業技術研究院生物醫學工程中心林保宏博士提供)

國家圖書館出版品預行編目資料

奈米科技導論 / 羅吉宗等編著. -- 四版. --新北
市 ： 全華圖書, 2020.05
　面 ： 　公分
ISBN：978-986-503-413-9(平裝)
1.奈米技術
440.7　　　　　　　　　　　109007018

奈米科技導論

作者 / 羅吉宗、戴明鳳、林鴻明、鄭振宗、蘇程裕、吳育民

發行人 / 陳本源

執行編輯 / 康容慈

出版者 / 全華圖書股份有限公司

郵政帳號 / 0100836-1 號

印刷者 / 宏懋打字印刷股份有限公司

圖書編號 / 0544603

四版二刷 / 2021 年 09 月

定價 / 新台幣 400 元

ISBN / 978-986-503-413-9(平裝)

全華圖書 / www.chwa.com.tw

全華網路書店 Open Tech / www.opentech.com.tw

若您對本書有任何問題，歡迎來信指導 book@chwa.com.tw

臺北總公司(北區營業處)
地址：23671 新北市土城區忠義路 21 號
電話：(02) 2262-5666
傳真：(02) 6637-3695、6637-3696

南區營業處
地址：80769 高雄市三民區應安街 12 號
電話：(07) 381-1377
傳真：(07) 862-5562

中區營業處
地址：40256 臺中市南區樹義一巷 26 號
電話：(04) 2261-8485
傳真：(04) 3600-9806(高中職)
　　　(04) 3601-8600(大專)

版權所有 · 翻印必究

全華圖書股份有限公司 23671 新北市土城區忠義路21號

行銷企劃部　收

廣告回信
板橋郵局登記證
板橋廣字第540號

歡迎加入 全華會員

● 會員獨享

會員享購書折扣、紅利積點、生日禮金、不定期優惠活動…等。

● 如何加入會員

填妥讀者回函卡直接傳真(02) 2262-0900 或寄回，將由專人協助登入會員資料，待收到 E-MAIL 通知後即可成為會員。

如何購買 全華書籍

1. 網路購書

全華網路書店「http://www.opentech.com.tw」，加入會員購書更便利，並享有紅利積點回饋等各式優惠。

2. 全華門市、全省書局

歡迎至全華門市（新北市土城區忠義路 21 號）或全省各大書局、連鎖書店選購。

3. 來電訂購

(1) 訂購專線：(02) 2262-5666 轉 321-324
(2) 傳真專線：(02) 6637-3696
(3) 郵局劃撥（帳號：0100836-1　戶名：全華圖書股份有限公司）
※ 購書未滿一千元者，酌收運費 70 元。

OpenTech.com.tw 全華網路書店

全華網路書店 www.opentech.com.tw
E-mail: service@chwa.com.tw

※ 本會員制如有變更則以最新修訂制度為準，造成不便請見諒。

讀者回函卡

填寫日期： ／ ／

姓名： 生日：西元 年 月 日 性別：□男 □女

電話：（ ） 傳真：（ ） 手機：

e-mail：（必填）

註：數字零，請用 Φ 表示，數字 1 與英文 L 請另註明並書寫端正，謝謝。

通訊處：□□□□□

學歷：□博士 □碩士 □大學 □專科 □高中・職

職業：□工程師 □教師 □學生 □軍・公 □其他

學校／公司： 科系／部門：

・需求書類：

□A. 電子 □B. 電機 □C. 計算機工程 □D. 資訊 □E. 機械 □F. 汽車 □I. 工管 □J. 土木
□K. 化工 □L. 設計 □M. 商管 □N. 日文 □O. 美容 □P. 休閒 □Q. 餐飲 □B. 其他

・本次購買圖書為： 書號：

・您對本書的評價：

封面設計：□非常滿意 □滿意 □尚可 □需改善，請說明
內容表達：□非常滿意 □滿意 □尚可 □需改善，請說明
版面編排：□非常滿意 □滿意 □尚可 □需改善，請說明
印刷品質：□非常滿意 □滿意 □尚可 □需改善，請說明
書籍定價：□非常滿意 □滿意 □尚可 □需改善，請說明
整體評價：請說明

・您在何處購買本書？

□書局 □網路書店 □書展 □團購 □其他

・您購買本書的原因？（可複選）

□個人需要 □幫公司採購 □親友推薦 □老師指定之課本 □其他

・您希望全華以何種方式提供出版訊息及特惠活動？

□電子報 □DM □廣告 （媒體名稱 ）

・您是否上過全華網路書店？（www.opentech.com.tw）

□是 □否 您的建議

・您希望全華出版那方面書籍？

・您希望全華加強那些服務？

～感謝您提供寶貴意見，全華將秉持服務的熱忱，出版更多好書，以饗讀者。

全華網路書店 http://www.opentech.com.tw 客服信箱 service@chwa.com.tw

2011.03 修訂

親愛的讀者：

感謝您對全華圖書的支持與愛護，雖然我們很慎重的處理每一本書，但恐仍有疏漏之處，若您發現本書有任何錯誤，請填寫於勘誤表內寄回，我們將於再版時修正，您的批評與指教是我們進步的原動力，謝謝！

全華圖書 敬上

勘 誤 表

書 號	書 名	作 者
頁 數 行 數	錯誤或不當之詞句	建議修改之詞句

我有話要說： （其它之批評與建議，如封面、編排、內容、印刷品質等・・・）